工程科技颠覆性技术发展展望 2019

工程科技颠覆性技术战略研究项目组　著

科学出版社

北　京

内 容 简 介

本书是一部较为系统的颠覆性技术战略研究著作，分为认识篇、态势篇、技术篇、政策篇四个部分，力争从理论和实践、全局和领域、技术发展和国家需求等几个维度系统介绍工程科技颠覆性技术战略研究的成果。首先，归纳了颠覆性技术通用的概念，总结了其内在特征，提出了颠覆性技术国家视角。其次，研判了当前世界颠覆性技术的发展态势，研究提出了面向 2035 年我国对颠覆性技术的战略需求。然后，根据技术发展和国家需求，遴选出了一批重大颠覆性技术方向，并对这些方向进行了深入的分析评价。最后，在总结国内外经验的基础上，提出了加快我国颠覆性技术发展的建议。

本书兼顾学术性和战略性，可供政府官员和科技工作者阅读参考，期望能为政府相关部门的规划、决策提供有新意的参考；可为企业在颠覆性技术创新方面提供方向和方法的参考借鉴；也可供颠覆性技术创新方面的学者进行研究论证。

图书在版编目（CIP）数据

工程科技颠覆性技术发展展望 2019 / 工程科技颠覆性技术战略研究项目组著. —北京：科学出版社，2020.1

ISBN 978-7-03-061827-6

Ⅰ. ①工…　Ⅱ. ①工…　Ⅲ. ①高技术发展－研究－中国－2019　Ⅳ. ①N12

中国版本图书馆 CIP 数据核字（2019）第 133255 号

责任编辑：陈会迎 / 责任校对：贾娜娜
责任印制：徐晓晨 / 封面设计：无极书装

科学出版社出版
北京东黄城根北街 16 号
邮政编码：100717
http：//www.sciencep.com
北京捷迅佳彩印刷有限公司印刷
科学出版社发行　各地新华书店经销
*
2020 年 1 月第　一　版　开本：787×1092　1/16
2021 年 1 月第二次印刷　印张：12 3/4
字数：300 000

定价：138.00 元

（如有印装质量问题，我社负责调换）

《工程科技颠覆性技术发展展望 2019》主要专家名单

一、项目组

顾　问　周　济　赵宪庚　卢锡城

组　长　杜祥琬

成　员　金东寒　吕跃广　王一德　欧阳晓平　何华武
贺克斌　康绍忠　曹雪涛　孙永福　孙昌璞
张　科

二、综合组

组　长　张　科

成　员　易　建　苗红波　张建敏　赵武文　刘　洁
延建林　王林军　陈伟芳　孙蓟泉　郭红霞
冯仲伟　赵　明　田见晖　杨俊涛　王崑声
张慧琴　曹晓阳　刘安蓉　陈　悦　吴　滨
刘媛筠　李　莉　魏永静　安向超　彭现科
崔磊磊　宫　昊　常润华　李婷婷　张晓林

三、机械与运载工程领域的颠覆性技术战略研究

组　长　金东寒

副组长　张　军　尤　政

成　员　杨艳明　岑　松　邵珠峰　王　雪　赵嘉昊
潘尚峰　向锦武　李道春　罗漳平　严　德
王志鹏　孙　毅　王林军　张久俊　刘丽兰
沈　悦　高增桂　赵　云　张子龙

四、信息与电子工程领域的颠覆性技术战略研究

组　长　吕跃广

副组长　戴琼海　王沙飞　陈伟芳

成　员　包为民　高　文　李天初　张广军　杨小牛
樊邦奎　刘泽金　周志成　罗先刚　吴　枫
庄越挺　陈小前　李小平　孙凝辉　高志华
吴　飞　王岩飞　张　平　刘　阳　徐文渊
陈红胜　厉小润　陈丽华　郑阳明　吴昌聚
罗　浩　赵文文　杨　华

五、化工、冶金与材料工程领域的颠覆性技术战略研究

组　长　王一德

副组长　曹湘洪　殷瑞钰　屠海令

成　员　袁晴棠　张寿荣　左铁镛　陈立泉　李龙土
陈祥宝　张兴栋　吴以成　周　济　孙蓟泉
苏　岚　米振莉　段国瑞　戴宝华　何　铮
刘佩成　程　薇　邹劲松　张龙贵　邓京波
杨有军　郦秀萍　周继程　张春霞　上官方钦
米绪军　黄国杰　蒋利军　朱明刚　贾德昌
刘兆平　徐樑华　王云兵　李腾飞　赵鸿滨
马　飞

六、能源与矿业工程领域的颠覆性技术战略研究

组　长　欧阳晓平

成　员　罗　安　郭红霞　刘健洪　尹付成　毛卫国
罗尹虹　谢淑红　钟向丽　戴翠英　付永胜
陈　静　欧阳凤璇　曹红帅　周　云　张志强
赵　鹏　王　卓

七、土木、水利与建筑工程领域的颠覆性技术战略研究

组　长　何华武

副组长　王　浩　肖绪文

成　员　叶可明　秦顺全　杜彦良　张建云　王　超
钮新强　叶阳升　韩自力　朱　亮　龚增进
蔡德钧　冯仲伟　董　亮　潘永杰　周　正
蔡超勋　程爱君　方　兴　李红梅　王建华
严登华　赵　勇　肖伟华　侯保灯　杨明祥
鲁　帆　秦天玲　杨瑞祥　王　燕　于媛慧
孙鹏程　周　辉　卢海陆　吴文伶　刘　星
张起维　张旭乔　王光锐　徐洪涛　马瑞江
关　军

八、环境与轻纺工程领域的颠覆性技术战略研究

组　长　贺克斌

副组长　岳国君

成　员　贺　泓　朱利中　王金南　陈　坚　马延和
黄　和　袁其朋　高　翔　李广贺　胡　清
席北斗　马　放　杨　敏　戴晓虎　许国栋
陈良刚　张先恩　崔福义　刘建国　林海龙
赵　明　张　芳

九、农业领域的颠覆性技术战略研究

组　长　康绍忠

副组长　田见晖

成　员　陈源泉　王　栋　韩红兵　李道亮　杜太生
朱万斌　谭伟明　刘录祥　李俊杰　谢卡斌
曹　罡

十、医药卫生领域的前沿颠覆性技术战略研究

组　长　曹雪涛

副组长　林东昕

成　员　胡盛寿　王健伟　池　慧　杨俊涛　刘　晖
　　　　　宁　婕　吕凯男　张　倩

十一、工程科技颠覆性技术的识别、评价及案例分析研究

组　长　孙永福

副组长　王礼恒

成　员　王　安　王陇德　王基铭　屠海令　殷瑞钰
　　　　　胡文瑞　曹耀峰　栾恩杰　王崑声　孙棕檀
　　　　　崔　剑　陆春华　徐　源　牛　丰

十二、引发科技革命的颠覆性技术的基础研究

组　长　孙昌璞

成　员　葛墨林　傅立斌　赵　楠　蔡庆宇　谢　灿
　　　　　张　芃　赵　清　李　颖　董　辉　徐大智
　　　　　平　婧　张慧琴

序　言

颠覆性技术被称为“改变游戏规则”“重塑未来格局”的革命性力量，对人类社会有广泛且深刻的影响：推动人类文明的演进发展，影响世界强国的更替兴衰，决定一个组织的生死存亡，改变人们的生产生活方式。我国正处于由大变强实现民族复兴的关键时期，新一轮科技革命和产业变革同我国转变发展方式形成历史性交汇，既面临着千载难逢的历史机遇，又面临着战略对手挤压和差距拉大的严峻挑战。加强颠覆性技术创新对我国实现关键核心技术自主可控，提升科技创新质量，实现跨越式发展，掌握未来发展的战略主动尤为重要。党的十九大报告明确提出要加强颠覆性技术创新，为建设科技强国提供有力支撑，将颠覆性技术提到了前所未有的战略高度。

中国工程院敏锐把握新一轮颠覆性科技浪潮和国家发展的时代变化，于 2016 年联合中国工程物理研究院成立了中国工程科技创新战略研究院，并在“中国工程科技 2035 发展战略研究”和“引发产业变革的重大颠覆性技术预测研究”等重大咨询项目研究的基础上，开设了“工程科技颠覆性技术战略研究”重大咨询项目，开展持续、系统的颠覆性技术战略研究工作，以期集聚国内外院士、专家以及我国社会各界智慧，把握颠覆性技术发展态势，识别和遴选优先发展的重大颠覆性技术方向，研究颠覆性技术发展规律，为国家提出咨询建议，进而推动我国颠覆性技术加快发展。

基于项目研究成果，项目组编制发布《工程科技颠覆性技术发展展望 2019》，分认识篇、态势篇、技术篇、政策篇四个部分系统介绍项目组对颠覆性技术的认识和判断，希望能给读者提供有新意的参考。同时，该书还发布了基础领域组对热点颠覆性技术方向“量子技术”的评估与展望，希望能为相关领域的研究及规划、决策提供有益的参考。

杜祥琬

目　　录

第一章 对颠覆性技术的理解认识（认识篇）

“颠覆性技术”（disruptive technology），也译作“破坏性技术”，由管理学大师哈佛商学院教授克里斯坦森（Christensen）于 1995 年在《颠覆性技术的机遇浪潮》（*Disruptive Technologies*：*Catching the Wave*）一书中首先提出。1997 年，他在《创新者的窘境》（*The Innovator's Dilemma*）一书中通过总结商业案例对颠覆性技术内涵做了进一步的阐述，认为颠覆性技术是以意想不到的方式取代现有主流技术的技术，“它们往往从低端或边缘市场切入，以简单、方便、便宜为初始阶段特征，随着性能与功能的不断改进与完善，最终取代已有技术，开辟出新市场，形成新的价值体系”[1]。

随着科学技术的快速进步和科技创新的加速发展，颠覆性技术概念得到广泛应用，从商业领域扩展到国防、军事、工程应用、航空等各个领域，形成了既相似又略有差别的多种内涵。学界对颠覆性技术的研究也在不断深化，但尚未形成统一认识，严重影响了颠覆性技术的研究与决策。因此，项目将颠覆性技术概念研究作为工作重点。通过文献计量、知识图谱、科学史、案例研究等手段，多层次、多维度认识颠覆性技术，取得颇具特色的成果，为项目研究打下坚实的基础。本章从发展演进、思想渊源与演进、内在特征和国家视角四个方面介绍对颠覆性技术的理解认识。

第一节　基于科学技术史视角的颠覆性技术发展演进①

纵观古今，“科学”和“技术”与人类文明的进化相伴而生，人类文明史就是一部科学技术史。尽管“颠覆性技术”是在 21 世纪出现的新概念，但其早已存在于人类科技发展史中，并成为科学技术在渐进性和突破性发展的波动周期中的重要组成部分。尤其是每次科技革命的发生和突破都以颠覆性技术出现及成熟为标志。本书将颠覆性技术放在历史大尺度框架下进行认知，以宽广的脉络和长远的视角审视颠覆性技术发展演进，从全局视角把握颠覆性技术。

① 本节观点主要参考中国工程院咨询项目“工程科技颠覆性技术典型案例启示”中大连理工大学陈悦、刘则渊团队基于历次工业革命视角的颠覆性技术研究成果。

一、引发历次工业革命的重大颠覆性技术图景

工业革命的实质是技术革命引起社会生产力的重大飞跃和整个生产方式的革命性变革。引发历次工业革命的恰恰是历史上最为典型的重大颠覆性技术，即各工业革命时期的主导技术，如蒸汽机技术、电力技术、控制技术、信息技术和生物技术等，表 1-1 列出了四次工业革命的典型颠覆性技术及其内容和特点。

表 1-1　引发历次工业革命的重大颠覆性技术

工业革命	颠覆性技术	内容	特点
第一次 1760～1880 年	蒸汽机技术	蒸汽纺织技术、蒸汽动力技术、蒸汽冶金技术、蒸汽运输技术	“工作机—传动机—动力机”技术体系的形成；蒸汽动力技术使得这种技术规范扩散到机械、冶金、运输等领域
第二次 1880～1940 年	电力技术	内燃机技术、热力技术、钢铁技术、机械技术、电工技术、电气技术、无线电技术、化工技术	由经验性、规则性技术向以理论为基础的科学性技术转变；以电工技术为主导的各种技术全面变革的新技术体系
第三次 1940～1990 年	控制技术	传输机/控制技术、航空航天技术、原子能技术、自动化技术、高分子合成技术、半导体技术	进一步形成基于理论先导的科学性技术；以控制技术为主导，揭开了原子能时代、计算机时代和空间时代的序幕
第四次 1990 年至今	信息技术 生物技术	集成电路技术、空间技术、基因技术、信息技术	智力型、群体式、集约型。微电子技术突飞猛进，电子信息技术呈现微型化、超级化、网络化和智能化趋势；基因重组技术同新型的和传统的细胞技术、酶技术、发酵技术相结合，形成现代生物工程技术

二、颠覆性技术是引发历次工业革命的重要驱动力

经济学家熊彼特（Schumpeter）早在 20 世纪 60 年代就揭示了技术创新是经济周期性变迁的秘密所在。技术的发展具有两种基本形式：渐进形式和飞跃形式。技术发展的渐进形式反映了技术发展的连续性、积累性和继承性，如改进性发明、技术的改良、扩散、推广和转移。技术发展的飞跃形式反映了技术发展的阶段性、突破性和创造性。在科学理论基础上的全新发明，或某一技术领域里的重大突破颠覆并取代原有技术都是技术发展的飞跃形式。颠覆性技术带来的突破为技术的渐进发展开辟了道路。而在技术创新过程中，颠覆性技术的颠覆效应最终体现在产品中，而产品的生产导致企业组织形态和社会生产关系都产生了相应的颠覆性效应。颠覆性技术成为促进科技变革、改变未来的重要驱动力。

历次工业革命表明，一个颠覆性技术出现后，一个或多个相关行业将会发生翻天覆地的变化，社会生产结构和生产关系也会出现相应的变化。在人类经历的五次经济长波中（表 1-2，苏联经济学家康德拉季耶夫于 1925 年提出来的），承载着由三次技术革命导致的三次工业革命，企业组织形态和生产关系随之不断地发生着颠覆性变革。第一次以动力技术为主导，人类社会由封建社会步入自由资本主义时代；第二次以电子技术为主导，人类社会由自由资本主义时代步入垄断资本主义阶段；第三次以信息技术为主导，正在引起产业结构和阶级状况的变化，使世界经济结构出现新的变化。

表 1-2 引发历次工业革命的颠覆性技术效应

<table>
<tr><th>工业革命</th><th>技术革命</th><th colspan="2">颠覆性技术</th><th>主要产品</th><th colspan="2">企业组织形态</th><th>生产关系演变</th></tr>
<tr><td rowspan="2">I
1760～1880 年</td><td rowspan="2">I
1730～1830 年</td><td>蒸汽纺织技术</td><td>蒸汽冶金技术</td><td rowspan="2">珍妮纺织机、瓦特蒸汽机、蒸汽机车、蒸汽轮船、蒸汽火车</td><td rowspan="2">近代工厂制度</td><td rowspan="2">近代公司制度</td><td>自由竞争资本主义</td></tr>
<tr><td>蒸汽动力技术</td><td>蒸汽运输技术</td><td>商业资本主义—工业资本主义</td></tr>
<tr><td rowspan="2">II
1880～1940 年</td><td rowspan="2">II
1830～1910 年</td><td colspan="2">电气制造技术</td><td rowspan="2">内燃机、电动机、发电机、电报、电话、火力发电站</td><td colspan="2" rowspan="2">财团垄断组织</td><td>私人垄断资本主义</td></tr>
<tr><td colspan="2">内燃机制造技术</td><td>金融资本主义</td></tr>
<tr><td rowspan="2">III
1940～1990 年</td><td rowspan="2">III
1910～1970 年</td><td colspan="2">电子控制技术</td><td rowspan="2">飞机、电子管、流水线、电视、“图灵机”、电子计算机、人造卫星、原子能发电站</td><td colspan="2" rowspan="2">现代集团组织</td><td>国家垄断资本主义</td></tr>
<tr><td colspan="2">石油化工技术</td><td>技术资本主义</td></tr>
<tr><td rowspan="2">IV
1990 年至今</td><td rowspan="2">IV
1970 年至今</td><td colspan="2">信息技术</td><td rowspan="2">微处理器、万维网、数字技术</td><td colspan="2" rowspan="2">跨国垄断组织</td><td>国际垄断资本主义</td></tr>
<tr><td colspan="2">生物基因技术</td><td>信息资本主义</td></tr>
</table>

三、颠覆性技术孕育于“科学—技术—经济”转化的大周期中

历史大尺度定量统计呈现出了“科学—技术—经济”转化周期性规律（图 1-1），其本质表现为“科学革命—技术革命—工业革命”的递次推进过程，而且这种转化和推进呈现加速趋势，最终将导致“科学—技术—经济”的一体化。人类所有的颠覆性技术正是在这

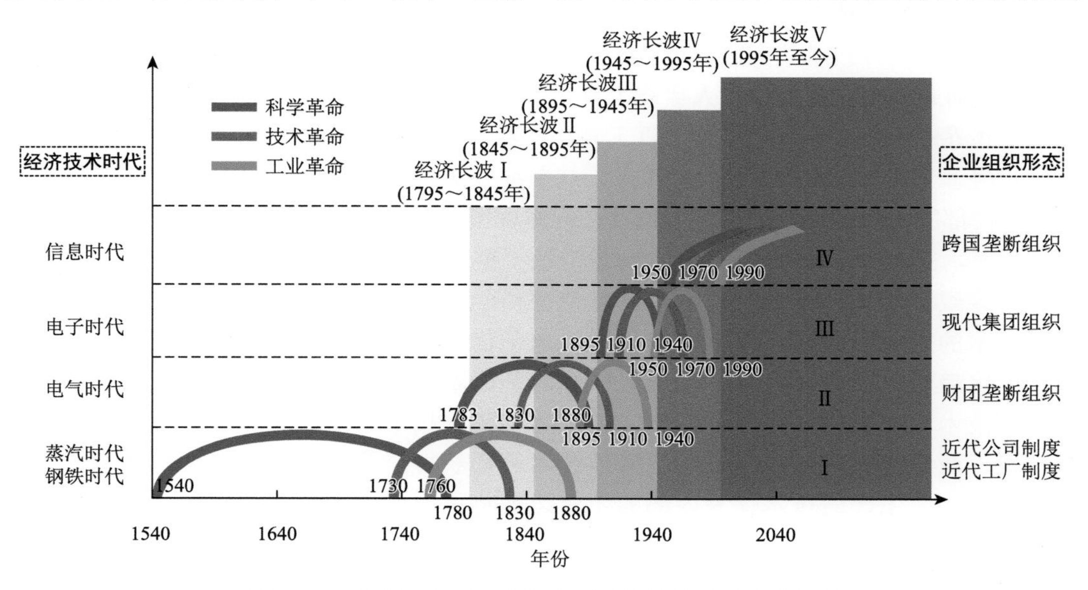

图 1-1 “科学—技术—经济”周期性转化大规律示意图

种闭环逻辑框架中得以孕育和发生的。随着技术革命的历史性依次推进，科学对颠覆性技术的孕育与发展的作用越来越突出，尤其是在第二次世界大战前后，技术知识从经验上升到理论，科学应用与技术实践形成技术原理，技术科学蓬勃兴起。近代四次工业革命中的那些具有颠覆性的技术产品实质上都孕育于技术。如热机技术（包括蒸汽机、汽轮机、燃气轮机、内燃机、喷气发动机）使热力学理论建立起来，工程热力学又使热机效率大大提高；电磁理论促进电气技术的发明，电机工程发展又促使电工学理论形成；飞机发明与制造促进了空气动力学的产生，而空气动力学又为飞机设计制造提供了可靠的科学依据和数据支持。

在这个大的历史跨度下，“科学—技术—经济”的转化周期越来越短，孕育和发生于其中的颠覆性技术从整体上也呈现出加速演进的特点。现代科学技术体系作为开放的复杂巨系统，其内部发展的不平衡性决定了何时何种技术会“涌现”出颠覆性效应，存在着极大的偶然性，预测不确定性依然很大。

四、技术体系的矛盾运动规定了颠覆性技术发展的内在逻辑路径

一个完整的物质生产系统包括三大子系统，即物料加工系统、能源动力系统和信息控制系统，对应的三大技术子系统就是材料技术（加工技术—运输技术）、能源技术（动力技术—传输技术）和信息技术（控制技术—传播技术）[2]。技术与技术体系的各个要素具有相互依存性和连锁性。因此，技术某一内在要素的变化，会影响和引起其他要素的连锁变化，导致技术整体变革。

颠覆性技术宏观逻辑路径（图 1-2）展现了历史上技术体系中先导技术和主导技术的突破引起相关技术的变革，从而发生技术体系的更新变换。以纺织技术、蒸汽动力技术、内燃机技术、控制技术、集成电路技术、生物技术、信息技术等为代表的颠覆性技术，带动先导技术和主导技术的突破变革，最终导致技术体系的变换而显现出颠覆性意义。该逻辑路径同时也体现出技术作为人实践于自然的手段，经历着人体结构与功能外化、对象化，以及自然界的人化、主体化过程。以工具和机器为载体的技术在人与自然之间进行物质、能量和信息交换过程中不断进化，技术正从单纯外化人眼、人手逐渐发展到人脑。随着技术体系内部的矛盾运动，子系统内部及之间体现出汇聚融合的趋势。

当前，第四次革命使得科学体系结构趋于整体化和专业化，其向技术革命的迅速转化，导致科学和技术的一体化，并且使得科学活动日益社会化和国际化。随着集成电路技术的发展，微电子技术突飞猛进，电子信息技术呈现微型化、超级化、网络化和智能化趋势；在分子生物学基础上产生的基因重组技术，同新型的和传统的细胞技术、酶技术、发酵技术相结合，形成现代生物工程技术革命；其他高新技术，如新材料技术、新能源技术、空间技术、海洋技术等都获得全面发展。在这种科技变革的大背景下，物质生产的技术体系内部的矛盾运动将更为剧烈和复杂，颠覆性技术将会呈现出群体式爆发特点。

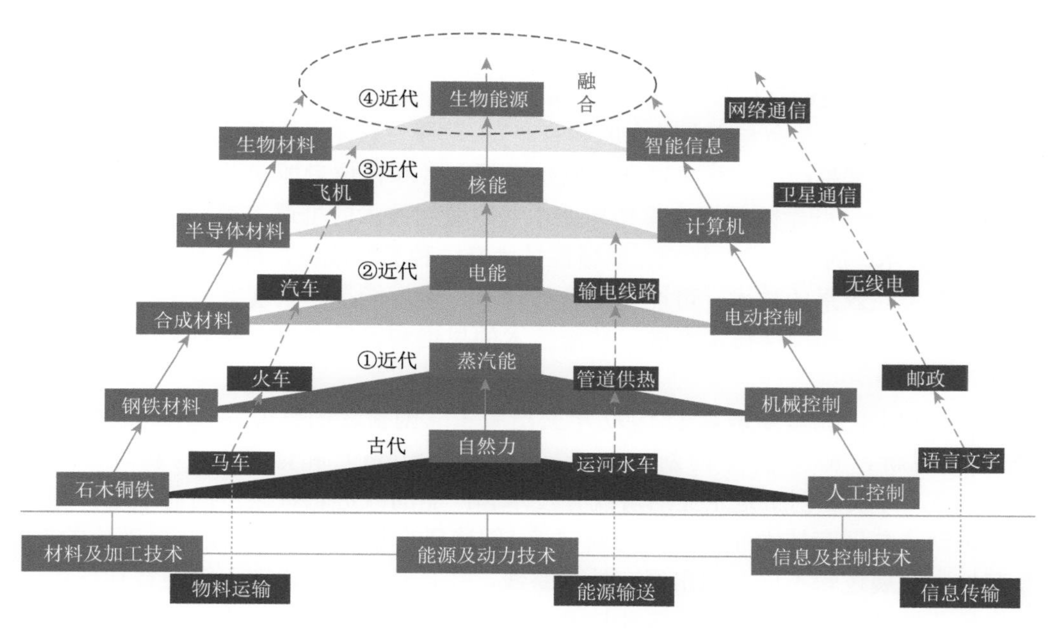

图 1-2 历史上颠覆性技术的宏观逻辑路径

第二节 基于创新的颠覆性技术思想渊源与演进[①]

颠覆性技术概念大致经历从创新到渐进性技术/渐进性创新再到颠覆性技术/颠覆性创新的发展过程，可以说“创新”是概念发展的基础。因此，本书基于创新的视角梳理颠覆性技术的思想渊源与演进历程，以期为颠覆性技术概念及其相关内容提供认识和理解。

一、颠覆性技术概念起源及其辨析

颠覆性技术这一概念最初可溯源于经济学家熊彼特的“创造性破坏”（creative destruction），他在《经济发展理论》中指出，依靠“创造性破坏”可淘汰旧的技术和生产体系，并建立起新的生产体系。这是颠覆性技术最早的思想萌芽。随着技术、组织和市场的不断演化，创新理论研究越来越引起技术创新学派的重视，如从技术创新强度的视角出发，出现了渐进性技术创新（incremental technology innovation）、突破性技术创新（breakthrough technology innovation）、根本性创新（radical innovation）和新兴技术（emerging technology）等概念。渐进性技术是指能实现持续的不断发生的局部或增量式创新活动的技术，其创新活动更多强调对现有技术和商业模式的利用。突破性技术不是现有改良技术而是用全新技术替代旧有技术产生新的应用、市场或产业。根本性创新是指建立在一整套崭新的科学和工程原理之上，产品性能发生非线性、大幅度和不连续跃迁的创新。新兴技术则是指建立

① 本节观点主要参考中国工程院咨询项目“工程科技颠覆性技术典型案例启示”的研究成果。

在科学基础上的或来源于集成创新及消化吸收再创新的二次创新的，可能创立一个新行业或改变某个老行业的创新性技术[3-6]。

随着新一轮科技革命与产业革命的孕育萌发，颠覆性技术及创新活动对世界科技与经济发展的影响越来越凸显，许多产业都发生了新入者和在位者博弈及行业重构的现象。1995 年，美国哈佛商学院教授克里斯坦森在《颠覆性技术的机遇浪潮》一书中，首先提出“颠覆性技术”的概念。他指出，颠覆性技术是一种另辟蹊径、对已有传统或主流技术途径产生颠覆性效果的技术，可能是全新的技术，也可能是基于现有技术的跨学科、跨领域的创新应用。颠覆性技术打破了传统技术的思维和发展路线，是对传统技术的跨越式发展。

在此基础上，克里斯坦森于 1997 年又出版了《创新者的窘境》一书，首先提出了存在两种创新，即持续性创新（sustaining innovation）和颠覆性创新（disruptive innovation）。持续性创新是企业沿着既有技术和产品的改进轨迹逐步向前推进；颠覆性创新则是创造与现有技术完全不同的新技术，创造更为简单、更加便捷与更廉价的产品。与原有技术发展逻辑不同，超出原有技术路线，并且对原有技术有不可逆替代作用的技术称作颠覆性技术，也就是说颠覆性技术是一种颠覆了某一行业主流产品和市场格局的技术[7]。

2003 年，克里斯坦森和雷诺对颠覆性创新理论进行了拓展，并且把颠覆性创新分为低端颠覆性创新和新市场颠覆性创新。低端颠覆性创新是指低价格、低主要性能的创新，价格低廉，由小而大，积累实力，由下而上侵入，如温水煮青蛙一样完成替代。新市场颠覆性创新，按照效用理论，主要性能发展过头，效用下降，辅助性能不断提升，效用上升，从而发生效用的替代，主流市场顾客转入颠覆性创新市场，进而发生竞争基础或者范式的改变。他们的理论引起了轰动，成为国内外创新和战略管理研究的前沿热点[8]。

从现有文献来看，颠覆性技术与延续性技术作为一组概念，学者对于延续性技术的理解观点趋于一致，认为延续性技术的创新过程是一种随时间连续的、线性的变化过程。颠覆性技术概念尚未形成统一的认识和理解，一般认为颠覆性技术的创新过程与延续性技术有着明显不同，是突发式的、跳跃式的变化过程，而且这种变化对产品、科学技术、产业等各个领域将会带来更大的效应，将远远超越渐进性创新的影响。而从技术的突破与变革视角出发，颠覆性技术与根本性创新或突破性技术、新兴技术等创新概念之间既有相通和相互覆盖的地方，也有一定的区别。根本性创新主要从纯技术的角度强调技术的先进性，突破性技术从技术与市场的角度强调新旧技术竞争产生新的应用或产业，新兴技术基于全新科学与工程原理或集成创新、消化吸收再创新的二次创新强调行业影响和创造，而颠覆性技术的提出主要基于颠覆市场在位者的商业视角，其创新思想进一步突出了应用全新的科学与工程基础颠覆传统主导技术路径，强调新技术与应用模式竞争引发格局重构的潜力。表 1-3 分别对颠覆性技术、渐进性技术、突破性技术、新兴技术等概念进行了对比说明，可以更为清晰地理解颠覆性技术与其他相关概念的区别和联系。

表 1-3　颠覆性技术及相关概念的区别和联系

对比项目	颠覆性技术	渐进性技术	突破性技术	新兴技术
概念	另辟蹊径，会对已有传统或主流技术途径产生颠覆性效果的技术	沿着原有技术路线（轨道）发展，利用现有基础和商业模式的技术	在原有技术水平上有巨大跃迁，其技术水平和市场程度都变化较大	当代各领域内的先进和发明技术，创造更有效率的新技术
特点	能力破坏型不连续创新	能力维持型连续创新	能力跃迁型不连续创新	能力提升型不连续创新
实现方式	需要新技术能力与应用模式创新	利用现有技术能力	利用现有技术能力	需要新技术能力与商业模式
实例	互联网技术、数码照相技术	不断优化的机械加工技术、不断优化的集成电路设计技术	语音识别技术、数字信号	信息技术、纳米技术、生物技术

我们进一步对颠覆性技术、颠覆性创新及颠覆性技术创新进行辨识，三者既有联系也有区别。

1）颠覆性技术强调技术本身对原有技术的替代性、技术轨迹的跃迁性，是颠覆了某一行业主流产品和市场格局的创新型技术。

2）颠覆性创新不仅包括技术突破，还包括商业模式、市场战略等内容，它倾向于把颠覆性与经济概念联系起来，对颠覆性创新的阐释多从经济社会的角度出发，技术突破只是经济目标实现的条件之一。

3）颠覆性技术创新强调由颠覆性技术本身在创新过程中通过对原有技术的替代实现市场破坏和产业、经济社会的变革，强调技术创新过程的实现带来颠覆性影响。

4）颠覆性技术可以理解为实现颠覆性创新的一种途径，而且是极其关键的环节；颠覆性技术是驱动和实现颠覆性技术创新的本源。

因此，我们认为颠覆性技术是三个概念的基础和载体，重点在于对技术要素的认识和解决关键技术问题。颠覆性创新重点在于经济价值上的破坏性创新，颠覆性技术创新重点在于技术创新的实现。三者由于内涵上存在一定的关联，在概念演化历程中未作严格区分，后面主要使用颠覆性技术和颠覆性技术创新的概念。

二、颠覆性技术概念的演化历程

通过对相关文献的梳理，我们将颠覆性技术思想演进分为四个阶段，即概念萌芽期、概念形成期、概念完善期和概念扩展期，见图 1-3。这四个阶段能够较好地将创新视角下的颠覆性技术思想演化过程表述出来。

1. 概念萌芽期（20 世纪 20 年代～80 年代）

颠覆性技术概念在萌发时期，受到来自理论研究与用户实践两方面力量的共同作用。熊彼特于 1942 年提出了创新的概念，很多学者认为这一概念的提出可以作为颠覆性技术概念的最初形态。在学术研究基础上，国防与科学领域最早将颠覆性技术的思想应用于实践。1958 年美国国防高级研究计划局（Defense Advanced Research Projects Agency，

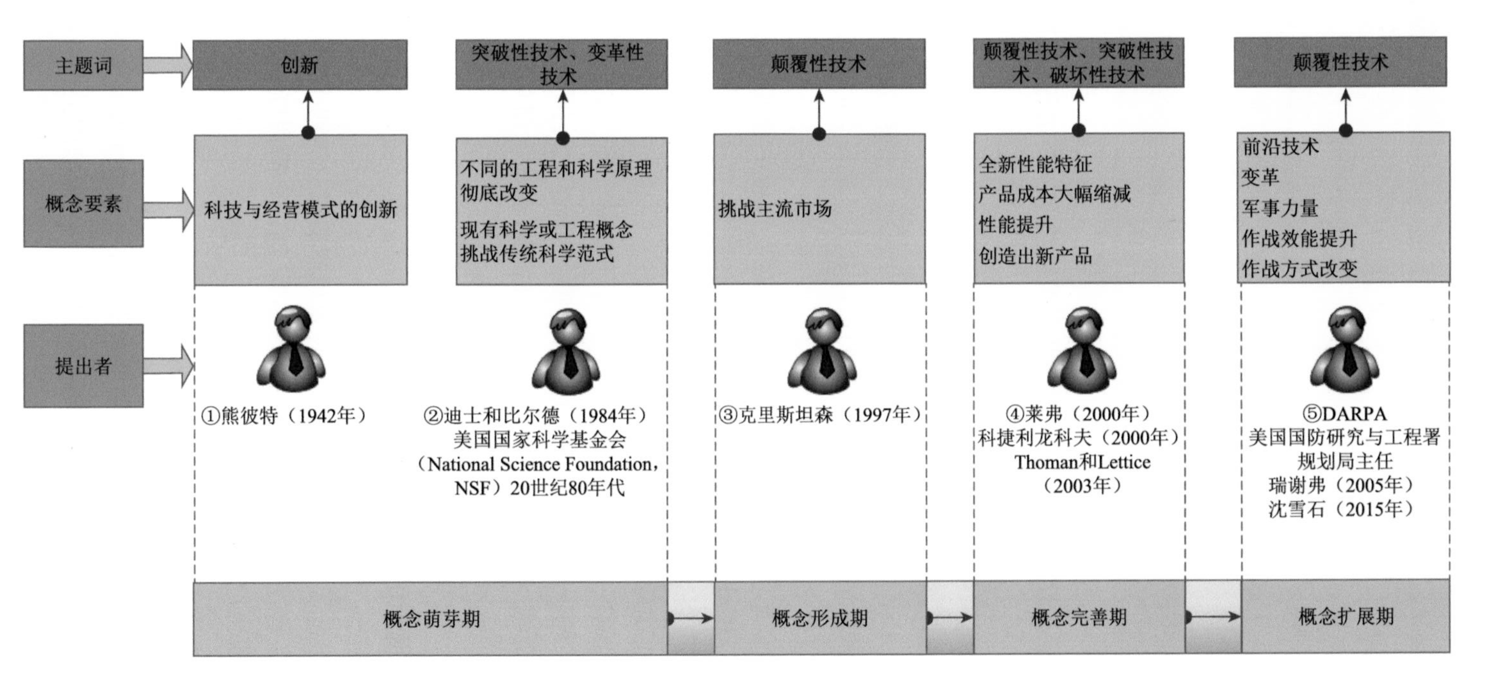

图 1-3　颠覆性技术思想演化历程

DARPA）以制造与防范技术突袭为目标，提出突破性技术的概念，并将技术突破性、效果颠覆性和研发高风险等理念应用于研发活动中。随着库恩范式提出常规科学与革命性突破的差别，创新性研究悄然兴起，美国国家科学基金会在 1967 年科学研究范畴最早形成的评议标准中指出："被提议的研究要么开启了一个新的领域，要么开发了一项新的技术，要么对现有的理论或认识提供了一个重要的检验。"

可见，颠覆性技术的概念起源于经济领域，用于解释创造性破坏与经济的周期性循环，其思想的孕育过程与军事、科学研究领域的应用密切相关。军事领域高度关注新技术制造并防范技术突袭的效果，科学研究关注非线性突破带来科学范式的转换。概念萌芽期的发展经历了创造性—破坏性—突破性的理论发展过程，为颠覆性技术概念的产生提供了丰富的思想基础。

2. 概念形成期（20 世纪 90 年代）

在创新概念的基础上，同时结合突破性和变革性概念，颠覆性这一思想认识逐渐形成，它的基本思想起源于克里斯坦森阐述的颠覆性技术，主要包含了五层意思：创新性、低端性、加速成长性、侵蚀性和颠覆性。随着时间的推移，颠覆性技术这一概念不再仅局限于技术，克里斯坦森认为颠覆性创新同样可应用于描述产品和商业模式的创新范式。这一概念最初起源于商业领域，后续越来越多的研究学者和机构开始关注这一领域，并不断地丰富和发展这一概念内容，使其成为当前产业、商业、技术、军事等领域的通用概念。

3. 概念完善期（1997～2005 年）

此阶段学者在颠覆性技术、破坏性技术、突破性技术三个概念中进行了多角度研究，深入到颠覆性创新的各个应用领域中去寻找概念实质，既有对商业领域中产品性能和产品成本的关注，也有对商业、服务领域中开拓性产品和主流市场的关注，同时还有对商业模式的关注。

这一时期颠覆性技术概念总的特点是：在理论研究上，学者对颠覆性技术的内涵认识逐渐趋于一致，认为这种技术主要来源于市场、产业的竞争，并由此带来新的产品或市场模式，并将研究视野从商业扩展到了产品、产业、商业和服务领域，关注到产品技术本身和性能的优化，也关注到商业模式的重大改变，但整体上仍然建立在市场引导下的自由竞争环境激发带来的变化，对技术的关注也局限于商业产品的技术细节。此外，国内对颠覆性技术的概念并未在翻译上达成一致，因此颠覆性技术、破坏性技术、突破性技术等概念并存。整体而言，这一阶段的研究更加深入，对概念内涵的认识也更为理性和科学。与此同时，学者开始关注颠覆性技术创新的结构和过程，包括颠覆性技术成长过程的动力学机制、影响因素与创新障碍，以及技术、产品、组织、市场、环境之间的多重关系。

4. 概念扩展期（2005 年至今）

此阶段最大的变化就是学者对颠覆性技术概念有了更深入的认识和理解，从商业模式的概念发展到技术领域的概念，使研究范围扩大到国防、军事、工程应用、航空等科学技术领域。

在科学技术领域，2004 年变革性研究概念正式提出，2007 年《NSF 加强支持变革性研究》界定了变革性研究的概念，形成了“有潜力彻底改变对现有科学或者工程概念的想法，创造研究新范式或科学（或工程）的新领域”的思想。在国防军事领域，美国国防研究与工程署规划局主任 Shaffer 在 2005 年《颠覆性技术：不确定的未来》的报告中指出：“颠覆性技术是从既定的系统和技术体系中‘衍生’‘进化’出新的主导性技术，取代已有技术，使军事力量结构、基础以及能力平衡发生根本性变革。”2007 年，DARPA 理查德（Richard）博士在一篇报告《能源研究与 DARPA 模式》（*Energy Research and the DARPA Model*）中阐述 DARPA 模式时指出：“DARPA 主要的使命是为美国军队创造‘变革性’的先进系统和技术。DARPA 鼓励项目经理挑战现有战斗方法并寻求结果，而不仅仅是探索想法。因此，DARPA 主要用于展示他们所谓的‘颠覆性能力’，颠覆性技术是改变游戏规则的前沿技术，在未来战争中创造决定性的颠覆效果。”

相关概念的正式形成，标志着颠覆性技术思想在科学与国防的应用实践中获得了理论的升华，并推动颠覆性技术概念跳出了商业领域中破坏现有市场领导者地位的理解，在国防军事领域就是彻底的技术变革、能力变革、军事格局的变革；在科学技术领域是改变现有科学或工程概念，挑战传统科学范式并可能改变游戏规则。进一步来看，这两个领域处于国家战略关口，其关注的颠覆性技术不仅强调竞争情境，更强调技术的突破性、效果的变革性。这一理念的提出使颠覆性创新研究脱离了市场自由竞争的范畴而上升到国家科学技术、国防尖端领域发展的角度，从而逐步向国家战略引领的高度发展。

目前，颠覆性技术的理论研究主要集中在颠覆性创新的概念机理特点、颠覆性创新理论的预测力、颠覆性创新的影响因素及路径选择等方面。很多学者指出颠覆性技术创新理论还多有不足，比如，需要建立一个判断准则厘清什么是颠覆性技术，需要建立可行的预测模型和预测能力来验证理论的适用性，等等。

三、项目对颠覆性技术概念内涵的归纳

通过梳理颠覆性技术概念可以看到，颠覆性技术从产生到发展直至完成颠覆的历程是一个不断打破现有格局和平衡，改变原有组织结构，或产生新的组织结构和管理模式，最终实现颠覆性创新的过程。新技术产生并伴随组织管理的变革，新格局随之形成，直到下一个技术出现并打破已有格局，如此往复循环。

表 1-4 从应用领域、组成要素、主导因素、效应等四个方面，对颠覆性技术的要素构成进行了描述。在产业领域，颠覆性创新概念的组成要素重点在产品的性能突破和性能提升，形成开拓性产品，创造出新产品，进而引起产业的重新洗牌，甚至改变主流市场。主导因素是市场的自由选择，由此带来的效应是产品的升级换代。在商业领域，颠覆性创新概念的组成要素重点是在重大技术创新的基础上，形成科技与经营模式的创新，进而带来

产品成本的大幅缩减或者挑战主流市场使市场重新洗牌，进而实现商业模式创新。这一变化的主导因素仍然是市场的自由选择，由此带来的效应是产业链的变革和商业模式的改变。在科学技术领域，颠覆性创新概念的组成要素重点是基于传统技术路线的改变，从而改变原有的技术体系和应用系统，知识和技能得以创新，进而彻底改变现有科学或工程概念，挑战传统科学范式，最终产生颠覆性科学革命的潜力。主导因素是原理的突破，由此带来的效应是高新技术产生、科研范式变革，甚至新一轮科技革命。在国防军事领域，颠覆性创新概念的组成要素基础在于技术能力的持续创新和性能的提升使作战模式、规则、能力得到重大突破，进而造成战争形态的彻底变化。主导因素是国家政府的大力支持和投入，由此带来的效应是国家安全战略的改变。

表 1-4　颠覆性技术的要素构成一览

序号	应用领域	组成要素	主导因素	效应
1	产业	性能突破 性能提升 开拓性产品 创造出新产品 产业重新洗牌 改变主流市场	市场自由选择	产品的升级换代
2	商业	重大技术创新 科技与经营模式的创新 产品成本大幅缩减 挑战主流市场 市场重新洗牌 商业模式创新	市场自由选择	产业链的变革，商业模式的改变
3	科学技术	影响传统技术路线 改变原有技术体系和应用系统 知识和技能创新 彻底改变现有科学或工程概念 挑战传统科学范式 产生颠覆性科学革命的潜力	原理的突破	高新技术产生、科研范式变革、新一轮科技革命
4	国防军事	技术能力持续创新 性能提升 作战模式突破 作战规则突破 作战能力突破 战争形态影响	国家政府投入	国家安全战略的改变

可以看到，颠覆性技术作为以效果定义的一类技术统称，不同领域会因其自身的技术特点与颠覆特性，对颠覆性技术的内涵要素产生不同的诉求，故其应用越广，共性特征越少，共有的特征就是效果。

基于以上分析，颠覆性技术的内涵可归纳为：对某个应用领域产生颠覆性效果的技术。它具有强大的破坏性，能以革命性方式对应用领域产生“归零效应”，重构应用领域的体系和秩序，并由此改变人们的生活、工作方式和作战方式，是推动人类经济社会变革的根本性力量。

第三节　颠覆性技术的内在特征

作为改变人类生产、生活、作战方式，推动产业变革及军事变革的根本性力量，颠覆性技术贯穿于人类历史，与人类文明的进化相伴而生，在长期发展演化中形成了鲜明的特征和独特的规律。当前，众多学者从各自研究对象出发，总结出颠覆性技术具有替代性、破坏性、变革性、不确定性等诸多特征。但是，这些特征在指导颠覆性技术创新决策判断中缺乏操作性。因此，本书从科学技术史（宏观）、案例研究（微观）两个维度，深入到颠覆性技术创新的结构、过程中，研究颠覆性技术的内在特征和演进规律，形成了初步认识。

一、颠覆性技术具有复杂的内在结构

颠覆性技术是一个技术群，具有复杂的内在结构。从空间角度来看，颠覆性技术是包含了主导技术、辅助技术、支撑技术的复杂技术群，跨多学科、多领域。通常这些技术不是齐头并进的，发育成熟期不同步，任何技术都能制约或助推颠覆性技术发展。同时，这些技术几乎不属于同一主体，甚至同一地区、同一国家，因此颠覆性技术创新要伴随大量的技术转移、技术集成和二次创新，是复杂的过程，孕育着巨大的机遇。

从时间角度来看，与其他技术一样，颠覆性技术的成长也历经实验室技术、中间试验技术、工程化技术、商业应用技术[①]等阶段。这个过程十分漫长，并伴随技术主体的转移、变换，还面临原有维持性技术激烈的技术竞争和商业竞争。在此过程中对新原理的发现与传播（科学突破）、新技术的发明与分叉（技术分叉）、新产业的产生与锁定（产业锁定）等转折点的识别和把握具有重大的战略意义。由于颠覆性技术结构和过程的复杂性，几乎没有技术发明者实现最终颠覆。

二、颠覆性技术兼具技术和管理两大冲突

作为能使传统行业“投资、产业、技术、人才、规则”归零的革命性力量，颠覆性技术不是单纯的技术本身，而是蕴含了技术和管理两大冲突。

1）技术体系冲突。作为新生革命性技术（变轨技术），颠覆性技术往往与现有的配套技术体系、产业体系甚至商业基础、商业模式不适应，在它成长过程中和现有技术体系存在巨大冲突。一方面在现有体系内很难得到发展的支撑；另一方面随着其发展壮大将改变、颠覆甚至归零现有体系。因此，新技术成长挑战多、周期长、风险大，考验决策。正是过程的风险和不确定性，给后发者提供了战略性机遇。

2）管理体系冲突。旧的管理体系阻碍甚至排斥颠覆性技术的发展。管理是与管理对象相匹配的，组织现有的管理理念、价值观、资源、流程往往不适应颠覆性技术的发展。

---

① 还包括国防军事等方面应用。但是我们研究发现，在颠覆性技术创新过程中，商业应用和国防军事应用，在本质上有共通性，后续论述不特意区分。

面对颠覆性技术变革，在原有轨道上越优秀、管理越好的企业失败得越快。在人才、技术、资金各方面占优的行业巨头，往往是颠覆性变革的失败者。如柯达发明了数码相机，却被数码相机颠覆。当前面对颠覆性创新，无论国家还是行业巨头都选择在现有体系之外设置新的管理架构。

三、颠覆性技术的产生有三个重要途径

颠覆性技术产生于三个重要的来源方向。一是基于科学原理重大突破或重大集成创新产生颠覆性技术。该类型技术一旦出现会得到广泛共识，快速向各个领域渗透、融合，往往会产生定义时代的重大颠覆性技术。这类技术很重要，但数量不多。二是技术的颠覆性应用和跨领域应用形成颠覆性技术。传统技术跨学科、跨领域或非常规的应用，往往会在应用领域产生颠覆性的效果，形成颠覆性技术。随着社会进入“技术爆炸”时代和以大数据为代表的新型科研范式的出现，这类技术越来越多，涉及的范围越来越广、过程越来越复杂、速度越来越快，如互联网技术。三是以颠覆性思路解决问题催生颠覆性技术（问题导向）。这种方式在当前商业创新中盛行，如 SpaceX 的可回收火箭以有悖常理的思路实现现有功能，获得了巨大成功，催生新的颠覆性技术。该理念也带动“先开发、再研究”创新模式的兴起。对该类技术，大多数人经历“看不上、看不懂、来不及”的过程，对其带来的冲击措手不及。

四、颠覆性技术具有演化阶段之分，时间尺度明显

颠覆性技术的颠覆并非一蹴而就，而是一个长期演进的过程，具有时间尺度的特征，需要经历酝酿期、潜伏期、成长期、成熟期等阶段，既符合创新生命周期的一般规律，在演化特性上也具有不连续、非线性、阶跃成长和长期孕育阶段爆发的特点。颠覆性技术创新的过程通过若干次核心技术的重大突破引爆市场，驱动产业沿着利基产品（利基市场）—中间产品（中间市场）—主流产品（主流市场）路径跃迁，存在明显的阶段爆发点。颠覆性技术的影响范围具有层次性。按照颠覆范围的不同形成了大颠覆、小颠覆的层次性。创新变革强度可分为三类创新类型，由大及小依次递推，技术经济范式变革是指对军事、经济、科技、社会宏观结构与运行模式产生颠覆性的影响，产业体系变革是指对某产业或领域的技术体系结构与运行模式产生重构替代旧有技术体系，技术变革是指在产品/工艺技术层次的突破性变革从而取代传统技术。

第四节　颠覆性技术的国家视角

科学技术史表明，颠覆性技术是驱动工业革命的重要引擎，历次工业革命中颠覆性技术的突破与产业化深刻改变了经济社会格局，是世界科技强国的重要标志。当前新一轮科技革命与产业变革蓬勃兴起，与我国由高速增长向高质量发展转型历史性交汇，开展颠覆性技

术创新对于加快新旧动能转换、带动传统产业升级、推动经济结构调整和社会变革有重要的作用。立足国家视角认识颠覆性技术，把握颠覆性技术的战略内涵，具有重要的战略意义。

一、国家视角下颠覆性技术的意义

进入21世纪，颠覆性技术层出不穷，影响巨大，受到科技强国的高度关注，成为世界科技强国的战略竞争焦点，对于国家的战略意义重大。

1. 颠覆性技术具有改变游戏规则、格局重构的战略价值

从战略性来看，颠覆性技术具有改变游戏规则、格局重构的战略价值。对国家而言，关乎国家竞争潜力、安全与国际地位；对产业而言，关乎企业生存与产业的全球竞争力。我国正处于由高速增长向高质量发展的转折期，国家发展主观意愿与历史进程的客观规律都表明，我国已进入需要系统考虑颠覆性技术创新的新阶段，需要从国家战略高度开展颠覆性技术战略研究，谋划变跟随路径为赶超引领轨道，为改变低端锁定困境、引领经济高质量发展、建设世界科技强国提供重要抓手。

2. 颠覆性技术的爆发周期决定了抢占先发优势至关重要

从时代性来看，新一轮产业革命与我国经济转型融合共生，颠覆性技术正处在喷薄而出的爆发前期，先发机会稍纵即逝，颠覆性技术的紧迫性需要我国抓住当前时间窗口期加强战略研究，为应对新兴颠覆性技术的密集涌现，推动政府加快布局和发展提供对策。

3. 颠覆性技术潜藏变革风险深刻影响国家治理

从变革风险性来看，颠覆性技术的应用扩散对传统社会生产和生活秩序可能产生广泛深远的影响，其潜在风险往往超越政府、组织、社会公众现有认知的极限，不可逆转地冲击国家治理边界与社会管理模式，并且不以人的意志为转移，极易引发社会的变革与动荡，需要国家对颠覆性技术应用潜在风险进行识别、判断，超前设计防范和治理机制，增强对颠覆性技术引发变革风险的预警与疏导。

为此，我国高度重视颠覆性技术。习近平总书记在党的十九大报告中指出，要"突出关键共性技术、前沿引领技术、现代工程技术、颠覆性技术创新，为建设科技强国、质量强国、航天强国、网络强国、交通强国、数字中国、智慧社会提供有力支撑"。《国家创新驱动发展战略纲要》《"十三五"国家科技创新规划》等一系列重要文件也做出了规划部署，从国家决策和战略部署上给予了一系列的响应，进一步彰显了颠覆性技术的战略意义。

二、颠覆性技术的国家视角内涵

颠覆性技术成为快速改变某领域模式或格局的技术的统称，其认识已跳出商业领域中

低端切入破坏在位者市场地位的原义范畴，其应用从市场竞争领域扩展到国防和国家科学技术发展领域，并逐步向国家战略引领的高度发展。从国家视角审视颠覆性技术的战略内涵，既有现实基础，也突显时代价值。

（一）颠覆性技术国家视角的着力点

从系统观和时空观来看，国家视角有以下着力点。

1）谋全局。国家视角首先是一个整体的全局性的视域，一方面整体看待颠覆性创新过程中所涉及的内在要素和外部塑造力量，另一方面对国家各个区域颠覆性创新的图景给予全局性的审视和考虑，体现空间跨度。

2）谋长远。国家视角要充分考虑从现实到未来的过程风险与不确定性，提前预测颠覆性创新的未来图景，体现时间跨度。

3）谋重点。国家视角要紧扣战略目标抓主要矛盾，一方面国家战略主导的颠覆性创新有所为有所不为，另一方面兼顾颠覆性创新的痛点和难点对症驱动，体现结构性。

4）谋基础。国家视角要把夯实创新的基础环境（硬实力和软实力）作为根本，使颠覆性创新植根于国家的现实基础、能力和人文环境，体现基础性。

（二）颠覆性技术国家视角的内涵

颠覆性技术创新集科学、技术、工程于一体，构成全创新链，并连接需求端、供给端、政策端等多元创新利益相关者形成独特的创新生态。作为“谋全局、谋长远、谋重点、谋基础”的国家视角，颠覆性技术的概念框架已不再局限于快速改变某领域模式或格局的效果定义，而是扩展为基于国家战略视野驱动的颠覆性创新范式，将国家、产业、企业等不同层面不同主体的颠覆性技术创新发展纳入全局，给予长距视野、全域空间的重点突破和体系供给。

在重点突破上，颠覆性技术的国家视角，重点关注颠覆性技术及其创新在“技术突破、全局需求、作用广泛、前沿引领”的战略价值：①颠覆性技术要引领我国科技经济整体突破（能力的变革性）；②颠覆性技术的应用需求是关系全局的行业及社会公共消费（问题或需求的导向性）；③颠覆性技术的颠覆范围是国家全局性或区域性的产业体系、社会技术经济范式变革（作用的广泛性）；④颠覆性技术创新的根本动力产生于前沿探索和基础科学领域的率先突破（前沿的引领性）。

在体系供给上，颠覆性技术的国家视角，是对全域时空下创新链、创新生态的形成与运行过程中需要国家给予公共品配置或引导、弥补的系统失灵、市场失灵环节，体现为四个层次。

一是面向科学技术的新原理、新应用、新组合，识别和培育可能引发体系、范式变革的重大颠覆性技术，实现技术供给。

二是面向国家及社会公共消费的重大战略需求，开展颠覆性创新重大装备工程研制生产，实现公共产品供给。

三是面向颠覆性创新的公共消费或竞争性孵化应用需求，营造市场环境，实现环境供给。

四是面向颠覆性创新的引致风险，提供应对举措，实现治理供给。

第二章 世界颠覆性技术发展态势与中国需求（态势篇）

当前，新一轮科技革命和产业变革已经兴起，一些重要的科学问题和关键技术发生革命性突破的先兆日益显现，一些重大颠覆性技术创新正在创造新产业、新业态，信息技术、生物技术、智能制造技术、新材料技术广泛渗透到几乎所有领域，带动了以绿色健康、泛在智能为特征的群体性重大技术变革。从全球看，世界主要国家和地区都在积极研究及布局人工智能、云计算和大数据、虚拟现实/增强现实（virtual reality/augmented reality，VR/AR）、无人驾驶汽车等可能颠覆未来产业格局的技术，力争推动这些技术加速进入商业化阶段。

当前，颠覆性技术创新带来的大变革，正在重塑世界格局、创造人类未来，成为人类追求更健康、更美好的生活的重要保障，为我国变大变强实现民族复兴创造历史机遇，对支撑我国实现 2035 年战略目标有重大意义。2035 年，世界人口与经济持续增长，能源需求与环境压力将不断增大，我国发展也将进入新阶段，对颠覆性技术发展也提出了明确的战略需求。

本章介绍对世界工程科技颠覆性技术发展态势的跟踪研究的结果和面向 2035 年中国发展对颠覆性技术提出的战略需求分析。

第一节　世界工程科技颠覆性技术发展态势

本书对世界颠覆性技术发展动态的跟踪研究重点关注五个层次的发展动态。

1）世界颠覆性技术发展前沿跟踪。

2）国际组织和主要国家政府机构与颠覆性技术相关的战略、规划、政策、重大项目进展等动态。

3）著名智库、高校、风投公司等出台的颠覆性技术研究报告及预测报告。

4）主要创新型国家典型创新企业在相关领域的规划、投资并购与研发动态。

5）创新型国家创新机制和颠覆性技术产生根源与机制分析。

通过跟踪收集，及时识别潜在颠覆性技术，收集重点、热点颠覆性技术，研判世界颠覆性技术的发展趋势、发展方向和发展重点，对我国的重要领域方向开展颠覆性技术的预警。

跟踪研究工作按照“全面覆盖、重点跟进、渠道开放、方法科学”的方式开展。即综合组针对先进国家政府机构、研究组织、商业主体开展“定点”持续跟踪研究；各领域课题组各司其职跟踪领域内颠覆性技术发展动态，实现工程科技领域全覆盖；同时，积极创造条件发动民间、草根力量，探索建立开放、多元信息收集渠道。通过项目研究形成以各领域的专家为主体、专业团队为支撑、民间力量为补充的“体系开放，主体多元”的颠覆性技术情报收集队伍。在动态跟踪研究的过程中，注重科学方法和先进工具的发展与应用。世界颠覆性技术发展动态跟踪研究形成如下认识。

（一）从技术层面来看，当前颠覆性技术创新呈现了新趋势、新特征

1）范围广。当前新兴颠覆性技术在信息电子、材料制造、能源环境、生物医药等领域密集涌现，并且不断融合汇聚，向传统领域渗透扩张。深入影响到经济社会、军事国防的各个方面，范围十分广泛。

2）影响深。颠覆性技术的变革深刻影响对人自身的改造。随着基因技术、人机融合等技术的发展，人机耦合、人机融合，甚至对人直接改造逐步成为现实，人与机器、人与自然的界限逐步被打破。改变人本身、人与人、人与自然、人与社会的关系，将给经济运行、社会管理、军事斗争带来全方位的改变，带来前所未有的道德伦理、社会治理的挑战。

3）速度快。颠覆性变革的速度越来越快，“创新加速”的趋势显著，科技风险、负面效应传导扩散的速度越来越快、范围越来越广，带来诸多全球性挑战，对科技治理能力、方式都提出了新的、更高的要求。

4）结构复杂。随着科研工具日益数字化、智能化，研发手段逐步虚拟化、网络化，当前科技创新活动日益大众化，创新主体更加多元，创新要素流动全球化，创新生态空前繁荣，在为经济社会注入活力的同时，给科技风险的预防、监管提出新的挑战。

（二）从领域层面来看，当前颠覆性技术集中在四大领域

通过分析近年来欧美科技强国的政府机构、智库、咨询公司、高校、知名专家公开发布的数十份颠覆性技术的预测报告，统计出了重合度最高的十大技术方向①，这十大技术方向集中分布在信息电子领域、材料制造领域、能源环境领域和生物医药领域，具体如下。

1）信息电子领域：信息与电子工程领域是当前全球创新最活跃、带动性最强的领域，信息技术的广泛渗透正在加速推进其他领域的工程科技发展，信息技术与产业的水平成为一个国家现代科学技术发展水平的重要标志。信息科技中的量子信息、人工智能、虚拟现实和移动互联网是最有可能产生颠覆性创新的领域，并且四者联系紧密，共生共荣。

2）材料制造领域：以机械制造为代表的先进制造技术，是现代企业竞争力的重要决定因素，对一个国家的技术经济发展起着至关重要的作用，深刻影响着我国实现社会主义

① 由于每个机构对技术方向的分类标准有差异，颗粒度也不尽一致，在统计的时候就大方向进行了合并归类。

现代化和民族复兴的进程；材料工程是制造业的基础，材料创新往往对颠覆性技术革命产生重要影响。

3）能源环境领域：能源是人类社会赖以生存和发展的重要物质基础，发展清洁、低排放的新能源和可再生能源是全球能源转型的大趋势，以非常规油气勘探开采技术、可再生能源、清洁能源和能量储存技术为代表的颠覆性能源技术，正在并将持续改变世界能源格局。生态环境安全是国家安全的重要组成部分，是经济社会持续健康发展的重要保障，节能减排是全人类的共识，未来，大气中二氧化碳及主要污染组分多元原位固化/转化技术、循环自给型污水净化智慧工厂以及多领域融合的环境监测监管技术将是生态安全领域中颠覆性技术的集中爆发点。

4）生物医药领域：生命科学和医学健康是目前发展最迅速、创新最活跃、影响最深远的科技创新领域之一，已经成为新一轮科技革命的引领性力量。同时，卫生与健康科技创新水平是衡量一个国家科技创新水平的重要标志，也是影响国家综合国力和人类社会生活方式的重大民生问题。以精准医疗、下一代基因组学、合成生物技术为代表的生物医药科技前沿领域正在逐步实现多点突破，这些突破可能引发形成新理论、建立新方法、变革诊疗手段。

（三）从国家层面来看，美国是颠覆性技术创新的领导者

作为全球科技中心和经济中心，美国对颠覆性技术的布局几乎是全方位的，已公布的颠覆性技术清单材料涉及人工智能、高端制造、先进原材料及重要设备等，美国对颠覆性技术的重视程度可见一斑，旨在继续引领全球科技发展，提振美国经济，保持美国军事力量的绝对领先。

日本、韩国、澳大利亚、德国等其他世界科技强国也共同认识到颠覆性技术对国家发展、产业竞争的极大推动作用，纷纷在人工智能和先进制造等领域布局，颠覆性技术在全世界范围内呈现“百家争鸣”“百花齐放”蓬勃发展的局面。日本颠覆性技术创新计划（ImPACT）则将更多地关注高分子材料、泛用型电子激光器、终极节能通信设备、患者（老年人）行动辅助系统、机器人、传感系统、大脑信息控制技术、人工细胞反应堆和超大数据平台等。韩国第五次技术预测活动重点支持了 24 项技术，涵盖了无人机、智能工厂、3D 打印、智能电网、高性能碳纤维、稀有金属循环利用、多晶硅半导体虚拟现实、智能机器人、量子计算、无人驾驶汽车、人造器官等。澳大利亚国家创新及科学计划重点支持人工智能、自动化、大数据、区块链、网络安全、沉浸式拟真、物联网和系统集成等技术。最近成立的德国网络安全和关键技术的颠覆性创新机构则聚焦于网络与电子技术、人工智能。

（四）从商业层面来看，商业机构成为颠覆性技术创新的主力军

调研表明，目前大量的颠覆性技术已经进入成熟期，离应用越来越近，获得的商业关

注也越来越多，商业机构已取代政府部门成为颠覆性技术研究预测的主力。例如，2010年谷歌（Google）公司成立 X 实验室，着手研究一些可称为异想天开的项目。2014 年有报道称微软研究院组建了一个特别项目组，致力于开发"能使公司和社会都受益的颠覆性技术"。随着越来越多的颠覆性技术被预测、布局和发展实现，商业机构逐渐成为颠覆性技术创新的主力军。放眼全球，如图 2-1 所示，2017 年度全球科技研发投入企业前 15 强的研发投入共计 1464.69 亿欧元，远超同期我国政府附属研究机构的经费支出，也远超我国同年度政府支持科研经费体量。商业机构规模越来越大，对全球科技的走势和颠覆性技术的发展起着越来越重要的作用，将对未来经济社会发展和国家治理带来深远影响。

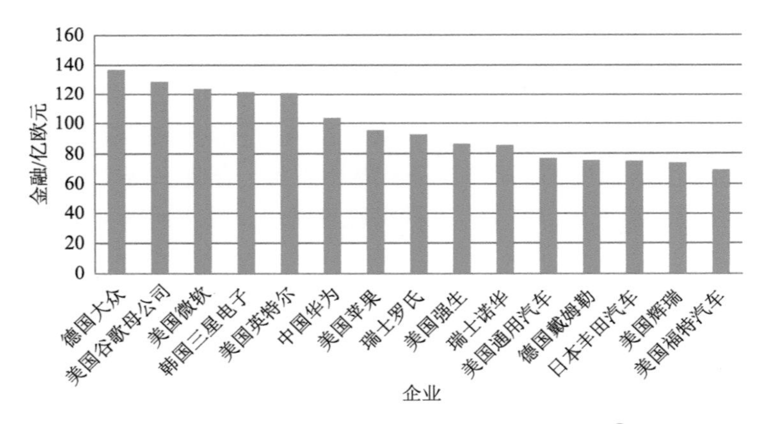

图 2-1　2017 年全球科技研发投入企业 15 强[①]

（五）从智库层面来看，颠覆性技术的预测研究已成为热点

以咨询公司、科技杂志及学术论坛为主的智库数量相对较多，部分影响力较大，如美国的高德纳（Gartner）公司、《麻省理工科技评论》、美国麦肯锡全球研究院、世界经济论坛（The World Economic Forum，WEF）等。这些智库经常发布相关预测报告用于指导相关行业的发展，不仅提高了自身在相关领域的影响力，也促进了自身相关业务的发展；它们发布的颠覆性技术预测清单不仅会影响全球科技方向的发展，也会影响各国政府、各类行业/企业在科技研发、科技投入上的布局。

第二节　2035 年的中国——发展愿景与展望[②]

2035 年的中国，是已进入创新型国家前列的中国，正努力建设世界科技强国、实现"两个一百年"奋斗目标的第二个百年奋斗目标。2035 年的中国，是迈入高收入水平国家行

① 数据来自欧盟委员会（European Commission，EU）公布的 2017 年工业研发投入排行榜。

② 本章相关的数据判断来自项目组和中国社会科学院数量经济与技术经济研究所的联合研究项目"面向 2035 经济预测和经济社会发展愿景"。

列的中国，经济运行总体情况良好，产业结构趋于合理，中产收入阶层发展壮大；2035 年的中国，是智能化的中国，智能制造享誉全球，智能医疗、智能教育、智能交通融入百姓生活；2035 年的中国，是可持续发展的中国，能源结构趋于合理，绿色崛起与持续发展共赢；2035 年的中国，是和谐的中国，以健康为中心的健康理念融入所有政策，公民享有更加平等的机会和更高水平的保障。

一、2035 年中国经济社会发展愿景

2020 年，我国将全面建成小康社会，基本实现工业化。经济保持中高速增长，实现国内生产总值（gross domestic product，GDP）和城乡居民人均收入比 2010 年翻一番，跨过中等收入陷阱，进入高收入经济体行列。产业结构持续升级，创新驱动发展取得显著成效，进入创新型国家行列；现代产业体系逐步优化，工业化和信息化深入融合，迈进“互联网 +”时代。区域协调发展，收入差距缩小，中等收入人口比重上升；人民生活水平和质量普遍提高，现行标准下农村贫困人口实现脱贫，解决区域性整体贫困问题。

2035 年，我国将进入现代、和谐、有创造力的高收入社会，初步实现共同富裕。经济平稳增长，人均 GDP 接近发达国家平均水平，经济总量超过美国，成为第一经济大国，基本实现现代化。产业结构达到世界强国中等水平。区域均衡发展，区域和城乡收入差距进一步缩小。具有较高的国际威望和影响力，作为世界经济的强力引擎全面参与全球治理，发展成果惠及全球。

1. 能源愿景

2030 年前碳排放和化石能源总量双达峰。能源生产结构不断优化，能源消费结构将出现较大变化，煤炭比例进一步降低，石油比例基本维持稳定，天然气比例、可再生能源比例将有较大幅度上升，核电、水电比例基本稳定。工业消费所占比例过高的情形将会扭转，交通消费、家庭消费的比例将会提高。能源基础设施网络全面覆盖城乡，综合能源系统大规模发展，能源综合利用体系的建设将成为新趋势，综合交通能源体系快速发展。中国能源供给日益国际化，将与周边国家形成区域性的电力市场。

2. 科技愿景

前沿基础研究的重大突破会催生出新的重大科学思想和科学理论，一些新的综合性科学乃至新的科学体系将会出现，新产品、新需求、新业态会不断被创造。科技创新呈现多元深度融合，不同学科之间交叉渗透，科学技术的开发和应用快速发展。创新组织与模式将发生显著改变，信息技术深入各行各业，生物健康技术有突破性进展。

3. 信息愿景

信息技术深度融入经济社会各领域势不可挡。2035 年，我国将成为全球信息科技领域的创新引领者、建设推动者和应用示范者。信息领域核心技术将取得突破，中国网络空

间综合实力进入全球第一梯队。智能化渗透经济和社会各领域，“人—机—物三元融合”范式进一步拓展，协同共享经济体系基本建立，增材制造引领制造业变革。

4. 人口愿景

2030 年前后人口达到峰值，此后进入持续负增长阶段。生育率或将短期回升后继续走低，适龄劳动人口数量不断下降，传统人口数量红利逐渐减弱，老龄化程度持续加深。2035 年人均预期寿命将达到 80 岁，高于世界平均水平，接近世界高收入国家水平。健康水平持续提升，人口素质不断提升。

5. 社会愿景

到 2035 年，我国社会结构、社会形态、利益格局和人们的行为方式、生活方式、社会心理都将发生深刻变化。到 2035 年我国整体处于中级城市型社会。城乡居民收入差距显著缩小，中等收入群体比例明显提高。社会保障制度由基本保障型向生活质量型转化。

二、2035 年中国经济社会发展展望

1. 中国经济仍保持平稳较快增长

运用中国的经济—能源—环境—税收动态可计算一般均衡（CN3ET-DCGE）模型，设定了基准增长、增长较快和增长较慢三种情景，对中国 2019～2035 年经济社会发展进行预测。尽管中国经济增长率呈现逐渐下降的趋势，但整体上中国经济仍然能够保持平稳、较快的发展态势。根据预测结果，在基准情景下，2035 年中国不变价 GDP 规模将为 2000 年的 10.06 倍、2010 年的 3.99 倍、2020 年的 2.02 倍。2035 年左右中国经济总量将超过美国，成为世界第一经济大国；2035 年，中国人均 GDP 将达到 3.5 万美元左右，进入世界高收入国家之列。

值得注意的是，中美贸易摩擦短期内会对中国经济造成一些负面影响：外贸订单减少、外贸工厂倒闭、人员失业增多，还会使得资金外流，从而加剧金融风险。但长期来看，美国对中国的贸易制裁不会改变中国经济的发展轨迹，不能阻挡中华民族强大和崛起的趋势。

2. 产业结构逐渐优化和第三产业处于主体地位

2019～2035 年，国民经济的增长不仅将表现在总量的迅速增加，也将表现在经济结构的重大改变，这是由于三次产业的增长速度不同，经长期积累从量变到质变的结果。2016～2035 年，三次产业变化趋势大致说明如下。从产业结构上看，三次产业在经济总额中的比重呈现平稳变化的发展趋势，其中，第一产业和第二产业比重逐年下降，而第三产业比重则逐年上升。第一产业比重基本稳定，仅仅下降约 1.7 个百分点；而第二产业增加值占 GDP 的比重则下降近 10 个百分点。第三产业一直保持其在国民经济中的最

大份额，在 2016 年超过 50%，其在国民经济中的绝对支配地位进一步巩固和加强。2035 年，三次产业增加值在国民经济中的比重将分别为 7.4%、29.9%和 62.7%。

3. 经济增长动力及其结构将发生显著变化

2019～2035 年，经济增长动力及其结构也将发生显著变化，投资拉动型为主的经济增长将逐步改变为以消费需求为主导的发展新阶段；消费增长（尤其是居民消费增长）将成为未来经济增长和发展的主要动力。投资增长将更多地取决于市场需求，取决于经济发展状况，这有利于改善投资结构，有利于提高投资效率。

2035 年，我国将基本实现社会主义现代化，经济增长质量和效益得以显著提升。从经济增长的动力源来看，科技创新将成为我国经济发展的第一动力。在积极实施驱动发展战略、建设创新型国家和科技强国的目标指引下，我国整体科技创新水平不断提升，到 2035 年我国将步入创新型国家的前列，科技创新对经济增长的贡献将达到三分之二左右。国家创新体系更加完备，科技人才队伍规模宏大，高精尖人才短缺的局面将得到扭转和改变，创新的制度环境、市场环境和文化环境更加优化。

主要产业进入全球价值链中高端，与发达国家在同样的产品空间开展全球竞争。形成一批具有较强国际竞争力的跨国公司和产业集群，优势行业形成全球创新引领能力；建成世界最大的现代产业体系，成为信息、知识、创新驱动为主的经济体，进入世界 500 强企业数大大超过美国。

第三节　2035 年的中国——面临重大问题及其对颠覆性技术的需求

面向 2035 年中国经济、社会和科技等全面发展的宏伟目标，结合当前我国建设成创新型国家和全面建成小康社会的总体部署，基于项目组前期对颠覆性技术概念、特点及重要意义的研究，认为：要实现 2035 年的中国经济社会发展愿景，面向科技前沿、面向重大需求、面向经济增长，对颠覆性技术有六大战略需求（图 2-2）。

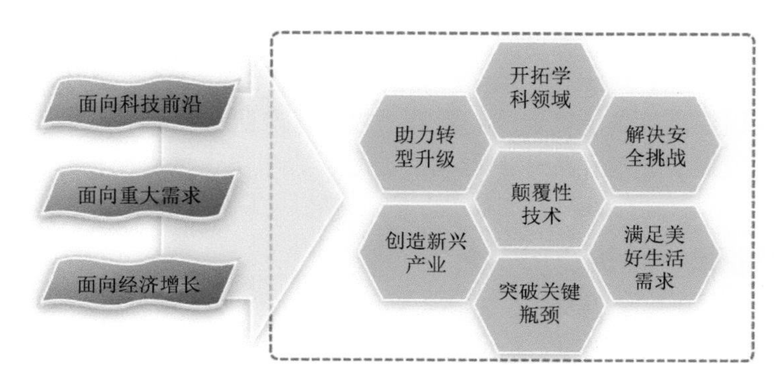

图 2-2　2035 年的中国对颠覆性技术的三大面向、六大需求

一、开拓学科领域，抢占战略制高点

当前，我国正在实现“两个一百年”战略目标和建设“世界科技强国”的伟大历史征程中，科技发展要从跟跑向并跑和领跑转变，在这一过程中，颠覆性技术处于非常突出的位置。大力加强对未来科技特别是颠覆性技术发展趋势的前瞻性、综合性的分析研判，推动颠覆性技术加快发展，掌握全球科技竞争先机，是实现我国科技发展并跑和领跑的内在要求。

颠覆性技术是推动科技变革，抢占战略主动权的重要抓手。每次科技革命的发生和突破，往往都以颠覆性技术出现和成熟为标志。颠覆性技术不遵循传统技术思维和技术发展路线，能够打破现有技术体系，促进生产力产生质的飞跃，形成独特的竞争优势。历史上的蒸汽机、内燃机、电力、计算机和互联网均是在打破旧有社会技术体系的基础上，推动了社会转型。当前，一些重要的科学问题和关键技术领域发生革命性突破的先兆日益显现，新科技变革一触即发。谁掌握了能引起新一轮科技变革的颠覆性技术，谁就掌握了未来竞争的战略主动权。

二、助力转型升级，转变发展方式

改革开放以来，我国经济实现了持续高速增长，成为世界第二大经济体。但经济社会发展的一些深层矛盾十分突出，产业内部结构不合理，转型升级缓慢，技术创新能力差，这些成为严重制约我国产业转型升级的短板。特别是随着我国经济进入新常态，原有经济增长动力减弱，投资对经济的拉动效应明显降低，出口拉动受国际金融危机的影响，内需市场迟迟未能释放。同时，自然资源和生态环境约束更加紧迫，我国产业发展已经没有了当年发达国家起步时所拥有的良好环境承载力，必须走一条资源能源更节省、环境友好程度更高的新型产业发展之路，必须推动新型工业化、信息化、城镇化、农业现代化同步发展，加快转入创新驱动发展轨道，把科技创新潜力更好地释放出来，创造中国经济社会发展的新红利、新动能、新优势。

当前，我国经济新常态要实现转型升级，必须依靠一批颠覆性技术的应用作为支撑。颠覆性技术是推动产业变革、促进产业转型升级的重要手段。颠覆性技术在破坏原有产业的同时也孕育了新产业、新业态，推动产业变革，促进国民经济转型升级，为国民经济持续注入活力。我国要高度关注可能引起现有“投资、产业、技术、人才、规则”归零的颠覆性技术，通过发展引领产业变革的颠覆性技术，力争实现弯道超车。

三、突破关键瓶颈，维护经济安全

21 世纪以来，我国在推动技术创新与技术追赶方面取得重大突破，在部分领域实现了由技术追赶向并跑或领跑的可喜转变，部分关键技术、核心技术取得重大突破。随着我国与欧美发达国家之间技术差距的不断缩小，欧美发达国家的技术优越感逐步丧失，对继续维持技术领先的担忧持续增长，某些国家甚至出现了一定程度的技术焦虑。为继续长期保持技术优势，欧美发达国家开始对我国实施长期的技术控制，“中兴事件”的发生，虽有其偶然性，但也有其必然性。这一事件不仅反映了中国在半导体领域大幅落后并受制于人的客观事实，也反映了美国对中国企业技术进步的焦虑，充分体现了美国对中国高科技企业所采取的技术遏制态度。

中国目前科学技术的发展，与国际先进水平还存在不少差距，“卡脖子”技术很多。鉴于此，当前我国除了在量子信息、人工智能、移动通信和虚拟现实这四个具有共识性的颠覆性技术布局，还在集成电路、中央处理器（central processing unit，CPU）、内存及硬盘、光电子器件及集成、光传输板卡、互联网安全等硬件层面进行了诸多颠覆性技术布局，旨在掌握关键核心技术，打破美国等科技强国的垄断封锁，提升产业的整体竞争力。

四、创造新兴产业，实现引领发展

随着新一代信息技术与制造业融合的日益深入，制造业智能化发展成为大势所趋。我国“十三五”规划纲要明确提出，要实施智能制造工程，推动生产方式向柔性、智能、精细转变。智能制造最突出的特点就是能够有效缩短产品研制周期，提高生产效率和产品质量，降低运营成本和资源能源消耗，并促进基于互联网的众创、众包、众筹等新业态、新模式的兴起。

新一代信息技术改写了我国经济的运行格局，更改变着服务业的发展格局。伴随着“互联网+”“科技+”“金融+”“物流仓储+”“大数据+”，商业模式创新不仅被众多初创企业膜拜，也成为传统服务业企业转型的利器。当下，“泛在智能”是颠覆性技术布局及发展的核心集群之一，颠覆性技术是当前中国企业创造新兴产业，实现引领发展的有力抓手。

五、解决安全挑战，构建安全保障

在当今国与国之间互助合作越来越多的情况下，我国面临的安全形式也发生着深刻的变化，国家安全的内涵和外延不断扩大，突出体现在国防、经济、科技、文化及生态环境等方面。维护国家安全，需要树立时空并举、内外同治的“总体国家安全观”。2014 年 4 月 15 日，习近平在中央国家安全委员会第一次会议上提出了总体国家安全观[①]。这是国家领导人首次在国家安全方面提出“总体国家安全观”这一新理论。

2019 年 1 月 21 日，习近平总书记在省部级主要领导干部坚持底线思维着力防范化解重大风险专题研讨班开班式上指出，科技风险是我国面临的七大领域重大风险之一[②]。美国近期以及接下来的可能动向值得警惕。因此，以科技创新为核心的颠覆性技术的布局和发展必须着眼于解决当下我国面临的安全挑战，构建坚实的国家安全保障体系。

---

① http://www.gov.cn/xinwen/2014-04/15/content_2659641.htm.

② http://www.gov.cn/xinwen/2019-01/21/content_5359898.htm.

六、满足美好生活需求，推动经济社会绿色健康发展

我国正处于全面建成小康社会的决胜阶段，在经济快速发展的同时，伴随着日益凸显的环境、健康问题和难以攻破的技术瓶颈，在倡导走可持续发展道路的背景下，具有颠覆性意义的技术和发展方向越来越受到各领域的渴望。“创新、协调、绿色、开放、共享”五大发展理念的提出，表达了我国推进生态文明建设的坚定决心。工业生产与环境治理并重才能有效推动社会可持续发展，二者技术的突破关乎人类生存和发展的重大使命。满足人民日益增长的美好生活的需要，推动经济社会绿色健康发展，对颠覆性技术提出迫切需求。

当前以绿色低碳、精准集约、安全健康为特征，以新能源、生物技术、环保技术为核心，以人类可持续发展和健康生活为主题的颠覆性技术创新正在兴起，逐步塑造绿色经济与生物经济新业态，为推动经济社会绿色健康发展提供了历史性机遇，为满足美好生活需求提供了有力支撑。

第三章

面向2035年的工程科技重大颠覆性技术方向（技术篇）

颠覆性技术的识别预测是颠覆性技术战略研究的重点和难点，由于学界对颠覆性技术研究刚刚起步，尚无统一认识，也没有相应的识别预测方法、工具。因此，对于该工作项目组没有采用统一的识别预测方法，而是基于现有基础，“深化认识与实践应用并行”。一方面依托“工程科技颠覆性技术的识别评价及案例分析研究”课题组专门开展颠覆性技术识别评价方法、工具的研究，以期提出相对统一的颠覆性技术识别评价的框架和相应的方法工具。另一方面在研究方法的同时，各领域立足现有认识，自主选定适合领域特点的方法工具，遴选出领域重大颠覆性技术。研究过程中，把国家、社会关注的重大颠覆性技术和热点问题摆在优先位置，基于国家战略需求和世界科技、经济、军事的发展态势，评价潜在颠覆性技术方向的扩展性和应用范围。

通过研究，“工程科技颠覆性技术的识别评价及案例分析研究”课题组在调研总结国内外开展颠覆性技术识别评价方法的基础上，初步提出了基于技术成熟度、产品成熟度和市场成熟度的颠覆性技术识别预测方法。各领域组利用自主选定研究方法，结合院士专家的判断，提出了各自领域潜在的重大颠覆性技术方向。有的领域侧重全局发展，提出了量子技术、人工智能、基因编辑技术等事关长远和全局的颠覆性技术方向；有的领域侧重行业当前的颠覆性变革，提出了干细胞育种、基于BIM（building information modeling，建筑信息模型）的智慧建造技术等事关领域发展主题的颠覆性技术方向；有的领域侧重核心瓶颈与基础材料，提出了石墨烯、超材料等基础技术方向，支撑自主发展，改变关键领域核心技术受制于人的局面。发展这些方向对相关领域实现赶超跨越，抢占未来战略主动权，支撑我国经济社会长期可持续发展有重要的意义。

按照2035年中国愿景对颠覆性技术发展的六大需求，将遴选出的颠覆性技术方向分成“开拓学科领域，抢占战略制高点的需求；助力转型升级，转变发展方式的需求；突破关键瓶颈，维护经济安全的需求；创造新兴产业，实现引领发展的需求；满足美好生活需求，推动经济社会绿色健康发展的需求”等五类（与国家安全相关的技术没有专门研究，所以只对应了五大需求）。并从技术说明，研发状态和技术成熟度，产业和社会影响分析，我国实际发展状况及趋势，技术研发障碍及难点，技术发展所需的环境、条件与具体实施措施，技术发展历程、阶段及产业化规模的预测等七个方面对遴选出的技术方向进行了评价分析，为社会大众、企业院所、政府部门的决策判断提供有益的参考。本章重点介绍项目遴选的重点颠覆性技术方向情况。

第一节 开拓学科领域，抢占战略制高点的技术

一、量子信息技术

（一）技术说明

量子信息技术是量子物理与信息技术相结合的战略性前沿科技，建构于颠覆性的堪比相对论的基础理论——量子物理之上，主要包括量子通信、量子计算、量子探测等领域。量子信息技术在确保信息安全、提高运算速度和探测精度等方面具有颠覆性的影响，是目前最引人瞩目的前沿技术领域之一。

（二）研发状态和技术成熟度

1. 量子保密通信

量子保密通信的安全性由基本物理原理保证，因而可以实现绝对安全的信息传递。量子密钥分发是量子密码体系的核心，是目前量子通信研究最成熟也最接近实用化的一个研究方向。近年来世界各国开展了面向实用化的示范性局域网、广域网的构建研究，取得了许多重大进展。尽管目前还没有可用的量子中继方案，但利用现阶段的量子通信技术已经可以实现城域网量子保密通信（如合肥、芜湖等地构建的政务网）。量子密钥可以通过单光子的量子态来传输（量子纠缠并非不可或缺），单光子源的品质对量子通信的传输有重要影响。到目前为止，提取效率 66%、单光子性优于 99%的单光子源也已实现，这已经能够满足城域网范围内的量子通信要求。我国在实用化的量子密钥分配方面处于国际先进水平。

2. 量子极速计算

实现大规模的量子计算是量子信息技术最重要的目标，同时也是巨大的技术挑战。在理论上实现量子计算已没有原则性的障碍，人们甚至已经开始设计大规模量子计算的芯片构型。目前，量子计算机的实现存在两条不同的路径。一条是大部分物理系统（离子阱、部分超导系统、量子点、金刚石色心系统等）都是在先保障量子性的基础上逐渐扩大系统，进而实现普适的量子计算。如何在保障纠缠的基础上实现可扩展是当前遇到的主要问题。另一条是以加拿大 D-Wave 公司为代表的超导系统，现在该公司已经能够控制 512 个量子比特（甚至更多），并能利用它实现绝热算法。虽然这个系统的量子性以及它是否能超越经典的计算机还存在巨大的争议，但其无疑提高了人们对实现可扩展量子计算的信心。

3. 量子精密传感

量子技术的发展使得人们可以对很多物理量的测量获得比经典方法更高的精度。在理论上，人们已经提出了一系列提高量子测量精度的新方法。一般来说，物理系统总是受到噪声的影响，因而，我们对物理量的测量精度总是受到噪声的限制。量子技术表明，我们可以利用 NOON 态来压缩噪声的影响，进而达到海森伯极限。另外，量子态本身是很脆弱的，它极易受到环境的影响。基于量子态对环境的敏感性，可以利用量子系统来对某些变化进行探测，这种应用就是量子传感。利用金刚石色心已经实现了对微小磁场的测量，并达到了极高的精度。量子传感和精密测量已经处于应用的前夜。

（三）产业和社会影响分析

量子信息会动摇和改变微电子技术在现行信息技术体系中的基础性地位，对架构其上的计算机、通信、软件等产业将产生革命性的影响。因而对整个信息技术体系的变革是架构层的和根本性的，并且具有不可估量的发展空间。基于量子传感技术可以实现对光、磁场、重力和角速度等诸多物理量的高精度传感测量，在科学研究和国防与经济建设等众多领域都具有广泛的应用前景。正如相对论造就了核动力与核武器，量子信息技术造就的量子计算机、量子通信、量子雷达等，势必在未来改变战争的面孔。

（四）我国实际发展状况及趋势

我国在量子信息领域的研究起步较早，基本能做到与国际同步，并且在某些方面处于国际领先水平，但各个方向发展不平衡。

我国在量子技术方面有很好的科研积淀，在量子密钥分发的实用化方面已跻身世界前列，处于全球领先水平。在量子模拟方面近年来也能与国际水平同步，特别是光学系统的量子模拟、核磁共振系统和冷原子光晶格系统中的工作。在金刚石色心的量子传感研究中也处于领先水平。

然而，我们在量子计算和量子精密测量方面与国际最高水平之间还有不小的差距，这两方面都需要长期的资金支持，需要有一个积累的过程。这些年，国内这两方面的研究水平也在迅速提高，已开展离子阱系统、约瑟夫森结系统、金刚石色心和量子点系统的量子计算研究。离子阱、金刚石色心和超冷原子中的精密测量工作也正在开展。

（五）技术研发障碍及难点

1. 量子保密通信

量子隐形传态技术尚不成熟，是量子信息领域理论研究和实验探索的前沿热点。基于量子密钥分发的保密通信近年来在技术研究和试点应用等方面发展迅速，但应用推广和产业发展仍然存在瓶颈与局限。量子存储和量子中继技术目前仍处于研究探索阶段。

2. 量子极速计算

量子计算技术发展整体处于基础理论验证和原理样机研发阶段，距离真正实用化的通用量子计算机仍有一定距离。寻找阈值更高、更便于实现、更高效的量子编码仍然是未来一段时间内量子计算领域中的重要问题，特别是针对特定的实验系统的编码。目前在固态系统中实现可控的马约拉纳零模交换仍然难以达成，需要发展新的实验技术。

3. 量子精密传感

量子传感技术可以实现对光、磁场、重力和角速度等诸多物理量的高精度传感测量，其有望应用于科学研究和国防与经济建设等众多领域，目前在技术上仍需解决工程化和实用化等问题。

（六）技术发展所需的环境、条件与具体实施措施

发展量子信息技术是抢占国际竞争制高点的战略选择，应从国家战略需求出发前瞻布局、集中力量、加大投入，着重解决量子信息技术发展中的关键技术问题，提升核心竞争力，做好颠覆性创新的重要推手。

1）优化资源、完善布局，从国家层面制定和实施量子信息战略。从国家网络安全与信息化的角度，将量子信息技术作为国家必须优先发展的战略目标，制定国家战略作为总体规划来指引、协调各方行动，加强在量子信息重点方向的科研布局，聚焦重点任务有效配置资源，开展集智攻关，以实现重大突破。

2）建立产、学、研技术合作与转化机制，加速量子信息产业化。围绕量子信息技术开展重大任务的同时，设立高层次指导委员会，探索跨部门、跨领域的创新协作机制，破除机构制度藩篱，协调政府部门、科研机构、产业机构，建立产、学、研技术合作与转化机制，鼓励中小型企业积极参与技术研发，特别是研制纠缠光子源、单光子探测器等多种量子应用所需要的关键器件，为量子信息技术产业提供创新活力。

3）培养和吸引优秀人才，建立世界一流的量子信息人才队伍和创新团队。科技强国都很重视量子信息技术人才的培养和竞争，目前我国在量子通信方面拥有以潘建伟团队为代表的世界一流团队，但在量子计算、量子传感等方面还缺乏足够优秀的人才，特别是国际一流的领军人才，因此需要多方面壮大我国量子信息所需的人才队伍。按照创新规律培养和吸引人才，按照市场规律推动人才有序流动、共享人才资源，实现人尽其才、才尽其用、用有所成，营造促进人才发展的良好环境和机制。

（七）技术发展历程、阶段及产业化规模的预测

1. 走向大规模应用的量子保密通信

近年来，量子通信得到各国高度重视，成为未来制高点。多家大型跨国企业均投入大量资本，推动量子通信技术的研发。中国量子通信技术走在世界前列，已经从实验室演示走向产业化和实用化。其中最有代表性的就是量子通信卫星“墨子号”和量子通信加密光纤链路“京沪干线”。

预计 5 年内可突破量子中继器核心技术，实现点对点安全量子通信；5～10 年实现远距离量子网络和量子信用卡；实现有加密和窃听检测功能的量子中继器，融合量子通信与经典通信保卫互联网安全需要 10 年以上的时间。

2. 进入研发关键期的量子计算

近年来，美国等发达国家政府和科技产业巨头大力支持量子计算技术研究，取得了一系列重要成果并建立领先优势，我国也开始重视并加强量子计算领域的科研投入。

据预测，有误码检测保护或拓扑性保护的逻辑量子比特位操作和量子计算机新算法可于近 5 年出现；与小量子处理器的执行技术相关的量子计算算法，用大于 100 物理量子比特的、有特定用途的量子计算机解决化学和材料科学难题需要 5～10 年；实现集成量子电路和低温经典控制硬件，通用量子计算机超过传统计算机的计算能力需要 10 年以上。

3. 进入商用阶段的量子传感

以量子陀螺仪、量子雷达、量子重力仪和量子磁强计等为代表的新型量子传感器，在国防建设和军事应用领域极具战略价值，受到世界各国政府和研究机构的重视，在解决工程化和实用化等问题后，有望在关系国家安全和国计民生的重点领域率先应用。

据预测，健康监测、地质调查、安防设备中的重力和磁传感器等小应用程序中的量子传感器，针对高频金融交易中进行时间戳操作的更加精准的原子钟有望在 5 年内看到；针对汽车、建筑工程等应用量更大的量子传感器和量子导航手持设备在 5～10 年内可能会面世；基于引力传感器的重力成像设备，将量子传感器集成到移动客户端应用中的技术估计要 10 年以上达成。

二、人工智能技术

（一）技术说明

人工智能技术可以分为基础设施层、技术研发层和应用层。

基础设施层主要包括计算硬件（人工智能芯片）、计算系统技术（云计算、大数据第五代移动和通信（5G））和数据（数据采集、标注和分析）。

技术研发层可以从三个维度来理解：算法理论（机器学习算法、类脑算法）、开发平台（基础开源框架、技术开放平台）和应用技术（计算机视觉、自然语言理解和人机交互）。

在人工智能的应用上，可以是系统层面的，如电子商务、智能城市、智能医疗、智能交通、智能物流、智能制造、智能电网、智能社区、智能经济、数字图书馆；可以是产品层面的，如无人机、无人车、机器人、智能手机、智能游戏、穿戴式设备、VR/AR 等。

（二）研发状态和技术成熟度

1. 基础支撑层

国际 IT（Internet technology，互联网技术）巨头长期盘踞，中国初创企业很难进入。

在人工智能领域，传统的芯片计算架构已无法支撑深度学习等大规模并行计算的需求，这就需要新的底层硬件来更好地储备数据、加速计算过程。基础层主要以硬件为核心，其中包括 GPU（graphics processing unit，图形处理器）、FPGA（field programmable gate array，现场可编程门阵列）等用于性能加速的硬件、神经网络芯片、传感器与中间件，这些是支撑人工智能应用的前提。这些硬件为整个人工智能的运算提供算力，目前多以国际 IT 巨头为主。在这一领域还有众多的初创公司，如中星微电子、寒武纪科技、西井科技等，但在产业布局能力和研发实力方面还不可与这些国际 IT 巨头匹敌。

2. 技术驱动层

算法和计算力成主要驱动力，开源化是趋势。

技术驱动层是人工智能发展的核心，对场景应用层的产品智能化程度起到决定性作用，在这一发展过程中，算法和计算力对人工智能的发展起到主要推动作用。技术层主要依托基础层的运算平台和数据资源进行海量识别训练与机器学习建模，以及开发面向不同领域的应用技术，包含感知智能和认知智能两个阶段。在此基础上，人工智能才能够掌握“看”与“听”的基础性信息输入与处理能力，才能向用户层面演变出更多的应用型产品。

3. 场景应用层

人工智能与场景深度融合，应用领域更加广泛。

场景应用层主要是基于基础支撑层和技术驱动层实现与传统产业的融合，实现不同场景的应用。人工智能在语音、语意、计算机视觉等领域实现的技术性突破，将加速应用到各个产业场景。按照对象不同，场景应用层可分为消费级终端应用以及行业场景应用两部分。消费级终端包括智能机器人、智能无人机以及智能硬件三个方向，行业场景应用主要是对接各类外部行业的人工智能应用场景。

（三）产业和社会影响分析

1. 推动产业转型和变革

智能化是当前推动各国产业转型升级的引擎。近年来，我国制造业面临劳动力和原材料成本上升的双重压力，传统层面的人力以及成本优势逐渐消失，产业转型迫在眉睫。人工智能技术有助于提高我国现有产业的运营效率和竞争力，同时创造出更多提高社会运行效率并吸收大量就业人口的新业态，促进实现产业变革。

2. 打造未来国防军事的“撒手锏”

在国防军事领域，人工智能技术正用于打造作战机器人、智能战斗机、杀伤性无人机、大数据情报、网络攻防武器等“撒手锏”，这将促使新型作战力量产生。美俄等军事强国都把人工智能视为改变游戏规则的颠覆性技术。其中，美国明确把人工智能和自主化作为第三次抵消战略的两大技术支柱，而俄罗斯把发展人工智能列为装备现代化的有限领域。

3. 掀起科研创新模式新革命

近年来，科学研究模式在各种新兴技术的支持下发生了巨大变化，人工智能将进一步掀起科研模式的新革命。在机器学习算法的帮助下，科学家利用以往不成功的实验数据预测了新材料的合成方法，其效率超过了经验丰富的科学家。IBM（International Business Machines，国际商业机器）公司正在与多家癌症研究机构合作，利用其 Waston 认知计算平台加速癌症研究与药物开发。量子物理学家借人工智能技术更好地完成了量子力学实验设计，取得了人类科学家难以实现的实验效果。

4. 多方面颠覆生活方式

目前，人工智能对人类社会在劳动就业、医疗健康、家居生活、交通运输、教育培训、伦理道德、艺术文化等众多方面的影响已开始显现，并可能进一步深刻改变社会结构、法律制度、思想观念等。谷歌等公司研发的自动驾驶技术有望将由人为错误引起的致命事故减少 94%；北京市政府借助人工智能技术帮助缓解空气污染问题；美国佐治亚理工学院推出的人工智能助教改变教学模式、提升了教学效果；谷歌公司的人工智能系统已开始音乐和绘画创作。

（四）我国实际发展状况及趋势

当前，国内的人工智能在基础设施层面主要依赖国际 IT 巨头，国内初创公司很难进入市场。基础层主要以硬件为核心，其中包括 GPU/FPGA 等用于性能加速的硬件、神经网络芯片、传感器与中间件，这些是支撑人工智能应用的前提。

国内企业陆续推出并逐步落地应用层面的产品和服务，如小 i 机器人、智齿客服等智能客服，“出门问问”“度秘”等虚拟助手，工业机器人和服务型机器人等。长虹、美的、格力等都在向智能制造转型，试图立足 Smart Home，将人工智能和智慧家庭更紧密地结合在一起。

国内的人工智能技术平台在应用层面主要聚焦于计算机视觉、语音识别和语言技术处理领域，国内技术层公司发展势头迅猛，其中的代表性企业包括科大讯飞（科大讯飞股份有限公司）、格灵深瞳（北京格灵深瞳信息技术有限公司）、捷通华声（灵云）（北京捷通华声科技股份有限公司）、地平线（北京地平线信息技术有限公司）、SenseTime（北京市商汤科技开发有限公司）、永洪科技（北京永洪商智科技有限公司）、旷视科技（北京旷视科技有限公司）、云知声（北京云知声信息技术有限公司）等。

中国人工智能应用将在服务机器人领域迎来突破。服务机器人基于日常生活中的广泛需求，有着广阔的市场空间。根据前瞻产业研究院发布的《2018—2023 年中国服务机器人行业发展前景与投资战略规划分析报告》，到 2023 年，个人/家用服务机器人销售额将达 24.1 亿美元。

（五）技术研发障碍及难点

1. 数据流通和协同化感知有待提升

基础设施层的仿人体五感的各类传感器缺乏高集成度、统一感知协调的中控系统，对于各个传感器获得的多源数据无法进行一体化的采集、加工和分析。未来突破点将发生在软件集成环节和类脑芯片环节。一方面，软件集成作为人工智能的核心，算法的发展将决定着计算性能的提升。另一方面，针对人工智能算法设计类脑化的芯片将成为重要突破点。

2. 强人工智能尚未实现关键技术突破

在技术研发层，目前的进度依然是属于初级阶段，对于更高层次的人工意识、情绪感知环节还没有明显的突破。未来突破点将发生在脑科学研究领域。要对真正的分析理解能力进行进一步研发，从大脑的进化演进、全身协调控制等领域实现。

3. 智能硬件平台易用性和自主化存在差距

应用层的智能硬件平台如服务机器人的智能水平、感知系统和对不同环境的适应能力受制于人工智能初级发展水平，短期内难以有接近人的推理学习和分析能力，难以具备接近人的判断力。

（六）技术发展所需的环境、条件与具体实施措施

营造开放的市场环境，鼓励中小企业开展科技创新。人工智能颠覆性技术创新的主力是企业，特别是正在创业的中小企业。中小企业规模小，灵活方便；专业化程度高，开展

技术创新快捷省时，效率较高；管理层次少，凝聚力强，富于合作精神；对产品技术创新的需求更高，创新的意识更强，在人工智能领域具有潜在优势。随着科学技术的发展，产品的竞争越来越多地表现为技术创新的竞争，特别是颠覆性技术创新的竞争。谁拥有颠覆性技术创新的成果，谁就占有了市场的绝对优势，而市场的开放程度，往往决定这种竞争带来创新的效果。因此，只有做到市场的充分开放，才能催生颠覆性技术创新。

（七）技术发展历程、阶段及产业化规模的预测

全球对人工智能的关注度不断提升，市场对各类语音识别、机器视觉等弱人工智能产品的需求得到进一步释放，全球市场呈现快速发展的态势。据中国信息通信研究院数据，2017年我国的人工智能产业规模已经超过200亿元。预计到2020年，全球人工智能市场规模将达183亿美元，年均增长20%。

语音识别领域将快速实现商业化部署。通过利用机器学习技术进行自然语言的深度理解，一直是工业和学术界关注的焦点。在人工智能的各领域中，自然语言处理是最为成熟的技术，由此引来各大企业纷纷进军、布局。未来三年，成熟化的语音产品将通过云平台和智能硬件平台快速实现商业化部署。

行业应用集中于金融、电信、教育、消费电子领域。国内企业的人工智能应用格局主要分布在基于语音识别和服务机器人的家庭服务、教育和消费电子领域。总体而言，国内应用市场处在从技术研发向产品应用的过渡阶段，行业覆盖广阔但产品接受度有待市场验证。

三、移动互联网技术

（一）技术说明

移动互联网为信息技术及其产业发展“开疆扩土”，不断孕育颠覆传统的新业态、新市场、新规则和新观念，同时也悄然改变着信息技术体系中核心要素间的配置关系，培育了如云计算、大数据、物联网等新一代信息技术和相关产业，是我们身边正在发生、仍将产生颠覆性创新的重要领域。因此，可以说移动互联网是最有可能产生颠覆性技术的领域之一。

（二）研发状态和技术成熟度

移动互联网技术先后经历了以2G和WAP应用为主的萌芽期、以3D网络和智能手机为主的培育期及高速成长期，目前已进入以4G网络建设为主、5G网络牵引的全面发展期。移动购物、移动游戏、移动广告、移动搜索、移动支付、移动医疗、产业互联网等移动互联网平台服务、信息服务等领域不断涌现的业态创新将推动移动互联网产业走向应用和服务深化发展阶段。

（三）产业和社会影响分析

5G 已成为当前和未来全球业界的焦点，将引领移动互联网进入新时代。5G 是一个崭新的、颠覆性的起点，将满足全球对整个产业升级的期待。5G 不仅是通信行业向前迈出的革命性的一步，也将为各行各业创造前所未有的商机。5G 网络的出现，将大力支持物联网技术的发展。随着移动性不再仅限于智能手机，5G 的在成为最具影响力的技术变革之一。5G 是一个极具灵活性的网络，将使万物互联，并与所有人相连。受益于通信、计算以及垂直行业相互融合带来的乘法效应，它将带来无人驾驶、虚拟现实、数字医疗、智能家居、智慧城市等新一代的体验，引爆全新的应用场景和商业模式，开启万物互联时代。

（四）我国实际发展状况及趋势

1）移动互联网产业呈现快速增长态势，整体规模将实现跃升。移动互联网正在成为我国主动适应经济新常态、推动经济发展提质增效升级的新驱动力。我国移动互联网市场规模迎来高峰发展期，总体规模超过 1 万亿元，移动购物、移动游戏、移动广告、移动支付等细分领域都获得较快增长。其中，移动购物成为拉动经济增长的主要驱动力。受市场期待和政策红利的双重驱动，移动购物、移动搜索、移动支付、移动医疗、车网互联、产业互联网等领域的蓝海价值正在显现。未来，移动互联网经济整体规模将持续走高，移动互联网平台服务、信息服务等领域不断涌现的业态创新将推动移动互联网产业走向应用和服务深化发展阶段。

2）大数据、云计算、物联网、移动互联网技术的深度融合拓展企业的组织边界，推动移动互联网应用服务向企业级消费延伸。以物联网、云计算、大数据为代表的新一代信息技术飞速发展，以及与我国新型工业化、城镇化、信息化、农业现代化建设深度交汇，对新一轮产业变革和经济社会绿色、智能、可持续发展具有重要意义。目前我国已成为全球最大的物联网市场，并成为产生和积累数据量最大、数据类型最丰富的国家之一。工业和信息化部将继续加大投入，加强信息基础设施建设；加强数据共享，促进跨行业融合发展；探索创新模式，推动规模化应用。加快物联网与移动互联网、大数据、云计算等新业态融合创新，推动信息化与实体经济深度融合发展，支撑制造强国和网络强国建设。

3）移动互联网应用创新和商业模式创新交相辉映，新业态将拓展互联网产业增长空间。随着移动互联网的崛起，一批新型的有别于传统行业的新生企业开始成长并壮大，也给整个市场带来全新的概念与发展模式，打破了固有的市场格局。互联网思维受到热捧，各行各业开始了在移动互联网领域的各种“创新”“突破”之举，以求实现真正的突破。在传统工业经济向互联网经济转型过程中，旧有的社会经济规律、行业市场格局、企业经营模式等不断被改写，叠加出新的格局。在制造业领域，工业智能化、网络化成为热点；在服务业领域，个性化成为新的方向；在农业领域，“新农人”现象出现。

4）移动互联网正在催生出新的业态、新的经济增长点、新的产业。移动支付、可穿戴设备、移动视频、滴滴专车、人人快递等新的应用创新和商业模式创新不断涌现，引发传统行业生态的深刻变革。从零售、餐饮、家政、金融、医疗健康到电信、教育、农业，移动互联网在各行业跑马圈地，改变原有行业的运行方式和盈利模式，移动互联网利用碎片化的时间，为用户提供“指尖上”的服务，促成了用户与企业的频繁交互，实现了用户需求与产品的高度契合，继而加大了用户对应用服务的深度依赖，构建形成“需求—应用—服务—更多服务—拉动更大需求”的良性循环。随着企业“以用户定产品”意识的提升、移动互联网用户黏性的增强和参与热情的高涨，移动互联网应用创新和商业模式创新将持续火热，加速推动各行各业进入全民创造时代。

（五）技术研发障碍及难点

1）5G 芯片。5G 芯片是决定未来移动互联网应用的核心技术，当前我国在 5G 芯片领域仍然面临关键核心技术缺失、成熟的商用工艺支撑不足、产业链上下游协同性不够等问题。

2）5G 网络安全。未来 5G 网络将提供对于海量用户访问的支持，但是由于网络中海量用户的接入需求，服务器端可能也会接收到来自海量用户的安全认证需求，这将可能面临针对海量用户加密方法、加密服务器性能以及新的感知网络、人工智能病毒攻击带来的安全问题。

3）云计算硬件。云计算平台将是未来 5G 网络建设中十分重要的环节，通过云计算处理时效性强的数据、处理多样化的业务、产生功能多样化的连接方式，全面实现信息通信技术的智能化。我国在云计算的服务器、存储系统、云终端等硬件平台上仍然面临被国外企业“卡脖子”的风险。

（六）技术发展所需的环境、条件与具体实施措施

（1）加快推进移动宽带基础设施建设

我国宽带基础设施建设相对滞后，普及率、网速、价格等方面与发达国家仍存在较大差距，以上因素严重制约着我国移动互联网产业的发展。宽带基础设施建设和升级改造亟待加强。要加快实施宽带中国战略，推进城镇光纤到户和行政村宽带普及服务，尤其注意提高农村互联网宽带普及率。积极推进新一代移动通信网络建设与布局，提高移动 4G 普及率，加快 5G 研发。要扩大公共区域无线局域网覆盖范围，免费公用 Wi-Fi 和收费商用 Wi-Fi 相结合，提高宽带接入服务质量。

（2）加强移动互联网关键技术攻关

通过设立专项资金，推进移动智能终端产业关键技术研发和产业化，重点支持智能手

机、智能电视、智能手表等操作系统研发以及核心处理芯片、电源管理芯片等芯片研发，支持智能手机、平板电脑、智能电视、可穿戴设备等终端产品的技术研发与产业化，支持跨终端跨屏幕操作系统平台、开发与测试工具、搜索引擎、信息技术服务支撑工具等基础软件技术开发。

（3）打造移动互联网产业生态圈

加快制定并出台相关政策，围绕移动智能终端产业关键环节核心技术突破和服务能力提升，加强对互联网企业的技术合作和产业分工引导，鼓励终端制造商、软件提供商、电信运营商与移动互联网服务商之间在各个环节加强合作，充分利用本土企业创新优势，推动我国移动智能终端产业整合发展，构建“终端 + 软件 + 服务”整体产业格局，形成良性互动的互联网和移动互联网产业发展生态圈。支持建设第三方内容服务平台，促进各类平台开放融合，在终端接入方式、接入内容、接入对象等方面实现开放与共享。积极引导建立产业联盟或企业战略联盟，广泛开展与产业链上下游的企业合作，实现优势互补、资源互换、风险共担、利益共享，提高平台竞争力，通过产业链上下游合作提升我国在利润分配中的竞争地位，促进产业健康快速发展。

（4）建立信息安全评测体系

为引导移动智能终端产业的健康发展，我国要依据现有的安全问题根源，从智能终端安全、移动应用安全两个方面入手，建立完善的信息安全评测体系。一方面通过技术手段，评测智能终端的硬件安全、系统安全、预置应用安全、接口安全；另一方面从移动应用软件安全、移动应用软件商店安全、移动应用第三方业务系统安全等三方面评测移动终端安全，从而从终端侧、应用服务侧联合解决信息骚扰、隐私窃取、恶意吸费、木马侵入等安全问题，并指导和敦促相关企业整改，保证移动终端信息安全。

（七）技术发展历程、阶段及产业化规模的预测

（1）萌芽期（2000～2007 年）

该时期受限于移动 2G 网速和手机智能化程度，中国移动互联网发展处在一个简单 WAP 应用期。在移动互联网萌芽期，利用手机自带的支持 WAP 协议的浏览器访问企业 WAP 门户网站是当时移动互联网发展的主要形式。

（2）成长培育期（2008～2011 年）

随着 3G 移动网络的部署和智能手机的出现，移动网速大幅提升，初步破解了手机上网带宽瓶颈，移动智能终端的简单应用软件安装功能使移动上网功能得到大大增强，中国移动互联网掀开了新的发展篇章。

（3）高速成长期（2012～2013 年）

进入 2012 年之后，由于移动上网需求大增，安卓智能操作系统开始大规模商业化应用，传统功能手机进入了一个全面升级换代期，以三星、HTC 为代表的传统手机厂商，纷纷效仿苹果模式，普遍推出了触摸屏智能手机和手机应用商店。触摸屏智能手机上网浏览方便，移动应用丰富，受到了市场的极大欢迎。智能手机规模化应用促进移动互联

网快速发展，激发了手机 OTT[①]应用，以微信为代表的手机移动应用开始呈现大规模爆发式增长的态势。

（4）全面发展期（2014 年至今）

随着 4G 网络的部署，移动上网网速极大提高，上网网速瓶颈限制基本破除，移动应用场景极大丰富。4G 网络建设让中国移动互联网发展走上了快速发展轨道，CNNIC（China Internet Network Information Center，中国互联网络信息中心）数据显示，截止到 2016 年 6 月底，中国移动互联网用户已经达到了 6.56 亿人。目前，5G 已成为当前和未来全球业界的焦点，将引领移动互联网进入新时代。美国高通公司指出，5G 技术将成为和电力、互联网等发明一样的通用技术，催化未来的转型变革，重新定义工作流程并重塑经济竞争优势规则。根据市场调研机构 HIS Markit 发布的 5G 经济报告，到 2035 年，5G 将在全球创造 12.3 万亿美元的经济产出，同时创造 2200 万个工作岗位。许多国家和地区都部署了详细的 5G 发展规划，全球领先企业和电信运营商也都在积极推进 5G 研发与测试。

四、基因编辑技术

（一）基因编辑概述

基因编辑就是通过对细胞基因组中目的基因的一段核苷酸序列甚至是单个核苷酸进行替换、切除，增加或插入外源的 DNA（deoxyribonucleic acid，脱氧核糖核酸）序列，使之产生可遗传的改变。与射线或化学诱变剂导致的 DNA 随机突变不同，基因编辑技术是定向改变基因的组成和结构，具有高效、可控和定向操作的特点。最近几年基因编辑技术迅猛发展，其中，CRISPR[②]无疑是近年来科学界最热门的话题之一。2013 年，科学家宣布 CRISPR/Cas9[③]技术能够对真核活细胞进行精准有效的基因组编辑，被 *Science* 杂志列为年度十大科技进展之一。目前，该技术被全球数以千计的实验室运用于多个物种的基因组编辑以及癌症的相关研究中，如创建人类遗传疾病和癌症的复杂动物模型，在人类细胞内进行全基因组筛选从而精确定位作用于生理过程的具体基因，开启或关闭某个特定基因的作用，改变植物的基因等。

当前，基因编辑技术已得到美国等发达国家政府的重点投入，积极从国家战略上对基因编辑进行重点支持，2015 年 12 月，美国科学院联合中国科学院和英国皇家学会召开首届人类基因编辑国际峰会，讨论基因编辑政策和伦理监管。发达国家企业界也对基因编辑医学应用进行重点研发，如诺华制药等公司投资超过 30 亿美元开发基于基因编辑的 CAR-T[④]技术。全球约 5800 名学者参与 CRISPR/Cas9 领域相关的研究工作，基因编辑技术领域形成了以哈佛大学—麻省理工学院—霍华德·休斯医学研究所为核心的美国研究

---

① over the top 的缩写，是指通过互联网向用户提供各种应用服务。

② clustered regularly interspaced short palindromic repeats 的缩写，是原核生物基因组内的一段重复序列。

③ 一种基因治疗法，这种方法能够通过 DNA 剪切技术治疗多种疾病。

④ 嵌合抗原受体 T 细胞免疫疗法，英文全称为 chimeric antigen receptor T-cell immunotherapy。

集群、以中国科学院—清华大学—北京大学为核心的中国研究集群、以法国国家科学研究院—法国国家健康和医学研究院—伦敦大学—牛津大学为核心的欧洲研究集群、以京都大学—广岛大学—东京大学为核心的日本研究集群。

（二）基因编辑社会影响分析

1. 基因编辑技术将开辟疾病防治新路径

基因组与基因的编辑技术将开辟疾病防治新路径。基因组学技术的兴起、分子诊断和基因检测技术的提升为疾病精准诊治带来了新手段，也为精准医学发展提供了技术支撑。基因编辑技术的发展，将使得对人类基因组进行插入、敲除等修饰易如反掌。人们在遵守伦理道德的前提下，可根据需要纠正有害的基因突变，这将为罕见遗传病、肿瘤等疾病的基因治疗提供新的手段。

2. 基因编辑是跨学科与转化研究、精准医学研究新的驱动力

基因编辑技术的飞速发展为基因功能研究工作提供了更多有力的工具，为生物学研究及医学治疗领域带来革命性的变化。基因编辑是生命科学与医药跨学科及转化研究的重要平台。基因编辑技术在构建基因敲除动物模型、遗传性疾病研究、抗病毒研究、癌症研究、功能基因筛选、转录调控研究、单分子标记研究和基因治疗研究等领域中有着广泛应用。基因编辑技术刚刚开启人体试验，展现出转化前景，是跨学科与转化研究的重要对象；为精准医学、转化医学提供了重要基础和手段。

3. 基因编辑的临床安全和伦理监管问题不可轻视

（1）临床安全问题

目前已经有案例将人类基因编辑技术成功应用于临床，让人们看到了该项技术的应用前景，但是技术本身的不确定性、效率和安全性的问题以及伦理方面的问题仍然制约着基因编辑技术的发展。应用人类基因编辑技术永久性地改变人的遗传物质中的基因序列，对后代将产生多大的影响，这是所有人都很担心的一个问题。因此，基因编辑若要用于人类疾病治疗，就必须确保其临床安全性。

（2）伦理监管问题

近年来，基因编辑技术的发展、现状、未来的潜在应用和风险，基础科学研究对其发展的作用，该技术涉及的伦理、法律和社会影响以及国际和国家管理规则与原则等问题在国际范围内受到了更为广泛的关注。2015 年 12 月 3 日，首届人类基因编辑国际峰会在美国首都华盛顿闭幕，会议讨论的最大焦点是国际科技界是否可以发展有医学用途的人类胚胎基因编辑技术，是否应采取措施禁止发展该项技术。与会的多数学者和专家认为，鉴于该技术将带给人类治疗诸多遗传疾病的巨大潜力，理应在规范的前提下谨慎发展和完善及开展相关基础研究工作。

（三）基因编辑的政策监管分析

1. 国外监管现状

（1）美国

一直以来，美国都高度重视对基因编辑相关研究的监管，早在 1974 年，美国联邦政府即指定 NIH（National Institutes of Health，美国国立卫生研究院）作为 rDNA 研究监督的机构，并在 NIH 成立了重组 DNA 咨询委员会。在安全地推动基因治疗发展的同时，为更好地适应基因疗法、基因编辑等新兴生物技术的进步及其相关医疗产品的上市管理新需求，美国在不断更新其监管制度。2018 年 7 月，FDA（Food and Drug Administration，美国食品药品监督管理局）发布了一套与基因治疗相关的指导文件草案，就长期随访和临床开发路径等问题提出了新的指导意见，涉及血友病、眼科适应征和罕见病。

2017 年 2 月，美国国家科学院、工程和医学院（人类基因组编辑委员会）颁布《人类基因组编辑：科学、伦理和监管》报告，总结了基因编辑当前应用情况和面临的政策问题，提出对人类基因组编辑监管的总体原则和建议，其中监管建议就包括只有存在一个能够严格限制使用范围的监督体系时，才允许将生殖细胞（遗传）编辑用于防治重大疾病或残疾的临床研究试验。

（2）欧盟

2017 年 3 月，欧洲科学院科学咨询理事会（European Academies Science Advisory Council，EASAC）发布报告，分析欧盟基因编辑的科学机遇、公众利益和政策选择。报告建议欧盟在植物、动物、微生物及医疗领域开展基因编辑的开创性研究。

欧盟提出监管的主要原则为要基于科学证据，综合考虑收益与风险，并对未来科学进步保持适当、足够的灵活性。

1）需要加强基础研究和临床研究，遵照适当的法规和伦理规则。如果在研究过程中，人类早期胚胎或生殖细胞经过了基因编辑，则经编辑的细胞/胚胎不能用于建立妊娠。EASAC 表示，欧盟委员会不资助胚胎基因编辑研究的决议目前不可能改变。

2）需要了解体细胞基因编辑的临床应用的风险（如编辑错误）与可能收益，应在现有和不断发展的监管框架内对其进行严谨的评估。

3）生殖细胞基因编辑的临床应用将带来很多重要的问题，包括编辑错误或不完整的风险，预测有害效果的难点在于，既要考虑个人遗传改变也要考虑下一代遗传改变的责任，以及在预防和控制疾病以外进行生物增强可能加剧社会不平等或被强制利用的可能性。

2. 我国监管现状

我国目前涉及人类基因编辑基础研究和临床前研究的法规包括《人类辅助生殖技术管理办法》《人胚胎干细胞研究伦理指导原则》《中华人民共和国人类遗传资源管理条例》《基因工程安全管理办法》；涉及人类基因编辑临床研究和应用的法规包括《涉及人的生物医学研究伦理审查办法》《人的体细胞治疗及基因治疗临床研究质控要点》《人基因治疗研究

和制剂质量控制技术指导原则》。这些条例中,《人的体细胞治疗及基因治疗临床研究质控要点》《人基因治疗研究和制剂质量控制技术指导原则》只涉及人类体细胞基因编辑，并没有明确什么类型的细胞可用于基因治疗。而直接涉及人类生殖细胞和胚胎的基因研究也只有《人类辅助生殖技术管理办法》，其明确禁止以生殖为目的对人类配子、合子和胚胎进行基因操作，并没有明确是否允许人类胚胎、生殖细胞基因编辑的研究，以及是否允许非生殖性目的的人类基因编辑。

3. 我国基因编辑监管存在的问题

目前，我国在基因编辑监管方面的问题突出表现在医疗卫生机构对科研立项、审查、过程监管等机制不健全。尽管专家学者就这种新技术的应用所涉及的伦理问题等进行了大量的研究和讨论，但是对基因编辑新技术研究与应用方面的规范等监管措施依然存在大量空白，国内外均未出台正式监管法规。具体表现在以下几点：一是无专门人类基因编辑立法，立法分散，相关规则散落在各个法规之中；二是缺乏明确的立法目的和原则，没有统一的核心立法理念指导；三是立法层次低，多为部门规章，效力等级低，并没有上升到法律高度；四是监管不力，没有专门的机构负责批准和许可人类胚胎基因编辑；五是存在大量空白，相关概念界定尚不明晰，如基因编辑后的胚胎是否属于人体。

4. 我国基因编辑监管的建议

一是加快推进我国的基因编辑立法。目前，我国的基因编辑技术发展迅速，但技术的研究和应用仍然处于一个相对无序的状态，对基因编辑技术的应用所涉及的一些伦理问题进行了研究和讨论，但是法律和规范等监管措施方面依然存在大量空白。建议加快制定专门的人类基因编辑法，对人类基因编辑进行立法规制，划定法律的红线，鼓励合法有序的研究和应用，对违法行为进行严厉处罚。构建“对技术有效监管、对创新有效促进”的法律保护体系，促进基因编辑技术的健康发展。

二是制定以科学为基础的监管政策。一方面，可以参考 FDA 分类管理的办法，在遵循我国法律总体原则和国际共识的前提下，基于风险判断，对基因编辑的不同类别制定不同的监管办法。另一方面，在监管部门的审批过程中，必须要让具有专业知识的科学家、临床医生、伦理学家以及生物安全专家等参与，明确适用范围和禁止对象，设定严格的边界。

三是科学界定监管机构职责，构筑立体监管体系。考虑成立政府管理下的人类基因编辑管理委员会，负责制定基因编辑研究指南，对人类基因治疗方案进行审查和讨论，并向政府主管部门提供决策建议，负责所有人类基因编辑研究的风险评估和事前审查工作。

四是建立利益共同体，加大监管效力。与所有利益相关者进行合作，建立职责清晰、分工明确的协同机制，协作讨论，审慎推进。协调各单位加强信息交流、风险研判、资源共享和决策沟通，提高对各类新兴生物安全威胁的感知、预警和应对处置能力。

五是增加公众参与，建立有效的公众对话机制。公众参与是对新技术进行管理和监督的重要部分。对于体细胞基因组编辑，推进科学界与公众的对话是必不可少的，科学家应当清楚地表述其研究目的、可能收益和风险管理，让大众正确地了解基因编辑技术。

五、合成生物学技术

（一）合成生物学技术概述

合成生物学是一门多学科交叉的新兴领域，这一技术的出现，为改造生物体提供了更大的可能。合成生物学技术以系统生物学知识为基础，融入工程学的模块化概念和系统设计理论，综合利用化学、信息科学、物理、生物科学等知识和技术，能够指导化学品合成长的 DNA 片段，改进遗传进程，设计遗传途径，实现对生物系统的精确控制。

合成生物学（synthetic biology）真正的起源可以追溯到 1961 年，Monod 和 Jacob 提出了细胞中存在调节通路使其得以对复杂环境变化产生响应。20 世纪 90 年代，“组学”（omics）时代到来，人类基因组计划及此后兴起的一系列生命“组学”，从根本上提供了生物体和生命运动的“蓝图”乃至“程序”。在合成基因组方面，2002 年，人类首次合成病毒。2010 年，美国 J. Craig Venter 研究所（J. Craig Venter Institute，JCVI）首次成功合成人工生命体，使合成生物学成为一个热门名词。

（二）合成生物学现状

1. 合成生物学技术发展态势迅猛

2000 年以来，在 Andy、Keasling 和 Collins 等的推动下，合成生物学在生物元件标准化及生物模块的设计和构建方面取得了很大进展，标准化生物元器件库建立，控制转录、翻译、蛋白调控、信号识别等各个生命活动的遗传电路也相继开发，并有望在实际应用中发挥重要作用。另外，JCVI 于 1995 年开始的最小基因组及合成基因组学研究也于 2010 年取得了突破性进展。

合成生物学发展迅猛。DNA 操作方面，建立了基于内切酶的拼接、位点特异性重组、基于重叠序列的拼接以及体内 DNA 拼接的方法对 DNA 进行组装；从头合成 DNA 技术；开发基因组编辑工具，包括 CRISPR/Cas9 基因编辑系统以及高通量基因组工程等。目前，合成生物学在化学品、医药、能源、环境、农业等领域的大规模应用，对日常生活和社会的各个方面产生了巨大影响。

2. 全球资金投入增加

合成生物学给人类社会在医药、农业、能源等领域带来重要影响，在生物技术领域具有巨大的应用潜力，引起世界各个国家和地区的广泛关注。欧盟、美国先后制定了合成生物学发展战略及规划，投入大量资金支持合成生物学的相关研究，并相继成立合成生物学研究机构。

至 2017 年 5 月，欧盟资助的合成生物学研究项目共 282 项，经费累计达 5.6 亿欧元，美国 Federal Repoter 平台公布的政府对合成生物学的研究经费支持约 4.5 亿美元，虽然私营部门也积极参与合成生物学的研发，但这一领域主要还是政府投入，并且研究经费逐年增加。

3. 合成生物学技术对未来生物医药产业的影响

合成生物学涉及产业界多个方面、多种应用领域，美国国防部在 2013～2017 年科技发展“五年计划”中将合成生物学列入未来重点关注的六大颠覆性基础研究领域之一，认为合成生物学在军用药物快速合成、生物病毒战、基因改良、人体损伤快速修复等方面具有颠覆性应用前景。美国和英国政府对合成生物学研究的资助力度较大。

合成生物学在医药领域已有应用，包括开发人工减毒或者无毒活疫苗、合成噬菌体设计进行噬菌体治疗、工程化微生物量产小分子化合物、开发新型药物传递系统等。美国伍德罗·威尔逊国际学者中心（Woodrow Wilson International Center for Scholars）科技创新计划中的合成生物学项目列表中处于研发阶段的药物多数处于临床前阶段，仅用于糖尿病、肾病治疗的 SER-150-DN 处于临床Ⅱ期。除了基于合成生物学的新药研发，通过合成生物学相关技术手段在医药化工领域中可实现大规模生物转化合成也是研究的热点之一。从世界范围内看，我国在合成生物学研究向医药领域转化应用方面还有待提高。

（三）合成生物学在我国的发展及趋势

1. 资助力度持续加大

我国国家自然科学基金委员会对合成生物学领域的资助始于 2007 年，至 2016 年已资助合成生物学相关项目 121 项，共计经费 1.2 亿元。在面上项目和创新研究群体项目中，均已投入 3000 万～4000 万元。重点项目和国际（地区）合作与交流项目资助金额均已超过 1000 万元。

在 973 项目和 863 项目的支持下，主要开展的研究涉及微生物制造、肿瘤治疗和植物改造等。这些项目目前都取得了显著进展，达到国际领先或首创水平，完成产业转型变革。

2. 论文与专利发表数量日益增加

我国合成生物学论文的迅速增长期始于 2010 年，主要源于 973 和 863 等重大研究计划，从 2010 年开始相继支持合成生物学研究。同时以“合成生物学”为主题的首届“中德前沿探索圆桌会议”2010 年在中国科学院上海生命科学研究院开幕，标志着中国的合成生物学研究开始步入国际轨道。

在国家知识产权局的专利检索平台通过检索、人工判读的方式获得在我国国家知识产权局申请的合成生物学相关专利 963 件，1987 年国家知识产权局开始受理合成生物学专利申请，之后专利申请数量缓慢增长，2013 年专利申请数量达到峰值 114 件。

3. 研究成果形成突破性进展

目前我国科学家已人工合成 16 条真核生物酿酒酵母染色体中的 4 条，占国际已完成数量的 66.7%。这意味着我国已经成为继美国之后第二个具备真核基因组设计与构建能力的国家，这不仅使我国在该领域形成了一系列人工合成的突破性技术和成果，也使我国进入了国际合成生物技术领域的第一梯队，由跟跑阶段进入并跑阶段。

（四）技术研发安全风险与伦理问题

合成生物学可能存在的生物安全风险主要包括：一是天然和合成生物在生理学上的差异会影响它们与周边环境的相互作用，可能会导致有毒物质或其他有害代谢物的产生，对其他生物和生态环境的安全性产生潜在威胁。二是逃逸到自然环境中的微生物，通常具有普通生物体所不具有的生存优势，能在自然环境中无限增殖从而对栖息地的生态环境、食物链或生物多样性产生巨大威胁。三是合成生物可能会快速进化和适应环境，填补新的生态位。必须要明确合成微生物及其遗传物质进化的速率，以确定生物体是否会在自然环境中长期存留、传播或者改变习性。四是合成微生物的基因转移，微生物具有与其他生物交换遗传物质或从环境中摄取免费 DNA 的能力，人工改造导入抗生素抵抗基因的细菌，若被释放到环境中，易使致病菌具有抵抗抗生素的能力，给细菌感染的治疗造成很大的困难。五是合成生物还有可能用于制造新的生物武器。

关于合成生物学伦理方面的争议主要涉及制造生命有机体的正当性问题。有关合成生物学的伦理争议大多集中于两个角度：一是合成生物学家人工制造自然界中不存在的生命，打破了以 DNA 为遗传基础的自然进化历程以及以生物进化自然法则为基础的生命伦理；二是合成生物学家人工合成生命违背了尊重生命的伦理原则。

（五）合成生物学技术发展的环境和条件

1）从基础研究到产品研发的全链条创新布局。我国在合成生物学的基础研究方面取得重要突破，但合成生物学产品研发能力仍有待提高。不同于国际上大型生物医药公司作为专利和产品的研发主体，我国在该领域技术研究主要由高校和科研院所完成，医药企业投入力度不足，一定程度上造成了基础研究和产品研发之间的脱节。建议在关注实验室研究的同时，鼓励医药企业加大科研投资力度，促进科研成果向医药产品转化。

2）完善的基础研究与产品研发监管体系。科学进展往往快于政策制定，同时合成生物学的界限也在不断变化，因此应关注与合成生物学治理和监管相关的问题，建议政府尽快推动制定合成生物学实验安全技术导则，梳理和完善已有的法律法规。针对合成生物的安全性建立健全的、规范的技术指南和国家层面的安全法规以及监管体系，建立从宏观政策到法律法规和标准规范的全面管理体系，从研究与应用两方面加强对合成生物学技术的监管。

3）健全的风险评估制度与科学家自律机制。提倡建立政府监管下的合成生物学家自律机制，鼓励成立相关的行业协会或科学家组织，订立规则和标准进行风险评估。对于任何合成生物相关的基础研究和产品研发必须满足规定的安全要求、遵守严格的安全程序。建议设立合成生物安全性评估机构，建立完善系统的评估制度，引导社会认识合成生物的两面性。

4）促进合成生物学技术包容性发展的良好环境。合成生物学是交叉性学科，既产生于多个学科，又回馈于这些学科。持续包容对于合成生物学的持续发展十分重要。一方面，建议与产业界、监管和政策制定机构交流合作，使技术推动与市场拉动相结合。另一方面，建议引导更多的公众参与合成生物学对话，了解其可能存在的内在风险，讨论有关的生物安全和伦理问题。

（六）合成生物学技术未来发展预测

以基因组设计合成为标志的合成生物学是继 DNA 双螺旋发现和人类基因组测序计划之后，即将引发的第三次生物科技革命。作为引领生物技术产业化发展的颠覆性技术，合成生物技术将对我国经济社会发展产生重大影响，同时也是我国面向世界科技前沿、占领新兴产业制高点的战略选择。

随着各元件、模块标准化原则的明确，与之配套的设计方法的建立，操作简易的合成生物学系统设计的出现，大片段 DNA 合成的通量提高、成本降低，加之自动化实验平台的成熟，合成生物学有望形成一套从计算机辅助设计基因回路，到各元件、模块的合成与拼接，到实验验证基因回路功能，到实验数据拟合数学模型并对各元件、模块的参数进行调整，再到基因回路的进一步优化的标准化流程。

六、石墨烯

（一）技术说明

石墨烯结构简单，却集中了一系列优异的理化性质，如优异的电学性能、出色的力学性能、极高的导热性、超大比表面积和优异的阻隔性能等，正是这些传统材料所不具备的特性使得石墨烯有望在诸多应用领域催生出一系列颠覆性技术，可以为一大批传统材料的性能提升与应用拓展提供有力支撑，并可衍生出一系列性能优异甚至颠覆性的新一代功能元器件，在新能源、石油化工、电子信息、复合材料、生物医药和节能环保等领域的应用都可能引起行业的变革，有望成为引领新一代工业技术革命和主导未来高技术竞争的战略性前沿新材料[9-12]。

（二）研发状态和技术成熟度

1. 石墨烯高频晶体管与芯片

石墨烯高频晶体管研究目前尚处于原型器件研制与原理验证阶段，在实际应用之前依然面临巨大技术挑战。首先，满足晶体管应用需求的高品质单晶石墨烯的规模化制备技术仍然是世界性难题；其次，石墨烯的零带隙特征使基于石墨烯的逻辑电路通常开关比较低；最后，用石墨烯取代硅实现商业应用将需要整个集成电路产业链条上下游各环节均随之发生技术变革。因此，各界普遍预期基于石墨烯的新一代芯片技术仍需要 10 年甚至数十年的培育与孵化[13]。

2. 石墨烯基新一代储能技术

基于石墨烯的结构与物性特点，有望在以下两个领域引发颠覆性技术。

一是具有超高能量密度的石墨烯基锂金属电池[14]。近年来的研究发现，利用具有三维结构的石墨烯材料负载金属锂，可显著改善锂的充放电可逆性，抑制锂枝晶生长，从而获得长寿命、高安全的金属锂负极，进一步与高容量正极材料匹配后，可以研制出能量密度超过 500Wh·kg 的超高比能锂电池，有望彻底颠覆当前的锂离子电池技术。该技术目前尚处于原理验证与原型器件研制阶段，距离商业化应用还有相当一段路要走。二是兼具高能量密度和高功率密度的新一代石墨烯基超级电容器。石墨烯具有超高比表面积和开放暴露的表面，电化学稳定性好且导电性能优异，因此，与活性炭相比，石墨烯具有更高的比容量、更高的工作电压和更低的内阻，从而可以将超级电容器的能量密度和功率密度提高数倍，有望达到能量密度超过 80Wh·kg，功率密度超过 50kW/kg 的颠覆性技术水平，这将大大拓展超级电容器的应用领域，甚至能够满足电磁武器等对储能器件有极端严苛要求的应用需求[15]。

（三）产业和社会影响分析

石墨烯的颠覆性最主要体现在应用石墨烯的新材料和新器件所带来的对传统技术与产业的变革及其所催生的具有颠覆性的新技术、新产业。其中石墨烯高频晶体管与集成电路是最受期待的颠覆性技术。以传统半导体硅为基础材料的微电子工业正逐渐逼近它的物理极限，全球都在寻求下一代信息技术的新载体，凭借石墨烯超高的载流子迁移率，有望开发出取代硅的基于石墨烯的下一代超高频晶体管，从而让集成电路进入全新的碳时代，这将彻底改变信息技术的面貌，对全世界都将产生深远影响。石墨烯还有望在储能技术领域引发颠覆性技术革新。石墨烯优异的导电性、巨大的比表面积和独特的二维纳米结构，可以解决下一代超高比容量储能材料的技术发展瓶颈，有望将锂电池和超级电容器等电化学储能器件能量密度提升到新的高度，为解决始终困扰新能源汽车产业发展的电源技术瓶颈提供支撑。总之，石墨烯在与全球发展息息相关的众多领域都能催生有望改变人类生活的颠覆性技术与产业，在未来数十年间将持续为推动人类文明进程发挥不可替代的作用。

（四）技术研发障碍及难点

虽然全球各国都不断加大石墨烯颠覆性应用技术的研发投入，创新成果也不断涌现，但技术和产业层面依然存在一些障碍及难点[16]。

1）高品质石墨烯原材料的制备技术尚待突破。石墨烯的颠覆性应用依赖于石墨烯优异的本征理化性质，因此对于石墨烯原材料的品质要求极高。例如，高频晶体管应用就需要高质量石墨烯单晶。现已规模量产的石墨烯产品品质尚无法满足颠覆性应用的需求，而以石墨烯单晶代表的高品质石墨烯的制备技术还存在可控性、成本和规模等一系列需要解决的问题，这也是发展石墨烯颠覆性技术中必须攻克的一个关键共性技术难题。

2）石墨烯颠覆性应用的技术成熟度不足。目前，被各界寄予厚望的石墨烯颠覆性应用技术多尚在研究起步过程之中，按照 1～9 级技术成熟度划分，基本位于 1～3 级的前沿探索与原理验证阶段，对于这些颠覆性应用的基础科学原理的认识尚不充分，存在很多不确定性与研发风险，在未来的研发过程中势必有一系列技术难题需要解决。

3）从技术颠覆走向产业颠覆的巨大挑战。一项颠覆性技术的应用意味着对于传统产业的全面革新，其相关产业链上下游的各个环节都需要相应调整甚至颠覆。牵一发而动全身，这其中面临的困难绝不是技术本身所能解决的，需要调动全社会的各方资源来协同，所以可以预期这将是一个漫长而又曲折的过程。

（五）技术发展所需的环境、条件与具体实施措施

1. 加大石墨烯颠覆性技术的基础研究支持力度

一项颠覆性技术或颠覆性产品成功的背后必然以对传统科学原理与科学认识的创新突破为基石，因此基础研究在其中将发挥关键作用。目前，国家与地方在相关领域的科技项目支持相对比较松散，体量也较小，不利于产出颠覆性成果。因此，需要从国家层面集中优势资源，针对若干重点的石墨烯颠覆性应用技术领域，布局重大科技专项，形成长时间的滚动、连续支持，以期培育大成果。

2. 创造协同创新的研发体系

颠覆性技术从基础原理到最终形成产业，涉及各个方面的创新要素，将各创新主体割裂开来显然无法高效驱动研发链条。因此，需要有效地将“政产学研用资”协同创新的体系建立起来，围绕最终的技术目标，布局优势创新资源，形成优势互补与资源共享，在石墨烯颠覆性应用领域加快成果产出速度，提升成果产出水平。

（六）技术发展历程、阶段及产业化规模的预测

尽管石墨烯的制备与应用研发取得了长足进步，石墨烯产业也开始初露端倪，但参照传统材料从实验室走向市场的客观规律，如硅材料产业的发展历程来看，石墨烯产业完全发展成熟还需要5～10年。而对于颠覆性的石墨烯应用技术而言，其实现商业化所需的时间会更长。现从以下两个阶段对石墨烯颠覆性技术的发展前景进行简单预测。

1. 2018～2025年

在新能源领域，应用石墨烯的高比能超级电容器预期将实现规模量产，石墨烯基超高比能锂电池将在长续驶里程电动汽车中实现应用示范。

2. 2025～2035年

石墨烯单晶预期将实现规模量产。石墨烯高频晶体管技术取得重要突破，基于石墨烯的下一代芯片问世。应用石墨烯的柔性电子产品将遍及人类生活的各个领域。基于石墨烯的储能技术已广泛应用于各类型新能源汽车中。新的石墨烯颠覆性应用技术也将持续涌现，不断改变我们的生活。

七、超材料

（一）技术说明

超材料的重大科学价值及其在诸多应用领域呈现出的革命性的应用前景得到了世界各国科技界、产业界、政府以及军界的密切关注，其研究和工程化应用在近年来得到了迅速发展[17-19]。

1. 超材料透镜

超材料透镜在生物领域、微电子学和光学工程领域都有迫切的需求。超材料透镜可以对病毒和DNA分子、细胞等在自然环境中随活细胞管壁活动的快速过程进行直接观察。计算机芯片和微电子学器件的体积越来越小，对高分辨率的光学仪器特别是光刻设备的需求也日趋强烈，超材料透镜的实现为满足这种需求提供了条件[20]。普通透镜只捕获传播的光波，而超材料透镜可以捕获传播的光波和停留在物体表面顶层的光波，从而可以获得更完整的信息，使光学和光工程领域获得重大进展。

2. 超材料全光开关

全光信息技术的原理已趋完善，但在实际应用中面临着一系列器件的实现问题，其中作为逻辑光路的核心部件的全光开关器件是光信息的核心技术和主要难点。全光开关是通过光来改变光的传播特性（如强度、传播方向、偏振状态等）的器件。开关阈值和响应速度一直是基于材料光学非线性的全光开关器件发展的两个主要瓶颈。我国首次提出了基于超材料的、无非线性过程参与的全光开关的设计思想[21]。基于利用介质基超材料中超构原子（meta-atom）在特定方向上可承载多个不同的多级震荡模态的特性，在不同方向施加调制电磁波的波场，使两束（多束）电磁波导致的电磁谐振模态相互耦合，改变介质 meta-atom 中影响信号波传播的特征谐振模态，进而实现全光调制。

（二）研发状态和技术成熟度

1. 超材料透镜

2015 年，美国纽约州立大学布法罗分校设计并研制出了一种可进行单个分子成像和癌细胞检测的透镜——超材料透镜。这种由微小的黄金薄片和透明聚合体超材料制成的透镜能在可见光下工作，并解决传统光学透镜的折射问题。2016 年，美国哈佛大学研制出了一种仅有纳米厚度的超材料透镜，其轻、薄的性质有望给光学仪器带来革命性的变化。2017 年，美国加州理工学院开发了一种新型平面光学透镜系统，该系统可以轻易地实现批量生产，并且能与图像传感器进行集成。这一光学透镜系统有望为包括手机乃至医疗设备等在内的几乎所有领域，带来更为便宜、轻巧的相机[22, 23]。

超材料透镜目前在原理上已趋成熟，其中在太赫兹成像等方面已经有了演示性的产品，在一些军工领域的应用已悄然进行。而光学频段的超材料透镜主要受限于微纳加工技术，尽管出现了一系列原理性样机，但从制造成本上考虑，量大面广的产品应用还尚不成熟。随着微纳加工技术的发展及其成本的进一步下降，一个辐射面很广的新型产业群可望出现。

2. 超材料全光开关

清华大学预测并通过实验观察到了介质基超材料中两束传播方向相互垂直和偏振方向均相互垂直的电磁波的耦合现象及其对传播特性的影响。研究表明，在双光束作用下，原有的单光束诱导出的模态将被破坏，形成新的复杂模态，其谐振频率将发生改变，谐振点附近的超材料的透射光谱发生大幅度改变。同时模拟计算出了介质基超材料在两束电磁波照射下的投射参数并总结规律，通过设计不同的参数得到了垂直方向上同一频率处的谐振模态，初步模拟设计出微波频段的全光开关，获得调制光束作用下介质透射光谱的改变。在实验方面，利用陶瓷超材料在微波频段透射参数谱测试验证了其光开关特性。在太赫兹频段的全光开关实验也取得了令人满意的结果。

超材料全光开关目前在原理上已趋于完善，在微波和太赫兹频段的演示性实验已经完成，器件的性能优化正在进行。相关的器件短期内可望在太赫兹光调控等领域获得实际应用。但在应用意义较大的可见光领域，还需要解决高介电常数材料的获得和纳米人工结构单元的制备等难题，需要大量的研究工作。

（三）产业和社会影响分析

1. 超材料透镜

超材料透镜可望在材料、生物医学、信息技术等领域获得应用。在材料显微研究方面，可望实现利用光学显微镜直接观察亚波长甚至纳米尺度的材料显微结构。在生物领域，在常规显微镜中嵌入超透镜，既大幅度提高了显微镜分辨率，又实现了实时观测，对生物医学发展大有助益。在安全检测和光学仪器等领域，超材料透镜都呈现出令人鼓舞的应用前景。在微纳加工领域，基于超材料的完美透镜可实现亚波长尺度的光刻，将使微电子加工技术水平大幅度提高，从而进一步延续集成电路的摩尔定律，推动信息技术的不断发展。

2. 超材料全光开关

超材料全光开关为全光信息技术提供关键器件，该器件涉及的过程无须改变材料本身的性质，而只改变超材料的谐振模态性质，因此具有低的开关功率和高的响应速度。其开关功率在信号功率量级，开关时间在电磁波周期量级。粗略估计，这两个关键指标均优于非线性过程数个量级。这一新技术可望为解决全光开关的开关阈值和速度提供突破口，为全光信息技术的实现打开大门，对信息技术的发展产生深远的影响。

（四）技术研发障碍及难点

超材料是诸多领域颠覆性技术的源头。然而，超材料作为一大类全新的材料系统，其从研发到产生颠覆性技术则需要解决一系列技术和非技术领域的障碍。

1. 技术障碍和难点

1）具有应用价值的超材料的模拟设计技术。目前超材料的研究以原理性探索为主，模拟仿真技术基于简单模型和通用的模拟软件，而实际应用的器件设计需要考虑多种因素、多场耦合和海量计算，各种超材料的专用设计技术尚需进一步发展。

2）超材料制备技术。超材料制备需要精密的材料加工技术，特别是一些超材料（如太赫兹以上频率的电磁超材料）的制备需要微纳加工技术，这些技术的发展依赖于相关加工技术的进步。

3）具有应用价值三维大尺寸超材料的工程可行性和服役性能。超材料由大量的人工结构单元构成，这种单元阵列的可工程化及其服役性能（如力学性能、热性能等）是其应用的难点。

2. 非技术障碍

1）在一些已经形成技术系统的领域，超材料的应用可能遭遇技术标准的制约；而在一些尚未形成技术系统的领域，亟待建立相应的技术标准体系。

2）超材料作为一种全新的概念，在学术界、工程界的认同程度尚有待进一步提高。一方面，这一概念被滥用，一些不属于超材料的新材料被冠以“超材料”，造成认识上的混乱；另一方面，少数人望文生义，对超材料产生误解，认为超材料这一概念有炒作之嫌。这两方面的认识从一定程度上制约了社会对超材料重大技术价值的理解和认识。

（五）技术发展所需的环境、条件与具体实施措施

1）加大投入。加大对超材料及其工程化领域的研发投入；提高对超材料研究的投入。

2）通过政策引导推动相关产业。将超材料应用列入国家产业计划中重点发展的领域，促进基于超材料的新型高新技术产业的形成和发展，促进超材料向信息、能源、国防军工、精密仪器等领域渗透。

3）重视超材料与常规材料和已有技术的融合。超材料与常规材料的融合既是发展新型功能材料、打破常规材料性能极限的重要途径，也是推进超材料走进已有技术领域的捷径，应重点发展基于超材料思想和常规功能的新型材料系统，推动这些超材料与已有技术的融合，形成颠覆性技术[24]。

4）重视超材料的科普工作。通过多种方式，使科技界、工业界以及公众对超材料的科学意义和应用价值有更全面的理解，增强全社会对这一新兴颠覆性技术的重视，提高企业和国防部门对超材料应用的积极性。

（六）技术发展历程、阶段及产业化规模的预测

1. 2018～2025 年

2018～2025 年为产业形成期。电磁超材料在天线、隐身、电子元器件领域的应用形成规模，产业年复合增长率达 40%以上，形成产值 500 亿美元的国际市场，带动包括通信、国防军工、交通运输、机器人等领域近千亿美元的产业集群。其中国内的产业化规模占到 30%以上。

2. 2025～2035 年

2025～2035 年为产业迅速增长期。电磁超材料、机械超材料、热学超材料、声学超材料等全面进入工程应用领域，产业复合增长率达到 50%以上，形成 5000 亿美元的国际市场，带动多领域近万亿美元的产业集群。其中国内的产业规模占到 35%以上。

第二节 解决重大战略需求，支撑经济社会快速发展的技术

一、智能高铁技术

（一）技术说明

智能高铁是广泛应用云计算、大数据、物联网、移动互联、人工智能、北斗导航等新技术，综合高效利用资源，实现高铁移动装备、固定基础设施及相关内外部环境间信息的全面感知、泛在互联、融合处理和科学决策，实现全生命周期一体化管理的智能化高速铁路系统[25]。智能高铁包括智能建造、智能装备和智能运营三大部分[16-25]（图 3-1），致力于全业务流程、全价值链条、全生命周期、全生态体系的整体智能化，颠覆了原有的高铁工程建造、动车组、列车运行控制、牵引供电、运营管理、风险防控等模式，属于范式颠覆。

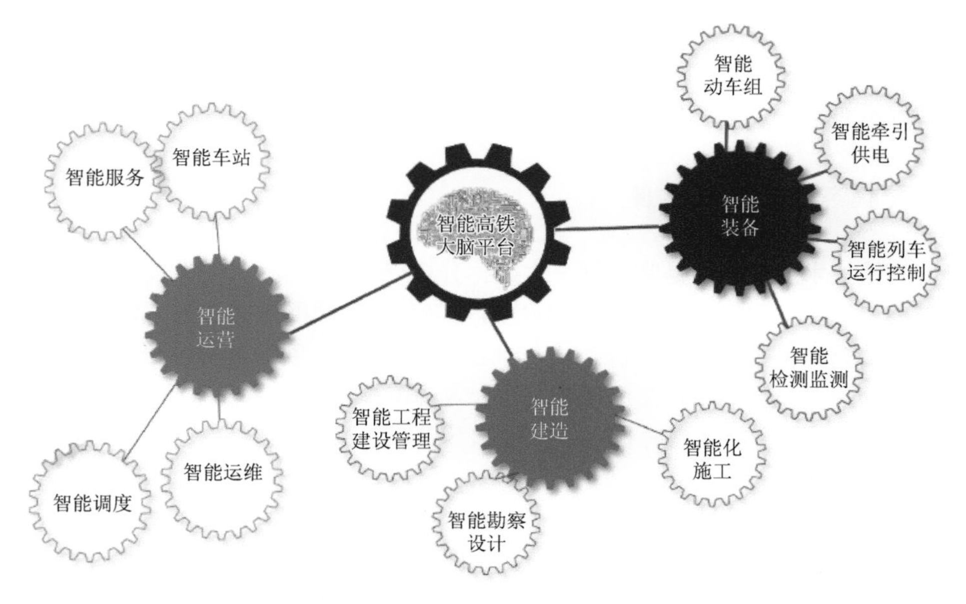

图 3-1 智能高铁组成部分

智能高铁充分诠释了“互联网 + 铁路”的深度应用，其两大核心技术体系如图 3-2 所示。

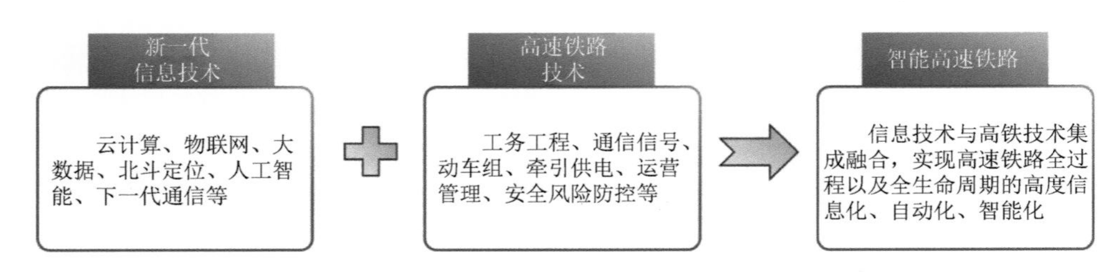

图 3-2　智能高铁核心技术体系

1. 智能建造

智能建造以 BIM+GIS（geographic information system，地理信息系统）技术为核心，将云计算、大数据、物联网、移动互联网、人工智能等新一代信息技术与先进的工程建造技术相融合，实现建设全过程的精细化和智能化管理。

2. 智能装备

智能装备将全方位态势感知、自动驾驶、运行控制、故障诊断与健康管理（prognostics and health management，PHM）等技术与先进装备技术相融合，实现高铁移动装备和基础设施全生命周期的安全化、高效化和智能化管理。

3. 智能运营

智能运营将泛在感知、智能监测、增强现实、智能视频、事故预测及智联网等技术与高铁运营技术相结合，实现个性化服务、一体化运维和智能化运营。

（二）研发状态和技术成熟度

智能高铁技术发展脉络是物联网→大数据分析→人工智能。人工智能以大数据和信息集成为基础，其中互联网是必备的基础设施，BIM 和物联网是必备的载体与传输媒介，云计算和大数据提供了存储与分析手段，这些技术之间的深度融合将会在高铁系统中创造出一个巨大的智能机器网络，在不需要人力介入的情况下实现巨量信息的收集、传输、存储、交换和分析，为智能高铁时代提供支撑和基础。因此，这些技术的成熟度直接影响智能高铁整体发展状态。

以人工智能为例，根据 Gartner 发布的 2018 年人工智能技术成熟度曲线可知，处于上升阶段的有人工智能管理、通用人工智能、人工智能开发工具包、知识图谱、神经形态硬件、人工智能相关咨询与系统服务、自然语言生成、聊天机器人等技术，由此可知，人工智能仍处于快速发展期，仍有很多关键技术需要克服。

再以 BIM 技术应用为例，实施过程中有一个 BIM 成熟度模型（称为 Bew-Richards BIM 成熟度模型），分为 0 级、1 级、2 级和 3 级，级别越高，表明 BIM 应用越成熟[26]，如表 3-1 所示。

表 3-1　BIM 成熟度与所处阶段对比

BIM 成熟度		所处阶段
水平	特点	
0 级	二维信息，效率低下	目前现状
1 级	二维与三维过渡期，集中在协作与信息共享	近期动态
2 级	信息生成、交换、公布及存档使用 —— 协同	发展目标
3 级	无限度的成熟度水平 —— 信息的完全整合	远期愿景

根据建造信息化应用水平和智能化发展成熟度，基于集成性、协同性、学科交叉程度、数据利用能力、信息化程度、自主决策水平、影响程度等特征，高铁建造的智能发展可划分为纸质电子化、数字化、智能化和智慧化四个阶段（图 3-3）。

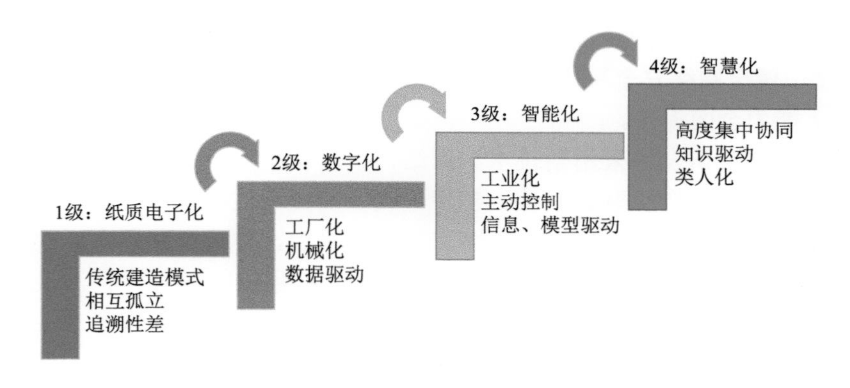

图 3-3　高铁建造的智能发展阶段

整体看，我国高铁智能建造发展仍处于数字化建造与智能化建造共融阶段，我国智能高铁的技术成熟度仍处于突破期。

（三）产业和社会影响分析

智能高铁的发展目标是更加安全可靠、更加经济高效、更加温馨舒适、更加方便快捷、更加节能环保，这些将深刻改变铁路行业。

1）更加安全可靠。通过铁路固定设施、移动设备、运输过程及自然环境等的状态感知，实现设备故障、行车事故的预测、预警，突出超前防范，整体提升高铁运行安全保障能力。

2）更加经济高效。通过运输组织的智能优化，提高运输效率；通过铁路设备设施全生命周期管理，实现“计划修”向“状态修”转变，降低养护维修成本；通过铁路经营管理精益化，提高经营效益。

3）更加温馨舒适。动车组、车站采用大量人性化设计，为旅客提供全方位、全过程出行服务，满足旅客多样性和个性化服务要求，提高旅客出行体验。

4）更加方便快捷。智能高铁将全面采用自助化服务设备，如自助售、取、退票机，实名制核验闸机，自动检票机，自助查询终端，生物识别，客服机器人，站内电子标识，手机移动终端等，极大地提高了旅客的出行便捷性。

5）更加节能环保。通过列车动力结构和列车运行控制方式的优化，实现各环节用电在线监测、智能分析和节能控制，降低铁路能源消耗。优化结构和设备性能，降低环境、噪声污染，促进高铁绿色发展和可持续发展。

（四）我国实际发展状况及趋势

近年来，信息系统已覆盖铁路运输生产和经营管理各主要领域。目前正全力推进 CR1623 工程建设，打造智能铁路系统，构建一个一体化信息集成平台，打造六大企业级业务应用系统，健全网络安全和信息化治理两大体系，有效支撑铁路生产经营、客户服务、开放共享三大能力全面提升。

工程建设方面：研发并采用新技术、新结构、新材料、新工艺、新设备，提高工程的可靠性、耐久性等；履行联调联试、初步验收、安全评估、正式验收等规范流程，确保工程符合设计及安全标准；研发了铁路工程管理平台，并在全路所有新建项目中进行了应用。该平台包括“一个门户、三个平台”，推广采用 BIM 等技术，涉及综合管理、过程控制、现场管理等 30 余项应用模块，采用物联网技术等，实现了对关键设施服役状态的感知，实现了关键建造环节数据的实时采集、上传、存储和报警，保证了关键信息的可追溯性。

运营方面：调度指挥系统每日指挥全路 4600 多列动车组和 27 000 多列客货列车运行，解决了“车、线、网”多节点时空协调、千万数量级控制信息源点的实时响应、网络与信息安全控制等重大难题，实现线网“速度、密度、重量”并举，运输组织高效协同，多目标分治、优化；在列车调度指挥控制规模和模式、列车最高运营时速、旅行时速、动车组日开行数等方面，总体技术水平均已达到国际先进水平。

客运方面：构建了双中心、双活架构的 12306 客票系统。2017 年春运高峰日售票量达 1239 万张，其中网售 933.2 万张，占比 75.3%，相比 2012 年开通时增长近 7 倍。全球交易量最大的中国铁路票务系统，给铁路客运带来深刻的变革。

货运方面：构建的铁路 95306 网站，是集网上营销、网上交易、信息交互、物流服务、行业资讯等功能于一体的综合性互联网商务平台，实现了线上线下相结合的业务经营模式，推动铁路向现代综合物流服务转型升级。

设施设备检修方面：推行了工务、电务、供电设备“三合一”养护检修体制，按照预防修、故障修等作业组织，保障运营设备、设施处于达标状态。实行定期巡检机制。在线路开通前采用先进的综合检测列车对线路状态进行验证；线路开通后定期对高铁线路巡检，保障运营安全。

安全防护方面：构建了闭环管理的高铁设施设备安全检测监测防控系统，实时采集移动设备和固定设施信息，分析处置，确保安全运营；构建了风、雨、雪、地震等自然灾害及异物侵限监测系统，实时监测高铁运行环境安全。

智能高铁成套技术正以智能京张、智能京雄为试点进行深入实践应用。基于智能铁路的发展成就，开展了铁路大数据平台的建设，实现了铁路主要业务系统的数据采集、治理、存储、分析和可视化，为人工智能等新技术的应用提供了基础和条件。

（五）技术研发障碍及难点

智能高铁技术理论体系包括通用基础技术、人工智能技术和铁路专用技术三大方面。三大方面的技术难点也是智能高铁技术体系建立的难点，主要涉及以下几个方面。

1. 信息技术与专用技术的融合程度不够

智能高铁的显著特点即大系统耦合交互、多学科交叉和多目标协同优化，是信息技术与专用技术深度融合的集中反映，因此三大技术的融合交叉是其中的核心。智能高铁已经跨越了高铁本身专业的范畴，是集计算机技术、图形学、数控技术、人工智能和多媒体技术等多种高新技术于一体，由多学科知识形成的一种综合系统技术，强调全过程的系统性和集成性。现阶段信息技术不成熟、不完善，再加上交叉学科人才缺乏，信息技术与专用技术的融合程度不够，因此智能化应用与理想规划存在一定差距。

2. 传统操作与智能化发展模式不匹配

目前智能技术发展很快，但高铁现有操作模式不会立刻改变，与之相应的装备、技术、管理也早已完善成熟，不会主动适应基于智能化的应用新模式，造成现实应用与未来发展之间的不匹配，传统操作的升级重构需要时间和积累，需要统筹策划尽快缩短这部分时间，这是目前需要解决的关键问题之一。

3. 全生命周期大数据的挖掘和利用不足

高铁系统工程的全生命周期涉及规划、科研、初步设计、施工图设计、施工、运营、养护维修及报废拆除等环节，过程中积累了海量数据，海量数据蕴含了关键信息，但目前多以纸质化存储，数据利用率低、深度分析不易。随着智能化发展时代的到来，全过程数据具备了自动化采集、数字化存储的可行性，但如何提高对数据的“加工能力”，通过“加工”实现数据的“增值”，更好地发挥数据驱动、模型驱动价值，是需要解决的关键问题。

（六）技术发展所需的环境、条件与具体实施措施

1. 做好智能高铁的整体规划

智能高铁是一个复杂的信息物理系统工程，需要做好整体规划，涉及顶层设计、关键技术、标准体系、实施路径与阶段目标等内容。智能高铁不仅包括智能化的硬件，而且更注重以人为本的软件环境。在规划过程中，要以供给侧改革为发展定位，多考虑基于定制化需求的技术应用，确保高铁便捷性、快速性、绿色环保和可持续发展等，为现在和未来的有利竞争环境提供支持。

2. 建立面向全生命周期的铁路建设管理体系

管理与技术是相辅相成的，两者既可以协调统一，也可以互为对立。高铁技术的智能化需要与之匹配的管理模式，基于全生命周期的高铁管理是系统工程，应运用系统科学理论，将理论技术创新和管理体制机制创新有机结合，充分发挥系统总体辐射牵引和专业基础支撑作用，强化各系统间的协调配合，逐步建立完善一套可操作的、行之有效的实践方式与方法体系，重构铁路建设管理模式。

3. 注重大协同和综合化的集成效益

智能高铁是多系统的有机整体，系统和系统之间如何协同发展或者协同牵引，如何不让每一个系统独立建成孤岛，快速成片成网联系起来是其中的关键。协同分狭义和广义两大部分：狭义是指高铁系统内部各个环节的协同创新，打破各环节之间的信息孤岛，避免资源的浪费；广义是指高铁作为土木或者轨道交通的重要形式之一，其智能化应上升为未来综合运输系统的最重要组成部分，面向大交通、大协同，对接和协调好综合交通优势，实现综合交通体系的智能化集成。

4. 制定完整的智能高铁标准体系

智能高铁的前提是标准化，主要涉及通用基础与管理标准、智能高铁应用标准、平台及支撑技术标准三大类目，为逐步形成智能高铁应用新格局，应从标准层面对智能高铁建造、装备、运营全产业链成套技术及相关基础和支撑标准进行整体设计，从而为智能高铁落地应用提供数据、技术、管理等方面的标准支撑，最终向实现全面自主控制的目标大步迈进，使我国成为引领世界的智能高铁应用国家。

（七）技术发展历程、阶段

智能高铁的发展是分层次、分等级的，不是一步到位的，随着技术的不断成熟和应用的不断深化而逐步发展与完善。

1. 第一阶段

铁路全面电子客票上线应用；实现 CTCS3 + ATO 新型智能动车组自动驾驶；通过基于 BIM 的工程建设全生命周期管理实现精准设计和精益建造；形成高速铁路隧道智能建造体系；建设新一代智能牵引供电系统；基于全域信号增强的铁路北斗导航获得应用；铁路大数据平台与铁路智能服务平台建设完成；构建基于“人工智能 + ”的智能客运车站系统，“车站大脑”初步形成；实现铁路装备的全生命周期管理和智能化维护。

至 2020 年，以智能京张、智能京雄为典型示范，优化车站服务功能，为旅客出行提供更加便捷的智能服务；研制智能列车实现自动驾驶；采用智能化列车调度和防灾预警系统，全面提升铁路安全和运营管理水平。

2. 第二阶段

突破基于 BIM 的智能建造标准体系、自学习及自适应的谱系化智能动车组、全面感知的列车自动驾驶（乘务值守、有值守的无人驾驶（driveless train operation，DTO））、面向多种交通方式的智能综合协同指挥、旅客无障碍出行服务体系等重大智能高铁理论与技术，全面掌握从设计、建造到运营全产业链技术。

在智能建造方面，基本建成基于 BIM 的智能建造标准体系，完善建设与运维一体化的全生命周期管理体系，实现 BIM 和 GIS 融合的智能选线、测绘与勘察，BIM 的三维协同辅助设计，BIM 的智能化施工等。

在智能装备方面，研发自学习、自适应的谱系化智能动车组，突破列车移动闭塞和虚拟化、稀疏化轨旁设备信号系统等关键技术，实现列车全自动驾驶。

在智能运营方面，构建全方位智能安全保障体系，应用复杂路网综合协同指挥的智能调度系统，形成智能化、柔性化、多样化的客运开行方案，为旅客提供全方位、全过程信息综合无干扰主动服务及融合多种交通模式的全程畅行服务。

至 2025 年，通过打造智能车站、智能列车、智能线路，实现旅客智能出行、铁路智能运输，智能高铁实现全面推广。

3. 第三阶段

智能高铁应用由辅助协同向自主操控升级，广泛应用智能建造技术，研发自修复型智能动车组，探索全自动无人驾驶（unattended train operation，UTO）技术，突破极端复杂情况下高铁智能容错理论与技术，构建基于量子、区块链等新技术的智能安全体系，实现铁路运营全面自主操控、无人化。

在智能建造方面，将 BIM 与工程机械深度融合，探索无人自主智能机械施工、无人智慧工地等技术，实现精准施工、绿色节能。

在智能装备方面，探索基于智能设计与制造的自修复型智能动车组，突破全自动无人驾驶、可储能源的绿色无线供电、动态近距离的列车移动追踪等关键技术。

在智能运营方面，构建基于量子、区块链等新技术的智能安全体系，突破极端复杂情况下高铁智能容错理论与技术，具备巨量数据实时分析处理能力，实现装备自主智能检修，提供无人条件下站车智能服务。

至 2035 年，以智能建造、可储能源的绿色高速动车组、自主无人条件下的列车智能运行等为标志，实现高速铁路全过程、全生命周期的高度智能化，智能高铁网初步建成。

二、低真空管道高速磁悬浮铁路技术

（一）技术说明

低真空管道高速磁悬浮铁路是利用“胶囊”状车体（由铝和碳纤维材料或其他高强度轻型材料制成）悬浮在密闭管道中运行的一种交通工具。管道架设在离地面一定高度或埋设在地下，管道内抽成低真空，空气压力为海平面大气压力的几百分之一，甚至千分之一。低真空管道高速磁悬浮铁路结合了低真空管道技术和磁悬浮列车技术，在利用悬浮技术减少车轨摩擦、振动的基础上，构建低真空运行环境以减小空气阻力和噪声，不存在轮轨动力学问题，也不存在弓网动力学问题。因此，低真空管道高速磁悬浮铁路可以实现高运行速度。

低真空管道高速磁悬浮铁路是一个系统工程，也是一个复杂巨系统，其投资和工程规模浩大、涉及学科领域众多、技术难度大、层次和接口关系复杂。该技术将颠覆成熟的轮轨理念和相对成熟的高速磁悬浮理念，在系统综合、移动装备、基础设施、运控通信、运营服务、安全保障等方面构建一套完全不同的技术体系，如图 3-4 所示。

其颠覆性技术既涵盖系统性又包括各组成部分的局部性，主要涉及低真空管道高速磁悬浮铁路的科学技术难题、工程难题以及管理难题。

1. 系统综合技术

1）低真空管道高速磁悬浮铁路总体技术。涉及线路、车站系统技术，真空系统技术，磁悬浮系统技术，牵引供电系统技术，列车总体技术，列车运行控制系统技术，调度指挥系统技术，安全防护系统技术，节能环保卫生保障系统技术九大方面的突破。

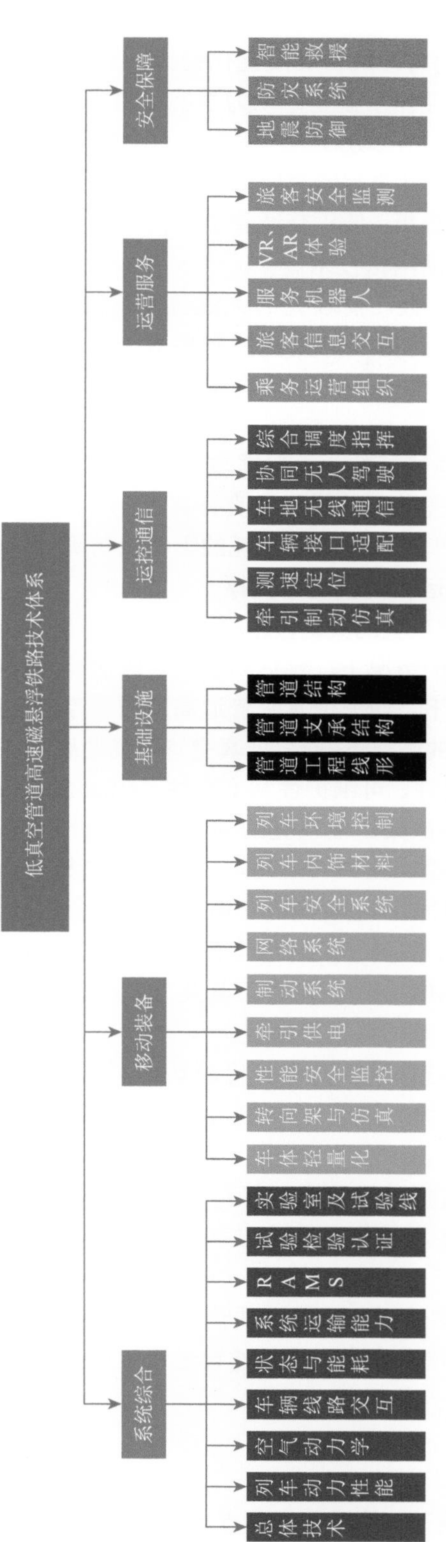

图 3-4　低真空管道高速磁悬浮铁路技术体系

2）高速磁悬浮列车动力性能仿真及优化设计。需攻克的关键技术：高速磁悬浮列车的动力学分析模型；磁悬浮作用模型；动力学响应指标的确定。

3）低真空度有限空间空气动力学。需攻克的关键技术：低真空有限空间的断面形式和最佳运行阻力的关系；低真空有限空间的压力和最佳速度的关系；低压交通管道气动压力舒适度及微气压波特性分析；低压交通管道结构气动荷载特性分析。这些涉及低真空环境的仿真技术和超高速的动网格技术。

4）车辆与线路交互参数。需攻克的关键技术：结构物的荷载特征、结构形式、支承方式、刚度和变形、振动特性等关键控制参数与标准，适应于低真空管道高速磁悬浮特性的结构设计方法和理论，提出低真空管道高速磁悬浮铁路的设计载荷、平顺性指标等。

5）低真空管道状态与能耗的关系。需攻克的关键技术：通过对不同车型、管道长度下实现不同真空度管道所需能耗的模拟仿真计算，研究不同工况条件下管道真空度与能耗的相互关系，同时开展列车运行策略对能耗的影响及仿真计算研究，提出相应的能耗减损及控制对策，为列车经济运行提供理论支撑。

6）系统运输能力。需攻克的关键技术：低真空管道高速磁悬浮输送能力前瞻性研究。在车型和车辆承重量确定的情况下，预估列车旅客输送能力；在车型、输送能力以及区间线路形式基本确定的情况下，研究低真空管道高速磁悬浮的通过能力；在车型、车站线路形式和技术设备基本确定的情况下，研究低真空管道高速磁悬浮车站的咽喉和到发线能力。

7）系统可靠性、可用性、可维护性和安全性（reliability，availability，maintainability，safety，RAMS）保障体系框架。需攻克的关键技术：研究并提出低真空管道高速磁悬浮铁路全生命周期的基本模型、生命周期的阶段划分、主要 RAMS 指标、各阶段 RAMS 保障活动内容及工作要点；对低真空管道高速磁悬浮铁路全生命周期主要阶段进行预先危险性分析，对各个主要阶段、主要子系统危险有害因素进行辨识和研判；研究并提出低真空管道高速磁悬浮铁路 RAMS 保障的基本工具及方法；研究并提出低真空管道高速磁悬浮铁路全生命周期 RAMS 保障体系框架建议。

8）低真空管道高速磁悬浮铁路试验检验认证。需攻克的关键技术：研究低真空管道高速磁悬浮铁路试验总体方案设计、试验流程以及组织方式；研究建立低真空管道高速磁悬浮铁路试验评价方法和评价体系；研究低真空管道高速磁悬浮铁路试验内容、技术参数、试验方法、试验场景及案例等；研究低真空管道高速磁悬浮铁路试验装备，包括试验列车、测试装备和数据处理方法等；研究形成低真空管道高速磁悬浮铁路试验技术标准及规范。

9）低真空管道高速磁悬浮实验室及试验线建设。开展低真空管道高速磁悬浮工程化关键技术相关试验研究，重点攻克工程化建设过程中遇到的技术难题，保证低真空管道高速磁悬浮试验线建成并投入使用。

2. 移动装备技术

1）车体轻量化优化设计。关键技术难点包括：低阻/低噪/低热车体外形一体化设计技术；轻质-高承载车体结构设计技术；高固有频率走行机构设计技术；低真空度有限空间内气流控制技术；列车编组联挂方案研究等。

2）低动力转向架研制与悬浮控制仿真。研究高速磁悬浮列车转向架技术，包括转向架的功能设计、结构强度设计、轻量化研究、应急支撑结构设计。研究转向架与车体的模态、振动传递特性，开展转向架与悬浮控制的联合仿真分析，研制低动力作用、减振性能良好的转向架设计方案。

3）车辆振动性能与安全监控技术。涉及高速磁悬浮车辆的转向架、车体振动性能试验方案设计，高速磁悬浮列车线路振动试验与数据分析工作，高速磁悬浮列车的振动性能评价指标研究，高速磁悬浮列车运行性能实时监控方案与技术研究等。

4）牵引供电系统。供电系统间的有效匹配技术、大功率的电力电子整流技术、可靠及高密度储能技术、可靠应急储能技术及相关节能供电技术急需攻克。关键技术内容包括新一代牵引供电系统能源结构设计、系统有效匹配设计研究、关键电力电子技术研究、关键硬件技术工程化应用研究和长定子直线电机的技术研究。

5）制动系统。结合低真空管道的特点，研究选取适合的制动形式，进行全速范围内的制动能力分析和评估，与整体管道系统、车辆系统的界面接口要求的系统分析。

6）网络系统。需攻克技术包括高带宽高速磁悬浮列车控制网络的实时性研究；恶劣电磁环境下电子板卡可靠性研究和复杂工况下高速磁悬浮列车控制逻辑与故障导向安全研究。

7）列车安全系统。需攻克技术包括：基于容错控制的复杂机电装备故障预测与健康管理系统；列车部件的全生命周期状态检测与评估研究。

8）列车内饰材料。阻燃、环保、轻量化、高强度是最为关键的因素，研究开发满足要求的新型材料将是需要攻克的技术重点。主要涉及车内用结构材料和发泡材料。

9）列车环境控制系统。模拟仿真不同工况条件下的高速磁悬浮列车与低真空管道环境状态及变化，研究高速磁悬浮列车低真空管道环境控制及自循环系统，研究高速磁悬浮列车人体舒适度；模拟仿真高速磁悬浮列车运行状态下的噪声源和振动源，研究其基本特性、产生机理、分布规律等；研究高速磁悬浮列车运行速度、低真空管道状态对噪声、振动的影响及相互关系。

3. 基础设施技术

1）管道工程线形参数。明确超高设置、限制坡度、最小平曲线半径等线形参数，并对竖曲线与平曲线进行恰当的组合；攻克施工和运营过程中的实际线形与设计线形的容许偏差及线形控制技术。

2）管道支承结构设计。研究不同跨度桥梁的荷载特征、结构形式、支承方式、刚度和变形、振动特性，路基结构形式及沉降控制方法，隧道断面形式和尺寸，沿线紧急疏散通道与检修通道的合理布置等；同时应综合考虑管道的空间布置、管道与支承结构的结构形式、二者的连接方式等内容。

3）管道结构关键技术。对低真空管道的结构形式、抽气泵站的布置、管道接头的密封与连接、管道沿线检修通道以及紧急情况预留的开口设计与布置等开展研究；研究真空管道材料的性能及材料焊接性能；研究既方便乘客上下车又维持管道真空状态的站场设计，站场应具备紧急条件下人流快速疏散的能力，并且应考虑管道交通与其他交通方式的快速换乘；研究基于故障诊断与健康管理对低真空管道及关键支承结构开展 RCM（reliability centered maintenance，以可靠性为中心的维修）维护技术，形成以可靠性为中心的运维与养修技术体系。

4. 运控通信技术

重点突破特定应用环境下高速磁悬浮列车牵引/制动响应建模仿真技术、测速定位技术、车辆控制接口适配技术、车地无线通信技术、多车协同运行间隔安全控制及自动驾驶技术、综合高度指挥技术等技术瓶颈，完成关键功能测试与验证，最终攻克高速磁悬浮低真空管道列车运行需求的列车控制系统成套技术。

1）牵引/制动响应建模仿真技术。高速磁悬浮低真空管道列车运行环境和控制方式均不同于常规轮轨交通，作为列车控制系统的核心控制对象，列车牵引/制动控制响应机理及特性曲线需要开展定向研究。

2）测速定位技术。目前轮轨交通普遍使用的应答器、信标、全球定位系统（global positioning system，GPS）、测速传感器、雷达等技术无法满足低真空管道条件下 600km/h 的应用需求。需要开展相关替代技术的研究与论证工作。

3）车辆控制接口适配技术。高速磁悬浮低真空管道列车控制系统与车辆的悬浮、牵引、制动以及网络等系统接口，接口形式及协议交互内容均需要考虑特定的运营场景及控制方式。

4）车地无线通信技术。高速磁悬浮低真空管道列车控制系统需要建立安全、可靠、稳定的车地无线数据交互链路。特殊的运营环境及高速运行条件，均对传统的 GSM-R、LTE 等无线集群、蜂窝通信技术提出挑战。多普勒效应影响、管道传输的多径衰落、跨小区快速切换等技术难题均需要专项研究，提供解决方案。

5）多车协同运行间隔安全控制及自动驾驶技术。在充分借鉴移植既有技术储备的基础上，开展大尺度时空场景下多车协同态势感知及运行间隔安全控制技术攻关，最终实现自动驾驶功能。

6）综合调度指挥技术。重点突破高速磁悬浮低真空管道列车强时速、高动态运行状态获取与监控、运行计划智能调整、进路和命令安全卡控、多系统数据交互与跨平台联动响应等技术瓶颈。保证行车效率的同时提高行车安全可控性。

5. 运营服务技术

1）乘务运营组织。涉及列车乘务人员配置研究、对列车乘务人员在不同行驶阶段的工作内容和服务标准规范进行系统性研究、高速列车乘务组织模式研究。在车站规划、列车开行线路长度、开行密度和走行交路确定的情况下，研究列车乘务组织模式。

2）旅客信息交互技术。研究低真空管道高速磁悬浮铁路的车站视频图像信息、旅客的购票信息及旅客用户终端的日常访问行为；对用户进行聚类和相似系数的计算，预测目标用户对信息的兴趣度，在线将相关信息推荐给用户；研究基于高效能计算的旅客信息推送技术。

3）全行程客运服务机器人技术。根据低真空管道高速磁悬浮铁路客运服务流程，研究设计适合车站服务的问询、导航、随身行李搬运、保洁等各类服务机器人；研究旅客身份识别及自助语音交互服务技术，为旅客出行全过程提供国际化综合智能服务；研究面向旅客全行程服务的智能机器人协同服务控制技术，实现旅客全行程智能化、个性化服务，全面提高旅客出行服务体验。

4）基于VR/AR出行体验技术。研究基于可视化三维电子地图引导、增强现实站内导航等技术的旅客新服务流程应用技术，全面提高旅客站内服务体验；在高速磁悬浮低真空管道列车运行过程中，提供基于VR/AR的车外全景影像展示服务，为旅客带来全方位的感官体验。

5）旅客全行程安全监测技术。研究低真空管道高速磁悬浮铁路运行环境下旅客安全及舒适度主动监控及预警技术，实现全行程异常状况分析；研究基于实时智能视频分析的旅客安全监测技术，保障旅客安全出行。

6. 安全保障技术

1）地震灾害的研究防御与抗震关键技术。涉及地震灾害防御总体技术方案研究，攻克最不利设计地震动的研究；提出真空管道结构物的抗震设防水平和等级原则；对于桥墩、管道、支持结构等进行地震载荷、变形参数仿真分析，提出结构物各部分的地震载荷确定方法和极限变形量；研究实现600km/h及以上条件下的车地地震紧急处置信息传输，提出地震紧急处置方案。

2）防灾系统。开展高速磁悬浮灾害智能监测预警与安全保障技术的研究。关键技术有：管道环境智能监测技术；火灾、水浸与防爆综合评判及智能处置技术。

3）智能应急救援系统。开展低真空管道高速磁悬浮铁路应急救援物资最优配置技术、应急救援信息获取与多源信息融合技术、突发事件应急救援智能决策技术、不同级别不同分类突发事件应急响应及指挥技术等的研究。

（二）研发状态和技术成熟度

低真空管道高速磁悬浮铁路是一种全新的极具挑战的系统，涉及系统综合、移动装备、基础设施、运控通信、运营服务、安全保障等多个关键子系统，存在诸多方面问题，未真正实现“工程化”，在技术、经济、安全等诸多方面仍存在问题和争议。

目前多数子系统处于部件相关环境中仿真验证阶段。在此前提下，该技术目前阶段主要由市场主导，仍处于孕育期发展阶段。

（三）产业和社会影响分析

1）低真空管道高速磁悬浮铁路的提速潜力最大，时速有可能达到几千公里，成为唯一的地面超声速运输工具。随着时间的推移，速度优势将越来越突出，不仅可以节约旅行时间，还有可能形成沿线经济带或半小时、一小时生活圈，从而带来一定的社会效益。

2）牵引能耗低。在低真空管道内空气阻力极小，因此列车运行所需要的牵引能耗极小。在可持续发展理念的推进下，降低能耗不仅为企业节省经济支出，也会为全球能耗节约作出贡献。

3）对外界的噪声和电磁辐射少。在密闭的管道内行驶，会减少对外界环境带来的噪声和电磁污染。

4）可以全天候运行。车辆在密闭管道内运行，不受雨雪、大雾、风暴等极端天气影响，与轮轨系铁路和磁悬浮铁路相比较，这方面优势非常明显。

从以上几点看来，低真空管道高速磁悬浮铁路具有良好的发展前景，被认为是人类未来的“第五种交通方式”，受到世界范围内的广泛关注。

（四）我国实际发展状况及趋势

我国在真空管道运输研究中走在世界前列，2000 年 12 月，西南交通大学研制成功世界首辆载人高温超导磁悬浮实验车；2004 年，中国两院院士沈志云提出了发展低真空高温超导磁悬浮高速系统的技术方案；2014 年 6 月，西南交通大学建设完成并调试成功真空管道高温超导磁悬浮车试验平台，如图 3-5 所示，分别完成了低压条件、通风口设置、车辆阻塞比等对管道磁悬浮气动性的影响，低气压条件管道磁悬浮气动特性研究以及液氮蒸发特性研究，同时积极建设高温超导磁悬浮列车高速试验平台，进一步探索以真空（稀薄空气）为运行介质，以高温超导磁悬浮为支撑的低噪声、低阻力的超高速地面轨道交通新模式。

图 3-5　真空管道高温超导磁悬浮车试验平台

2016年10月21日，科技部将“高速磁浮交通系统关键技术研究”重点专项定向委托给中国中车（中国中车股份有限公司）组织实施。该项目旨在攻克高速磁悬浮交通系统悬浮、牵引与控制核心技术，形成我国自主知识产权并具有国际普遍适应性的新一代高速磁悬浮交通系统核心技术体系及标准规范体系，使我国具备高速磁悬浮交通系统和装备的完全自主化与产业化能力。

中国航天科工集团有限公司（以下简称“航天科工”）于2017年8月宣布正在开展速度可达4000km/h的“高速飞行列车”项目研究论证，拟通过商业化、市场化模式，将超声速飞行技术与轨道交通技术相结合，研制新一代交通工具，利用超导磁悬浮技术和真空管道，实现超声速的“近地飞行”。目前，航天科工已经联合了国内外20多家科研机构，成立了国内首个国际性高速飞行列车产业联盟。

除了上述大型机构，一些小型民营企业也纷纷加入低真空管道高速磁悬浮运输系统的研究行列。例如，北京九州动脉隧道技术有限公司致力于研发跨海悬浮隧道真空列车交通运输技术，旨在建立跨海悬浮通道，解决世界各地岸（陆）与岛、岛与岛之间的交通和货物运输问题；大连奇想科技有限公司经过十年的潜心研发，已成功研发了两代永磁悬浮样车，并研发出被动永磁悬浮技术，该技术可使行驶能耗节约95%，结合真空管道技术可使高铁最高速度达到1200km/h。

（五）技术研发障碍及难点

低真空管道高速磁悬浮铁路是一种全新的极具挑战的系统。总体来看，低真空管道高速磁悬浮铁路在适应性、安全性、维护性、经济性等方面还存在一些问题或需要进一步探讨。

1）真空管道技术的实现尚有多个问题需要解决。①管道与车体车门以及与车站站台之间出入门的设计中如何减少空气漏泄。②管道内壁需要足够光滑，任何的不平顺或存在异物，碰到高速运动的乘客“胶囊”而引起泄漏，后果将不堪设想。③管道的真空度维持在什么水平，真空度过低降低摩擦的效果不明显，但真空度提高则必须要突破技术瓶颈且会耗费巨大的成本，而能耗、真空度、速度之间的关系等都需要经过线路试验加以证实。④所需的真空度在理论上可以达到，但在既有的材料和技术条件下，是否能够如理论那样保持，都需要进行实际验证。⑤目前测试中的真空管道试验线路长度较短，在试验中体现出的特性，在将来真正的实践中可能会存在很大的差异。

2）安全问题需要着重考虑。一是管道“胶囊”列车发车间隔较短，列车之间的追踪问题如何解决，一旦前面车辆出现故障，制动系统是否安全有效也应特别关注。二是如果高速磁悬浮真空管道系统在管道内运行时发生突发情况（如地震、火灾等），如何进行安全救援。

3）难以成为大运量、大众化的交通运输方式。老幼病残孕等乘客是否能适应车内的环境，一旦旅客遇到突发疾病等情况，也不能够像轮轨铁路那样由乘务人员进行救治。

4）工程要求高。低真空管道高速磁悬浮铁路在设计和制造环节均有着很高的要求，如果一个环节出现问题，有可能会导致列车趴轨，而一旦出现趴轨情况，救援难度极大。另外，据计算，载具若要在 1000km/h 速度下转弯，而加速度保持常人可接受的 1g，曲线半径不能小于 9000m，意味着长达数百公里的管道必须非常笔直，适合设置的地方很少。

5）真空管道内部的维护保养有待论证。成百上千公里的真空管需要进行哪些维护保养以及如何进行维护保养，保养时是保持真空低压状态还是恢复到正常大气压等问题都需要考虑。管道及其内部设备长时间在真空条件下，其维护成本和生命周期是否会有影响都需要论证。

6）舒适度方面尚有不少难题。在 0.5g 加速度条件下，如果不考虑线路曲线限速，加速到 1200km/h 需要 68s 时间，加速到 2000km/h 需要 113s，长时间加速可能会造成人体不适。

7）经济性仍需要进一步论证。管道成本并未列出详细成本结构，而这部分成本恰恰可能是最大的成本所在。车辆牵引能耗虽然很低，但是为补充管道空气漏泄而沿线布置的压气机能耗却不容忽视。

（六）技术发展所需的环境、条件与具体实施措施

1. 国家层面立项研究

虽然科技部已立项“磁浮交通系统关键技术”重点专项，但由于低真空管道高速磁悬浮铁路注入了低真空的环境特征，其技术复杂程度大幅度增加。建议由国家立项，在前期研究的基础上，开展面向 600km/h 以上的低真空管道高速磁悬浮铁路研究，包括系统整体架构与系统技术研究、基础设施设计建造技术研究、关键装备研发与制造技术研究，以及运营维护和安全保障策略研究等。

2. 建设低真空管道高速磁悬浮铁路试验线

低真空管道高速磁悬浮铁路作为技术复杂的工程巨系统，需反复进行工程验证试验，为达到该目的，建议立项研究建设约 5km 长的试验线，推动低真空管道高速磁悬浮铁路工程应用突破，促进科技成果的工程化和产业化进程。

3. 建设低真空管道高速磁悬浮铁路国家级实验室

实验室瞄准“交通强国战略”需求，通过科研院所、高校、轨道交通领域大型企业集团资源共享，持续开展科技创新，最终建成为我国低真空管道高速磁悬浮铁路基础理论和前沿技术研发基地、学术交流中心和人才培养基地，形成低真空管道高速磁悬浮铁路技术的科技创新体系。

（七）技术发展历程、阶段

以实现工程化并投入商业运营为目标，结合有关技术现状分析，低真空管道高速磁悬浮铁路研发总体发展历程分为三个阶段。

第一阶段：到2025年，实现时速600km/h高速磁悬浮关键技术取得重大突破，完成综合试验验证及示范线建设。

第二阶段：到2030年，完成时速600km/h+低真空管道高速磁悬浮技术可行性论证和示范线建设预可研。

第三阶段：到2035年，实现时速600km/h+低真空管道高速磁悬浮关键技术取得重大突破，完成综合试验验证及示范线建设。

三、富自然功能协调流域建设技术

（一）技术说明

1. 总体思路

富自然功能协调流域建设，就是要以流域水循环多过程为主线，充分挖掘和发挥天然系统对水循环的调节作用；规范人类水土资源开发活动，减少对自然水循环的扰动；系统布局地表灰色基础设施（水库、堤防、渠系、泵站、水井等）与绿色基础设施（林草地、湿地等），建设棕色水库（土壤水）和蓝色水库（含水层和其他地下空间）；融合现代信息技术的新进展，建设红色基础设施（智能水网与智慧水务），实现地表—土壤—地下多过程、水量—水质—泥沙—水生态的联合调控，最大限度地实现去极值化，系统解决流域水问题（图3-6）。

2. 建设目标

富自然功能协调流域建设的总体目标就是通过系统布局五色基础设施，从水资源、水安全、水环境、水生态、水管理、水景观、水文化、水经济等八个层次进行协同调控，构建健康的自然—社会水循环系统[27, 28]。主要包括四个方面：一是社会水循环利用不影响河湖水域的水体功能；二是水的社会循环不损害自然水循环的客观规律；三是社会物质循环不切断、不损害植物营养素的自然循环，不产生营养素物质的流失，不积累于自然水系而损害水生态系统；四是维系或恢复全流域的良好水环境。

3. 关键任务

充分遵循流域水循环多过程的演变机理及规律，以水循环多过程为主线，以调节能力提升需求为导向，系统布置工程和非工程措施，主要包括调节能力需求评估、调节能力系统配置和调节能力建设等三大关键任务（图3-7）。

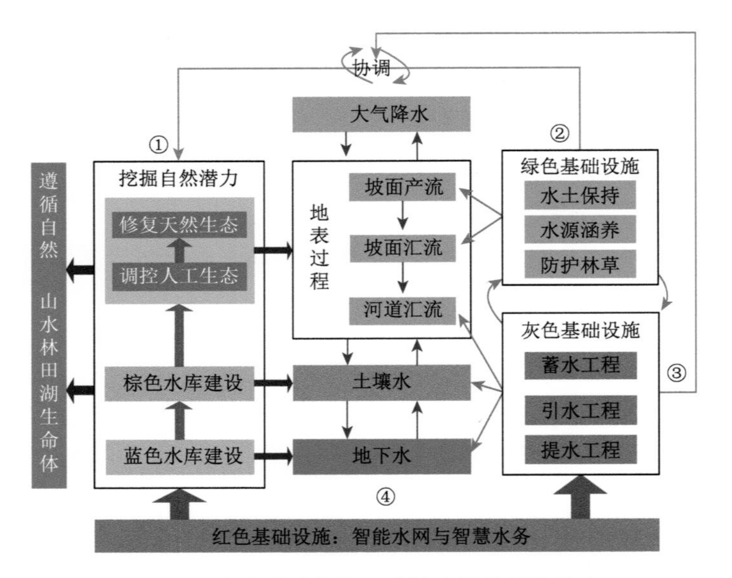

图 3-6　富自然功能协调流域建设的总体思路

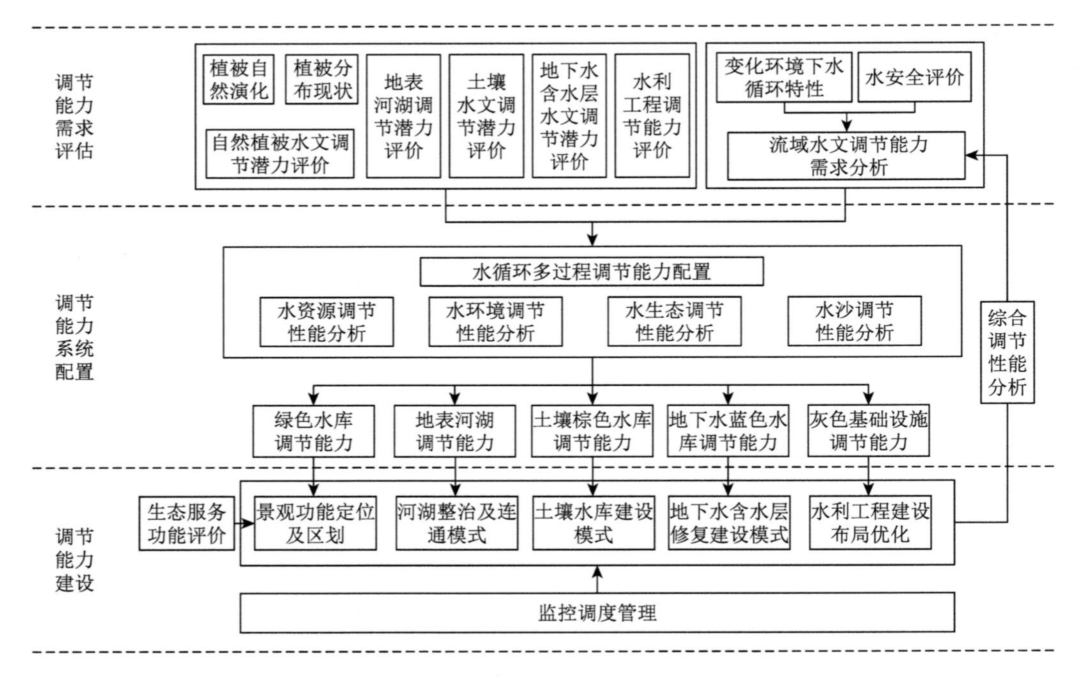

图 3-7　富自然功能协调流域建设的总体技术框架

就调节能力需求评估而言，重点是对植被、天然水体、土壤、地下水含水层等地理要素和水利工程等基础设施对水文水动力、水化学、水沙过程等的调节性能与潜力进行评价，并就满足健康水循环构建的多过程调节需求进行评价。

就调节能力系统配置而言，重点是以“自然—人工”二元水循环多过程为主线，充分挖掘流域的自然调节潜力，对流域各类地理要素及基础设施的调节功能进行定位，对其调节能力进行配置，明确流域不同地理要素及基础设施应发挥的调节能力。

就调节能力建设而言，重点是根据流域水循环多要素过程的配置方案，明确各类地理要素及基础设施调节能力提升途径和方案，开展系统部署与建设。同时，综合运用大数据和云计算等现代信息技术，构建智能水网和智慧水务，以对水循环多过程进行全要素在线监控和职能化的运行调度，实现智能、主动服务。

此外，应结合水循环多过程演变的非一致性和不确定性，进行调节能力及效用的系统评估，对能力建设方案进行滚动修正。

4. 关键技术

富自然功能协调流域建设技术是一套综合集成技术，主要包括以下关键技术。

1）调节功能诊断理论与技术。在富自然功能协调流域建设中，需要明确关键地理要素与水利工程等基础设施在流域整体调节功能中的定位；需要进一步遵循流域水循环多过程的演变机理与规律，以系统工程理论为指导，对各空间单元的关键地理要素和基础设施的水文水动力、水化学、水沙与水生态服务等功能进行精细化识别，进而对其综合调节能力进行诊断及定位。

2）调节潜力评估和优化配置理论与技术。富自然功能协调流域建设的基本目的和需求是“保障水安全、维持健康水循环”，在实践中需要进一步结合流域水循环的非一致性演变和极值化特征，构建细致的调节功能需求阈值[29, 30]。在调节能力优化配置中，除要按照供需关系进行配置外，还需要充分考虑各地理要素与基础设施调节能力之间的关联关系，需有复杂系统理论与技术做支撑。

3）天然系统调节能力恢复理论与技术。在控制实验、对比流域实验和数值模拟技术的支撑下，开展基于地表天然植被、河湖湿地及土壤和地下含水层特性及综合调节能力演化机理的研究，将流域生态历史演变与发展态势相结合，明确植被生境适宜性演变特征，构建天然系统调节能力恢复的理论与技术体系。

4）人工系统调节能力建设理论与技术。人工系统调节能力建设的基本原则是以对天然系统的最小扰动获取最大调节能力，建设的关键路径是海绵城市、土壤水库和水利工程体系。在当前海绵城市建设中，总体模式是“一片天对一片地、层层拦截”，对城市内涝问题有一定的缓解作用[31]；城市是流域尺度上的点单元，海绵城市建设需要充分遵循流域水循环多过程演变规律，相关理论与技术也亟待完善。针对耕地单元治理，重点是农田水利、排涝渍和面源污染治理；需要结合耕作制度及垄沟配置、走向等布局，进行水—肥—盐—光（能）的综合调控，充分发挥土地单元的调节作用。水库、渠道等水利工程的优化布局和建设，越来越受到生态敏感区和移民等的限制；在其调节能力建设中，重点是面向生态的工程体系联合调度，挖掘潜力。

5）智慧流域建设理论与技术。针对富自然功能协调流域建设而言，智慧流域的核心任务就是要支撑关键地理要素及充分发挥工程体系的调节能力，需要融合信息技术、“自然—人工”二元水循环多过程模拟与预测预报、复杂巨系统综合决策等相关理论与技术，实现更全面的感知、更主动的服务、更整合的资源、更科学的决策、更自动的控制和更及时的应对，将物理网、信息网和调度网相融合；“自然—人工”二元水循环多过程模型是智慧流域的核心引擎[32-34]。需要指出的是，产—汇流等水循环多过程机理具有显著的时空差异性，同一数学方程难以客观描述流域尺度上不同地理单元全时段的水分、泥沙和污染物等的运动机理，需要结合自然地理条件，对模拟策略进行智能化的遴选。与此同时，很多要素过程模拟方程的适用条件已发生了深刻变化，亟待更新完善。

（二）研发状态和技术成熟度

总体来说，富自然功能协调流域建设属于全新的治水理念和发展愿景，需要对流域关键地理要素及基础设施的调节功能进行定位，尚需对现有的相关基础理论和技术进行整合提升与重点突破。

（三）产业和社会影响分析

总体来看，开展富自然功能协调流域建设，既是流域综合治理的需要，也是人类文明发展的必然趋势，经济效益明显、社会意义重大。

1）充分融合了“山水林田湖草”生命共同体理论，丰富了治水内涵。高度关注自然地理实体调节能力的发挥，统一调配绿色、灰色、棕色、蓝色和红色基础设施建设，充分融合了“山水林田湖草”生命共同体理论和“十六字”治水战略，丰富了治水内涵，革新了治水模式。

2）重在系统治理和功能提升，不同于生态流域和清洁流域建设。生态流域[35]和清洁流域[36, 37]侧重于生态与水质状态的改变，治理对象也未能充分考虑水循环多过程，而且难以适应变化环境下水安全综合应对的需求，缺乏长效机制。富自然功能协调流域建设不仅关注水量调蓄，还要净化环境与保育生态系统。

3）全面吸收了海绵城市和海绵田建设的精髓，实现多维立体调蓄。相对于流域来说，海绵城市建设只是“点”尺度的调控，海绵田建设只是“斑块”尺度、土壤这一单一过程的调控；富自然功能协调流域将以流域为基本单元，进行多维立体调控。

（四）我国实际发展状况及趋势

我国率先提出富自然功能协调流域的概念，在理论框架、顶层设计和关键技术方面取得了一定进展，在国际上属于领跑位置。目前，正在淮河流域的典型小流域开展试点示范，下一步将逐步增加试点流域示范研究，预计 2035 年可在全国各大流域推广。

（五）技术研发障碍及难点

富自然功能协调流域研究与建设属于复杂科学研究和系统建设任务，一方面需要综合运用多学科多项技术，不断完善理论技术体系；另一方面还需要政府部门的大力支持，系统开展应用实践，在实践中进一步检验完善理论技术。

（六）技术发展所需的环境、条件与具体实施措施

当前，中国特色社会主义进入新时代，水利改革发展也进入了新时代。当前国家治水的主要矛盾正在从“改变自然、征服自然”为主转向“调整人的行为、纠正人的错误行为”为主，治水的工作重点也将转变为“水利工程补短板，水利行业强监管”。这为富自然功能协调流域建设技术的发展提供了优越的环境和有利的条件。具体实施措施方面，需要政府部门的大力支持，在不同的流域、不同的地区开展试点示范，以便进一步大范围地推广应用。

（七）技术发展历程、阶段及产业化规模的预测

富自然功能协调流域建设充分融合了“山水林田湖草”生命共同体理念和海绵城市与海绵田建设精髓，发展阶段主要包括理论研究、技术突破、试点示范、推广应用等。目前只是在部分流域进行初步实践，尚未进行大规模的推广。富自然功能协调流域建设，需要政府部门的大力支持与主导推动，不以产业化、经济化为目的，所带来的社会效益、生态效益将远大于经济效益。

四、水利水电工程群多目标联合调度技术

（一）技术说明

1. 总体思路

水利水电工程群多目标联合调度是对相互间具有水文、水力联系的水利水电工程以及相关设施进行统一协调调度，从而获得单独调度难以实现的更大效益。对水利水电工程群系统开展联合调度能够充分发挥水利水电工程间的水文补偿和库容补偿作用，最大限度地提高水资源的利用效率。水利水电工程群作为一个复杂的自然—人工二元调度系统，以气温、降水、径流为输入，以水利水电工程为控制节点，以协调社会、能源、生态等系统的用水矛盾为目标，实现综合效益最大化[38, 39]，如图 3-8 所示。

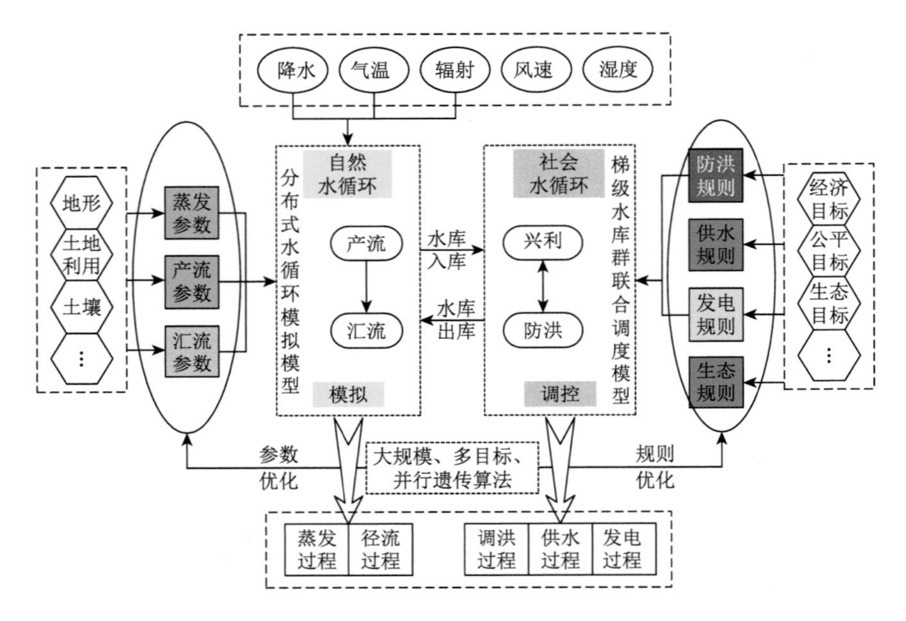

图 3-8 水利水电工程群多目标联合调度基本框架

2. 建设目标

水利水电工程群多目标联合调度要综合考虑水系统自身的生态、防洪、发电、供水、航运需求，以及与气象水文系统、生态系统和电力系统通过输入、输出及边界条件三个部分形成关联，实现以水系统为核心的多系统耦合联合调度。

3. 关键任务

未来水利水电工程群多目标联合调度着重分析水利工程系统与气象水文系统、水利工程系统与河道生态系统以及水利工程系统与能源系统耦合关系，如图 3-9 所示。

水利工程系统与气象水文系统耦合关系，重点是探求大规模水利水电工程建设导致的流域下垫面条件、区域气候演变规律，研究变化条件下径流产汇流过程的演变规律以及对水利水电工程群系统调度效益的影响，提出考虑气象水文不确定性的水利水电工程群综合调度方法。

水利工程系统与河道生态系统耦合关系，重点是分析大规模水利水电工程群建设对河道的多级阻断效应，定量评价对河流系统的扰动以及对其生物多样性的破坏，综合考虑生态与防洪及其他水利调度目标之间的互馈响应关系，建立面向生态的水利水电工程群多目标调度模式。

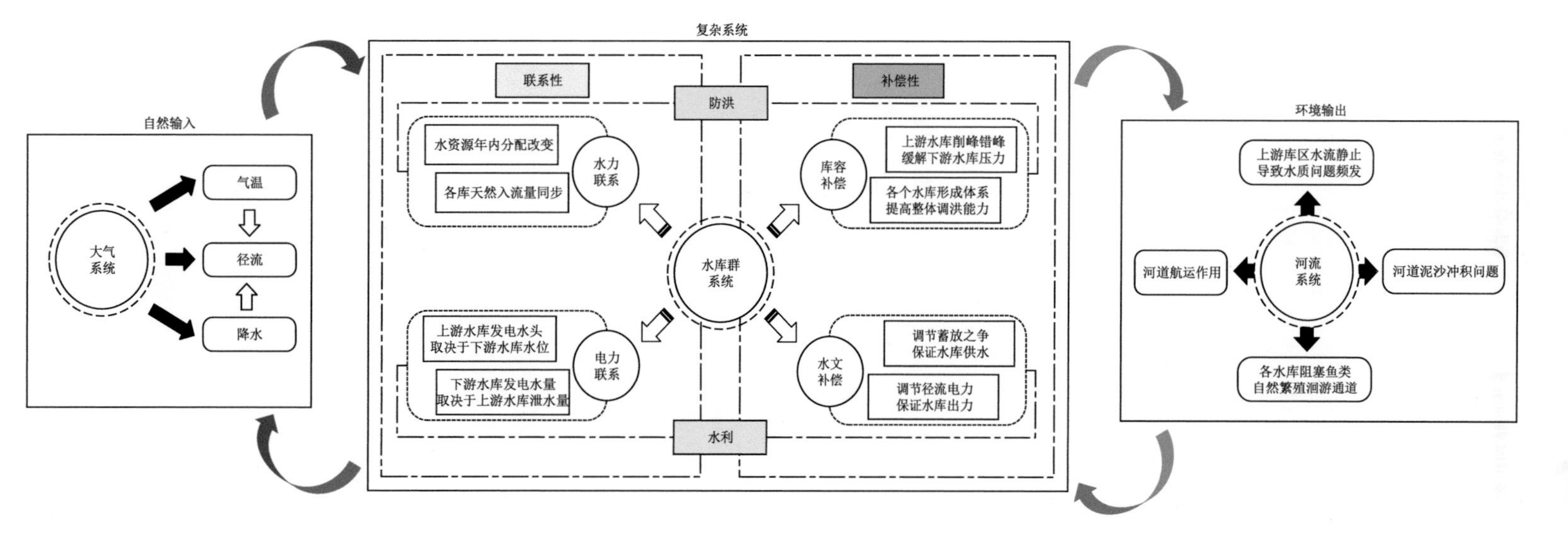

图 3-9　水利水电工程群多目标联合调度关键任务

水利工程系统与能源系统耦合关系，重点是分析水电能源与风、光、火等能源的互补关系，在保证电力系统安全以及调峰调荷需求条件下，实现多能源一体化调控。

4. 关键技术

水利水电工程群多目标联合调度技术主要包括以下几个方面的关键技术。

（1）变化环境下气象水文预报与序贯决策技术

变化环境下气象水文预报与序贯决策技术包括两个方面：变化环境下气象水文预报不确定性分析技术以及耦合多尺度不确定性的序贯决策技术[40, 41]。在变化环境下气象水文预报不确定性分析技术，基于洪水过程呈现“自然—人工”二元特性，从科学层面上研究高强度人类活动对流域洪水过程的影响机制及其不确定性、模型物理参数的取值及不确定性、参数率定和数据同化的高效计算方法，以不断适应环境变化的影响。同时综合考虑水文预报中的种种不确定性来源，研发集合预报方法可降低预报的不确定性。在此基础上，通过随时滚动预报更新方式，利用实时监测信息来矫正预报模型参数及预报期望值，并构建耦合多尺度预报不确定性的水利水电工程群“长—短”嵌套调度方式。

（2）面向河道生态需求的水利水电工程群适应性调度技术

面向河道生态需求的水利水电工程群适应性调度模式核心思想是通过水库的调度方式增加流态的多样性，增加生境多样性，增加水生态系统多样性[42, 43]。其中一类研究思路是，通过优化调整水库调度运行方式，使水库调度对河流生态水文特征的改变程度最小化，从而尽可能地恢复河流生态水文过程的自然动态变化特征，以达到生态保护和修复的目的。另一类的研究思路是，将河流生态流量需求作为调度的约束条件，尽可能满足提出的生态流量要求。由于水库功能的多样性以及在人类系统中资源供给的重要性，面向河道生态需求的水利水电工程群适应性调度模式包含以下三方面的研究内容。

1）不同梯级水库调度方式与改善河流生态问题（鱼类保护、水质污染）的适用性研究。

2）生态预警临界点研究，探求梯级水利水电工程群不同调度目标、不同调度方案下，河流生态多样性受到威胁和水质恶化的临界河流信息研究。

3）针对梯级水利水电工程群上下游不同水库的生态目标与经济目标之间的交换关系研究。

（3）水—风—光多能互补的流域联合调度技术

受社会经济高速发展的带动，我国的能源和电力需求在未来一段时期将保持强劲增长，而一次性能源煤炭、石油价格在近几年不断创下新高。同时，煤电也给环境带来巨大压力。因此，寻求一种可以替代传统能源的供给方式，已经成为世界各国专家学者努力的方向。水电作为优质清洁能源，得到了大力发展，金沙江下游、雅砻江、大渡河、乌江、长江上游等大型水电基地为国民经济发展贡献了大量清洁能源。随着能源立体化开发不断推进，水力发电不再是流域开发的唯一形式，风电、光伏发电作为新兴能源产业，已逐步渗透到流域开发中。水—风—光一体化开发调度符合事物存在的自然规律，市场需求巨大。通过水电、风电、光电互补运行，联合调度，充分利用水电的调节性能对光伏发电及风力发电进行补偿，可显著削弱风—光发电的随机性、波动性和间歇性弊端。水—风—光多能立体开发调度，能够充分利用国土面积，增加优质、清洁电力供应，为国民经济健康发展提供不竭动力[44-46]。在开展流域水—风—光多能互补的联合优化调度中，需要考虑以下三个关键问题。

1）并网难度大。由于水—风—光互补的能源电力输出功率稳定性和输电效率不同，现行的电网不适应其发展。

2）技术有待完善。现有研究的优化模型中多考虑系统、机组、水库等相关的约束，却很少考虑电网安全约束；以梯级水利水电工程群为基础的多能互补系统发电、电网调峰、储能等技术不够成熟，可靠性得不到保证。

3）缺乏运行规范。目前我国水—风—光多能互补的优化调度尚处于尝试和摸索阶段，管理体制尚不健全。

（4）大数据时代的水利水电工程群调度技术

当前国家提出加快推动数据资源共享开放和开发应用，实施国家大数据战略。大数据已在互联网、电信、金融、交通、医疗、能源与水利等领域开展了一些应用。随着水利信息化建设的不断完善，物联网传感器设备不断增加，水利水电工程群调度系统涉及的相关数据呈爆炸式增长，步入了大数据时代。研究基于大数据的水利水电工程群系统调度技术，集成水利水电工程群系统涉及的海量、多源、异构数据，分析挖掘水利水电工程群系统调度大数据并形成支撑水利水电工程群系统调度日常管理业务的大数据产品，能够为水利水电工程群系统的预报、调度、决策、评价各个环节的理论和技术发展提供重要的验证与支撑。

（二）研发状态和技术成熟度

随着对自然—人工二元水利水电工程群系统内在机制理解的加深，以及调度实践中对水利水电工程群调度方式精细化要求的提高，我们逐渐认识到以往对水利水电工程群系统边界条件的简化导致最终的调度成果无法反映真实的系统关联关系。水利水电工程群多目标联合调度以人与自然和谐、维系和保育河流生态完整性为指导思想，以水系统为核心构建水—生态—能源耦合系统一体化调控，并耦合大数据与智慧化技术，实现复杂巨系统的多目标联合调度。水—生态—能源系统的耦合关系是需要进行深入理解、剖析的重要问题，也是未来取得理论突破与技术创新的重要方向。此外，在优化算法方面，从 20 世纪 90 年代开始，启发式优化算法，如遗传算法、粒子群算法、蚁群算法等，开始应用于水库及水利水电工程群优化调度，为水库调度图、调度规则设计和系统优化模型求解带来了革新与重大进步。近年来，随着多核技术以及并行算法的快速发展，并行计算技术也广泛应用于水利水电工程群优化调度研究；从目前来看，并行计算技术应用研究还处于初级阶段，距离系统化应用还有一定距离，但随着计算机技术的进步以及计算机并行环境的日趋成熟，并行计算技术将给大规模水利水电工程群联合优化调度问题的求解提供更加强大的工具，必将成为未来的研究热点。

（三）产业和社会影响分析

水利水电工程群多目标联合调度以人与自然和谐、维系和保育河流生态完整性为指导思想，以水系统为核心构建水—生态—能源耦合系统一体化调控，实现人与自然和谐共生；同时，耦合大数据与智慧化技术，实现复杂巨系统的多目标联合调度，必将成为未来流域综合管理的主流模式。水利水电工程群多目标联合调度使得供水、灌溉、发电、航运、渔业、旅游等综合经济效益最大化，同时带来的防洪、生态、环境、社会等效益更是不可限量。

（四）我国实际发展状况及趋势

目前国内的研究尚局限于水利系统内部，主要围绕水利工程系统与气象水文系统耦合关系展开，如基于水文气象预报的水利水电工程群优化调度，在调度理论、模型、求解方法等方面取得了大量成果，已逐步赶超国外；在水—生态—能源系统的复杂耦合关系研究方面，尚需进一步构建理论与技术体系，并在实践中得以进一步检验完善。

从目前实践来看，2016 年长江防总已经将上游 21 座控制性水库纳入联合调度范围，2017 年又将中游 7 座大型水库纳入统一调度[47, 48]，2018 年又增加了 12 座，控制性水库数量达到了 40 座。2019 年首次将流域内蓄滞洪区、重要排涝泵站和引调水工程等水工程纳入联合调度范围，联合调度的水工程进一步扩展至包括 40 座控制性水库、46 处蓄滞洪区、10 座重点大型排涝泵站、4 座引调水工程等在内的 100 座水工程，调度范围也由上中游扩展至全流域，旨在保障整个长江流域的防洪安全、供水安全和水生态安全，充分发挥水资源的综合效益，实现水工程的统一调度，更好地服务于长江大保护和推动长江经济带高质量发展。淮河流域等也开展了多级闸坝群的多目标联合调度[49, 50]。

（五）技术研发障碍及难点

由于不同地区水资源问题不同、水利工程功能不同，水利水电工程群多目标联合调度需要解决的技术难题也不同，主要难点包括以下几点。

1）气候变化和人类活动常常引起的流域产汇流机制的变化，使已经建立的调度模型需要不断修正，需要研究在变化条件下水文精细预报技术及水利水电工程多目标群联合调度模型。

2）实时、动态、反馈的非线性快速求解方法是解决调度模型实用化的关键，需要改进联合调度优化数学模型和快速算法，使决策者可以及时用到计算成果，解决数学模型计算跟不上实时会商调度实践的问题。

3）由于各水电站、风电站、光电站等在电网中功能不同，需要研究基于用电需求变化及输变电能力下水电站发电、蓄水、蓄能的优化调度方案，解决弃水弃电问题。

4）由于水生态系统的复杂性，目前的生态调度主要针对保护鱼类产卵水文过程的模拟，离恢复鱼类生活史中的三场一道（繁殖场、产卵场、越冬场和洄游通道）和修复水生态系统结构还有很大的距离，需要建立兼顾生态保护和恢复河流生态控制性因子联合调控技术，将生态调度目标真正编入水库调度方案中，并付诸实施。

5）根据变化条件和动态变化的大数据，开发智能化水利水电工程群多目标联合调度决策支持系统及仿真技术。

6）考虑河道安全泄量和堤防安全等级下的梯级水利水电工程群防洪调度方案，将防洪工程体系的功能统一考虑。

7）需要研究流域和地区级控制性水利水电工程群与规模以上取排水工程联合调度方案，确定控制性水库与沿河两岸地方取用水责任和利益分担问题。

（六）技术发展所需的环境、条件与具体实施措施

水利水电工程群多目标联合调度涉及的科学研究、技术研发、管理实践等各方面问题，都需要大环境的支持。科学研究方面，已经初步得到了国家自然科学基金、国家重点研发计划等的支持，这里暂不赘述。技术研发方面，主要难点集中在优化算法方面，而大数据、云计算、并行技术等计算机技术的不断进步，为水利水电工程群多目标的联合优化调度计算提供了算法基础，未来必将取得大的突破。管理实践方面，国家已经在部分流域开展了联合调度实践，但是由于各个工程隶属于不同地区和不同的业主，整体综合效益好不一定单个工程效益好，社会效益好不一定经济效益好，协调各方利益难度大，管理难题甚至超过技术难题，有许多管理问题需要进一步研究，主要管理措施如下。

1）需要制定不同河段（地区）、不同层次和不同对象的水利水电工程群公益调度启动条件（阈值），不仅保障单个水利水电工程的效益，而且使公益调度得到利益相关方和社会的理解与支持。

2）建立水利水电工程群联合调度效果监测和评价体系，为利益协调和补偿提供依据。

3）研究大型水利水电工程群联合调度基金筹措机制，组成由政府、受益地区或者受益主体共同出资的调度补偿基金。

4）建立控制性水库与大型水闸、大型泵站联合调度管理机制，协调好流域与地方的关系。

5）建立防洪与抗旱兼顾的风险控制与责任分担机制，科学利用洪水资源。

6）建立大型水利水电工程联合调度下的水权制度和水市场运作机制，充分发挥水资源综合利用价值。

7）建立面向电力市场的水电—风电—光电竞价规则和交易机制，实现各电厂和电网的利益均衡。

（七）技术发展历程、阶段及产业化规模的预测

水利水电工程群多目标联合调度是由单个水库的优化调度发展而来的，主要发展历程

包括单水库单目标优化调度、单水库多目标优化调度、单一河流水利水电工程群联合调度、流域控制性水利水电工程群联合调度、流域水—风—光多能互补联合调度、流域水利水电工程群联合调度；发展阶段主要包括理论研究、技术突破、试点示范、推广应用等。目前只是在部分流域进行初步实践，尚未进行大规模的推广。水利水电工程群多目标联合调度以人与自然和谐、维系和保育河流生态完整性为指导思想，以水系统为核心构建水—生态—能源耦合系统一体化调控，并耦合大数据与智慧化技术，实现复杂巨系统的多目标联合调度，必将成为未来流域综合管理的主流模式，供水、灌溉、发电、航运、渔业、旅游等经济效益巨大，同时带来的防洪、生态、环境、社会等效益更是不可限量。

五、智能无人飞行器技术

人工智能技术与无人飞行器技术的结合类似于工业领域的“互联网 +”模式，是一种跨域融合，通过技术融合催生出新型力量增长极，实现传统力量的倍增。类似于人类进化的过程，具备不断进化能力的智能无人飞行器对未来战争有着不可估量的颠覆性影响。

（一）技术说明

智能无人飞行器是指采用了人工智能技术，在一定程度上能够模仿人的思维，具备态势感知、信息融合、自主决策、组网协同能力，可实现“自主、高动态与分布协同作战”的无人飞行器。智能无人飞行器技术在军用和民用领域均具有非常广阔的应用前景。智能无人飞行器具备如下特征。

1）全面的环境感知与智能战场态势认知能力。

2）基于大数据知识库的自主决策能力。

3）高动态的自适应能力。

4）单兵基础上的分布式协同作战能力。

（二）研发状态和技术成熟度

集人工智能与飞行驾驶为一体的智能无人飞行器的发展至今已有 90 余年的历史。最早的智能无人飞行器已用于军事侦察。迄今为止，智能无人飞行器已经历了五次局部战争的实战使用考验。在 20 世纪 60 年代的越南战争、70 年代的中东战争、90 年代的海湾战争和科索沃战争及 21 世纪的阿富汗战争中，智能无人飞行器卓有成效地执行了多种军事任务，如照相侦察、信号情报搜集、直升机航路侦察等。目前，世界各国军用智能无人飞行器尤以美国和以色列发展最快，西欧和一些发展中国家也有不同程度的进展。

2011 年以来，美国空军、海军均提出了“云”作战构想，即将各式武器装备统筹考虑，动态进行使命任务分配，从而取得整体最佳作战效能。DARPA 针对集群式协同作战开展了三个集成验证项目，分别是 SOSITE、CODE 和小精灵项目。2016 年 5 月，美国空军发布了首份专门针对小型无人机系统的飞行规划，即《2016～2036 年小型无人机系统飞行规划》，提出了美空军近期、中期和远期的 SUAS（small unmanned aerial system，小型无人机系统）主要发展目标，并将智能化作为无人机发展的主要方向之一。

由此可见以各类无人机为代表的无人飞行器，必然会朝着与人工智能技术深度融合的方向发展，在大容量通信技术、分布式协同技术、小型化高精度传感器技术、高速处理器技术、先进新材料技术等多种尖端科技支撑下，未来战场上必然出现具备人类智慧特征，具备在无人干预条件下，应对复杂多变的战场环境，自主完成各类任务的智能无人飞行器族群。

智能无人飞行器涉及以下技术。

1）有人/无人快速切换驾驶机器人技术，技术成熟度为 6 级。

2）微型仿生飞行器技术，技术成熟度为 5 级。

3）智能集群技术，技术成熟度为 4～5 级。

4）无人系统机器学习技术，技术成熟度为 3～4 级。

5）自主无人系统技术，技术成熟度为 3～5 级。

（三）产业和社会影响分析

按照西方军事思想的思维逻辑，在武器装备方面获得压倒性优势，是赢得军事斗争胜利的前提之一。智能无人飞行器的应用，将有可能使当前最先进的防御系统失效，从而彻底改变战争中的攻防平衡。随着智能无人飞行器的自我演进，具备深度人工智能的无人飞行器可能给未来战争带来革命性的影响。

1）形成智能无人飞行器为核心的新空战体系。智能无人飞行器将成为新空战体系的核心，智能无人飞行器和有人驾驶飞行器混合作战，将对现有的空中作战样式产生重大影响。

2）提升综合作战效能，改变兵力生成模式。军用无人系统不受人体生理因素限制，不仅能够进入一些有人装备无法进入的区域执行任务，还能够赋予部队新的作战能力。

3）改变作战制胜机理，颠覆传统作战模式。无人机技术已经被美军视为未来武器技术的支柱，由无人机实施的远程火力打击将是美军未来全球力量投送的主要手段之一。未来，面对高动态的复杂战场环境，智能化武器装备和分布式协同作战将极大地改变军队的行为模式，各类作战单元将紧紧耦合在复杂的超级物联网中，各类作战要素将基于“超级物联”和“云计算”实现体系作战效能的最大化。

（四）我国实际发展状况及趋势

西方国家虽然在无人作战飞机的控制与实现技术上处于国际领先地位，但是他们在多无人作战飞机协同控制技术方面仍然存在很多研究空白，特别是采用仿生智能技术对多无人作战飞机协同控制问题进行的研究目前还处于起步阶段，因此，我国在这个时候对这一新兴的多学科交叉领域进行深入研究十分必要。

（五）技术研发障碍及难点

目前在智能化自主无人作战飞机控制方面存在的主要问题就是无人作战飞机的自主控制性问题，这也是目前困扰各国军工科研人员的头等难题，目前的芯片处理速度还不够快，软件尤其是高度自适应的软件也没有，因此无人作战飞机的智能化存在处理速度慢、可靠性低等瓶颈问题。

无人战机的高智能自主控制是一项艰巨的工程，只有在容错技术、行为智能和自适应推理系统（如神经网络）取得突破的前提下，无人作战飞机的智能化才能成为现实。而人工脑、群体智能、仿生硬件等交叉学科领域的仿生智能新技术为无人作战飞机的高度智能化工程实现提供了可行的技术途径。此外，多无人作战飞机/无人作战车异构分布协同控制也是一个新兴的战略性研究领域。

（六）技术发展所需的环境、条件与具体实施措施

1）加大财政支持力度。加大财政资金对无人机产业发展的投入力度，在现有资金渠道内着力支持无人机研发、生产、销售、服务等产业发展关键环节，提升产业创新能力。

2）加大融资支持力度。鼓励创立股权投资和创业投资型无人机新企业。支持符合条件的无人机新企业通过发行股票、债务等方式筹集资金，鼓励各类金融机构优先向无人机新企业提供贷款和融资支持，引导金融资本支持产业发展。

3）加强空间保障。加快建设无人机产业园和产业化基地，鼓励有条件的地区依托产业基础，规划建设若干专业园区，完善基础配套设施。

4）扶持无人机企业发展。引进、培育无人机产业龙头企业。充分利用国内外丰富的无人机基础产业资源，加快引进及培育一批拥有自主知识产权和品牌、掌握核心技术、引领作用强的无人机产业龙头骨干企业，支持国内外知名无人机企业设立研发中心、地区总部等机构。

（七）技术发展历程、阶段及产业化规模的预测

纵观世界各国无人机发展现状及无人机技术发展趋势，预测其发展历程如下。

2020 年左右：视觉感知和定位技术将取得实用性进展，并结合控制系统、执行系统的完善，有人/无人快速切换驾驶机器人技术将以驾驶地面车辆为代表取得巨大突破。

2025 年左右：飞行器设计技术、微机电制造、能源电池领域将取得进一步发展，突破原有仿生飞行器的尺寸限制，实现厘米级、毫米级微型仿生飞行器技术的实用化发展，并以此带动微型仿生技术的发展；个体将在智能自主和群体协同方面取得进一步进展，

并在群体感知和态势共享技术中实现突破，实现智能集群的自组网通信，推动智能集群技术的实用化发展；机器学习算法将进一步发展，用于完成新的任务，并逐渐从无人驾驶汽车领域向无人飞行器、无人海上系统拓展，推动无人系统机器学习技术的广泛应用。

2030 年左右：有人/无人快速切换的驾驶机器人、仿生飞行器、智能集群技术、自主环境感知技术以及无人系统机器学习有望逐渐取得标志性的成果，推动自主无人系统技术实用化发展。

六、仿生智能集群技术

仿生智能集群技术是基于仿生微型飞行器和智能集群技术的出现而发展的，航空飞行器主要向微型化和大型化方向发展。世界范围内对于大型航空飞行器的研究比较充分和透彻，对于微型飞行器的研究则比较缓慢，因此微型化将是飞行器设计的重要方向，蕴藏着出现颠覆性技术的巨大潜力。

（一）技术说明

微型化是飞行器设计的重要方向，单个微型飞行器具有感知能力不足、信息交互受限的缺陷，考虑到自然界多种生物存在的集群现象，协同集群技术将通过能力互补和行动协调实现集群的自主控制与自主编队飞行，将大大提升微型飞行器的作战能力。

仿生飞行器的研制，将会突破目前大型航空飞行器设计过程中固化的设计理念和技术限制，微小型飞行器将具备极佳的隐蔽性和在狭小空间的飞行能力，对于这类微型飞行器的研究正在开展，并取得了微小的进展，在突破厘米级/毫米级的过程中，面临着包括设计、能源、导航、微制造等多方面的技术瓶颈，具有极大的发展潜力。

（二）研发状态和技术成熟度

微型飞行器的研究和发展是目前航空领域的热点课题之一，美国、澳大利亚、俄罗斯、印度、以色列等国已成立专门研究机构，并投入专项研究经费，正在研制和开发各种性能独特的微型飞行器，部分已进入实用化研究阶段。目前，微型固定翼飞行器由于更接近常规飞机，空气动力学理论比较成熟，研制难度相对较小，研究成果也较多，比较出名的有美国航空环境公司（AeroVironment）的黑寡妇（Black Widow）系列，包括黑寡妇、黄蜂（Wasp）、大黄蜂（Hornet）；美国洛克希德公司的微星（Micro Star）；MLB 公司研制的 Trochoid MAV。微型扑翼飞行器是一种模仿鸟类或昆虫飞行的新型飞行器。较典型的微型扑翼飞行器是加州技术学院研制的 MicroBat、荷兰代尔夫特理工大学（TU Delft）的 DelFly Micro、哈佛大学的 RoboBee 和美国 AeroVironment 公司的 Nano Hummingbird。其他新形式的微型飞行器如扑旋翼等也逐渐开始研究。在飞行平台上呈现出从实验室走向工程应用的状态。

由于微型飞行器载荷有限，需要采用集群方式完成任务。目前无人机集群技术主要通过视觉导航和航迹规划来完成。美国、日本、澳大利亚、欧洲等国家和地区均开展了视觉导航研究，用双目视觉、模板匹配、特征跟踪、人工图标识别等方式完成目标识别与跟踪、相对位置估计、地形重建等任务。这些技术在无人机领域得到了广泛的使用，但与微型飞行器的结合发展还需要进一步探索。

（三）产业和社会影响分析

微型仿生智能飞行平台能够有效减小飞行器尺寸，具有更好的飞行性能和隐蔽性，可用于单兵携带、车辆搭载、机器人协同等任务，因此开展微型仿生智能飞行平台研究具有重要的军事意义。

在微型化的发展过程中，微型无人机的能力将远远不及大型航空飞行器，其个体感知能力、信息交互能力均将大大减弱，因此，单独的微型无人机将无法适应现代化战争和使用的需求，协同集群技术的发展将会逐渐改变这一现象，能够克服单个微型飞行器能力不足的缺陷，其对于单一飞行器的作战模式而言，将是全新并且颠覆性的，将对作战模式产生重大的变革。

（四）我国实际发展状况及趋势

目前我国的无人机集群作战技术正处于快速发展阶段，随着战场环境的日益需要和无人机自主能力的不断提高，无人机集群作战必将成为我国未来无人机系统应用的重要作战样式。

2016 年，中国电子科技集团有限公司在珠海航展披露了 67 架固定翼无人机集群试验记录；2017 年，再次完成了 119 架固定翼无人机集群飞行试验，标志着我国智能无人机集群领域的又一突破，奠定了我国在该领域的领先地位。智能无人机集群再一次成为“改变游戏规则”的颠覆性力量，以集群替代机动、数量提升能力、成本创造优势的方式，重新定义着未来力量运用的形态。

（五）技术研发障碍及难点

微型仿生飞行器在发展过程中，面临着包括设计、能源、导航、微制造等多方面的技术瓶颈。仿生智能集群技术需要探索新的低雷诺数下的飞行原理，需要研究微型飞行的控制、设计、能源等领域的前沿技术。

（六）技术发展所需的环境、条件与具体实施措施

1）突破无人机平台微型化发展难题，研究小尺寸低雷诺数下的飞行器气动机理和高升力机制，实现低成本的无人机平台设计与制造，加大对于微小型飞行平台研制的支持力度。

2）突破微小型无人机智能驱动/结构一体化设计技术，加大对于高精度的增材制造技术的研究，开展微型/超微型部件的快速加工与制造，推动微小型无人机制造的快速发展。

3）突破微小型飞行器导航/通信/控制的集成设计，研究低雷诺数下微小型飞行器的导航/通信/控制方式，进一步进行功能部件的集成设计，为智能集群技术奠定基础。

4）突破超微型轻质高效能源发展技术，开展太阳能等环境能量的收集以及基于集群无人机的快速能源补充系统研究，开展综合的能量管理技术研究，实现综合能量的最优管理研究，不断提高飞行时间，增大航程。

5）突破无人机集群的航迹规划、任务分配技术，实现智能集群。开展以蜂群技术为基础的协同作战模式研究，不断提高集群作战能力。

（七）技术发展历程、阶段及产业化规模的预测

微小型无人机是目前航空飞行器发展的一大方向，世界多国均开展了微小型无人机的发展研究，并逐渐从实验室走向工程制造，不断研究微小型飞行器的导航、通信、控制技术，将大大提高单个微小型飞行器的能力。同时研究无人机之间的协同作战技术，提高个体之间的相互联系，进行最优任务分配与航迹规划，开展不同任务下的协同方案研究将颠覆目前的作战形式，带来全新的变革。纵观目前技术的发展现状，预测发展历程如下。

2020年左右：智能集群技术取得新的突破，能够应用在大型无人机上，实现多个无人机的协同配合和任务完成。

2025年左右：微小型飞行器平台设计制造、通信/导航/飞控一体化设计与集成技术、高精度增材制造技术取得重大突破，实现微小型飞行器的低成本快速制造，微小型飞行器从实验室走向工程实践。

2030年左右：智能集群技术与微小型飞行器平台相结合，能够实现微小型飞行器集群的最优任务分配和任务完成，能够应用于工程实践。

七、可燃冰开采技术

可燃冰被誉为“未来的能源”。其能量密度非常高，同等条件下，可燃冰燃烧产生的能量比煤、石油、天然气要多出十倍。但是，可燃冰生成环境复杂、特殊，开采难度很大。在人类日益为能源所困的今天，可燃冰的成功开采和使用自然是万众瞩目，会产生颠覆性的影响。

（一）技术说明

目前对可燃冰的开采主要有降压开采法、热激发开采法、置换开采法、抑制剂开采法、混合开采法等。而我国在降压联合混合开采技术中引领全球。

1）降压开采法是通过抽取地下水或气体等方法降低井口的压力，使得井口附近区域的孔隙压力降低到水合物相平衡压力以下使水合物分解的方法。

2）热激发开采法是通过升高井口或地层的温度，使地层温度高于水合物相平衡温度而分解的方法。

3）置换开采法是注入二氧化碳或者其他比甲烷更容易形成水合物的物质，将水合物中的甲烷置换出来的方法。

4）混合开采法是指综合分析每种开采方法的优缺点，混合使用多种开采技术进行可燃冰的开采。

（二）研发状态和技术成熟度

国际上许多国家都十分重视对可燃冰的开发和利用，先后在这个项目上投入了不少的资源和精力。

位于俄罗斯西伯利亚西北部的麦索亚哈（Messoyakha）气田发现于20世纪60年代末，是第一个也是迄今唯一一个对天然气水合物藏进行商业性开采的气田。开始采用降压开采法进行开采，后期结合化学抑制剂法（甲醇、氯化钙等）进行开采。截止到2005年1月，由可燃冰分解得到了$6.9\times10^9m^3$的天然气。

2012年康菲石油公司等在美国阿拉斯加PrudhoeBay Unit地区开展了CO_2-CH_4置换和降压开采法联合的水合物试采作业。这次试采共进行了30天，采气2.4万m^3，日最高产气量5000m^3。

2013年，日本在渥美半岛-志摩半岛附近利用降压开采法进行了为期6天的第一次海域试采。当地水深1000m，水合物在海床下约300m的砂质地层中，最高日产2.5万m^3，共产气约12万m^3。生产中将井内压力降至5MPa，成功获得了日产2万m^3甲烷气和200m^3水的成果。但是由于出砂严重造成机械磨损和堵塞，被迫将原计划的2周试采时间缩短为6天。

（三）产业和社会影响分析

据保守估计，目前世界上可燃冰所含有机碳的总量相当于全球已知煤、石油、天然气碳含量的2倍以上。海底大量存在的可燃冰可以满足人类未来1000年的能量需求。

可燃冰开采具有巨大的经济价值和重要的战略意义，引起全球各主要资源国的高度关注。我国是可燃冰资源储量最多的国家之一，除了陆地冻土区，整个南海的可燃冰地质资源量相当于700亿吨石油的量，资源储量可达上千亿吨石油的量，开发前景十分广阔。若能顺利开采，将会缓解目前人类面临的能源问题。

（四）我国实际发展状况及趋势

可燃冰是未来全球能源发展的战略制高点，我国可燃冰的勘探开发历程已有近20年的历史。通过自主研发设计“蓝鲸一号”等海洋运载装备，我国尝试开采新方法，在全球率先试采成功，实现了在可燃冰开采领域的领跑。

1999 年，我国首次在南海西沙海域得到可燃冰存在的证据；2004 年，首次在台西南盆地发现“九龙甲烷礁”；2007 年，首次在南海神狐海域钻探获取实物样品，我国成为继美国、日本、印度之后第四个通过国家级研发计划在海底钻探获得可燃冰实物样品的国家；2013 年，在南海珠江口盆地东部海域首次证实超千亿立方米级天然气水合物矿藏；2015 年，在南海北部神狐海域实现水合物钻获成功率 100%，再次钻探证实超千亿立方米级天然气水合物矿藏；2016 年，通过钻探锁定试采目标，系统获取了试采目标井储层关键数据，为试采实施奠定了坚实基础；2017 年，首次在世界上成功实现连续安全可控试采，实现了我国海域水合物试采历史性突破。

（五）技术研发障碍及难点

海洋可燃冰大多数分布在 300～3000m 水深的海底沉积物中，储存条件复杂，埋藏深浅不一，分布面积大，其分解出来的甲烷很难聚集在某一地区内收集；同时在开发过程中易引发工程地质灾害，寻求安全、可靠、经济的开采技术面临着巨大的挑战。目前，开采技术层面尚未找到一个适合现状的高效率、低风险方法。此外，勘探寻找矿选区的难度较大。海域水合物地震勘查识别的精度和准确性较低，冻土区水合物勘查识别仍缺乏有效方法。在可燃冰样品钻取、保存、测试和分析实验等方面缺少相应的技术、设备与技术标准。目前国际上尚无成熟的商业化开采技术可供借鉴，针对水合物特殊储层的井孔及储层保护等钻完井技术还不成熟。基于降压、加热及置换等原理的天然气水合物开采方法存在一些实际操作问题。

在目前的技术水平下，可燃冰自身所含的能源量远低于将其从埋藏处开发输送至地表所需的能源消耗，即经济效益很低甚至负利润。目前可燃冰开采成本高达 200 美元/m^3，而开采页岩气的成本仅 3 美元/m^3，开采天然气的成本约 1 美元/m^3。可燃冰给世界带来了希望，但也带来了困难，由于技术与成本问题，可燃冰开采要进入大规模商业开采仍需很长一段时间，需要先解决技术问题，成本才能随之降低。

（六）技术发展所需的环境、条件与具体实施措施

可燃冰技术发展涉及勘探、开采、运输、加工使用等系列大工程。

在勘探方面，立足勘探开采，掌握核心技术。我国海洋和陆地可燃冰尽管资源储量大，但区域内水合物丰度不同，因此需要开展深入细致的勘察与基础科学研究评价，为可燃冰商业化生产奠定选址基础，这是目前亟须解决的问题之一。

在开采方面，要加强理论基础研究和实验模拟工作，要考虑如何既提高开采率又兼顾环境影响，研发出二者兼备的综合开采技术，实施科学开采。

鉴于可燃冰行业还是一个新兴的行业，尚处于成长期，需要政府在政策和资金两个层面提供大力支持。

（七）技术发展历程、阶段及产业化规模的预测

2012 年国家发展和改革委员会颁布了《天然气发展“十二五”规划》，在规划中明确提出要“加大天然气水合物资源勘查与评价力度，适时开展试开采工作”，将可燃冰的勘探、开采列入国家未来发展规划中，为我国可燃冰未来发展指明了方向。同时，为可燃冰开发制定了具体的发展规划：2006～2020 年是调查阶段；2020～2030 年是开发试生产阶段；2030～2050 年是商业生产阶段。

第三节　突破关键瓶颈，维护经济安全的技术

一、浆态床渣油加氢转化技术

（一）技术说明

浆态床渣油加氢转化技术是劣质重油/渣油在氢气、催化剂存在的条件下，将渣油转化为轻质馏分油，兼有热加工和加氢特征的技术。该工艺技术比较简单，对高金属、高残碳的劣质渣油具有良好的适应性，可在基本不生焦的前提下实现渣油深度转化，具有转化率高（可在≥90%的转化率下操作）、脱金属率高、空速大、无床层堵塞等特点。

（二）研发状态和技术成熟度

浆态床渣油加氢转化技术在 20 世纪 80～90 年代分别形成了 20 万～75 万吨/年规模的工业/半工业化装置能力，但 90 年代后期没有进一步推广，部分原因是当时原油价格较低。近年来随着环保要求的日益严格，浆态床渣油加氢转化技术引发炼油界更多关注。未来的研究方向一是开发高活性分散型催化剂，以降低成本；二是为进行大规模工业化进一步解决反应器及相关工程放大方面的技术难题[51]。

浆态床渣油加氢转化技术是由 20 世纪 40 年代的煤液化技术发展而来的。许多公司研发的工艺经过了小试、中试阶段，进入到工业化阶段。其中，ENI 公司的 EST 技术于 2013 年 10 月在意大利 Sannazzaro 炼厂投产一套 135 万 t/a 浆态床渣油加氢工业装置。结果表明，该装置中的两台浆态床反应器和其他关键设备上没有明显的沉积物，渣油转化率＞95%。ENI 公司认为 EST 浆态床渣油加氢转化技术已具备技术许可条件，并宣布已与一家石油公司签订了转让合同。BP 公司的 VCC 技术于 2015 年 1 月在陕西延长石油（集团）有限责任公司建成投产全球首套 45 万 t/a 煤油共炼装置和 50 万 t/a 煤焦油加氢装置，取得较好的工业运转结果。目前浆态床渣油加氢转化技术取得了长足进步，处于大规模工业化的前夜[52]。

（三）产业和社会影响分析

石油是国家重要的战略物资，我国需要大量进口原油，目前对外依存度已达到68.2%，因此必须充分利用好每一滴石油资源。在我国加工的原油中，有40%～60%为难加工的渣油组分。渣油的高效转化是炼油厂高效加工重油的关键，是满足经济新常态下炼油工业转型发展的必要手段。

浆态床渣油加氢转化技术是未来实现重劣质原油清洁高效转化的关键技术，代表了当前炼油工业的先进水平，具有广阔的应用前景，将逐步取代焦化等轻油收率较低的劣质渣油加工技术。该技术的大规模工业应用，将显著提高石油资源的利用率并改善产品清洁度和渣油加工过程的清洁化程度，极大地促进炼油工业实现绿色低碳、转型发展，对人类生存环境产生积极影响。

（四）我国实际发展状况及趋势

中国石油天然气集团公司1989年开始开展了重油浆态床加氢裂化技术的研究，先后针对辽河稠油、新疆克拉玛依稠油、中东地区含硫原油的常压渣油进行了小、中型试验，完成了催化剂、工艺流程及环流反应器等关键技术的开发。中试在规模为5万吨/年的装置上进行了验证试验，由于存在反应器结焦问题，未能进行更大规模的工业试验。

中国石油化工集团有限公司石油化工科学研究院借鉴他人经验，通过深入研究浆态床渣油加氢过程的生焦机理，结合我国未来油品市场的需求变化趋势，确定了研发思路，开发了浆态床劣质渣油催化临氢热转化技术，中试转化率达97%，已完成中试评议和200万t/a工艺包评审。中国石油化工集团公司正在安排百万吨级装置工业示范。

2018年南京大学将其发明的微界面反应强化技术应用到陕西延长石油（集团）有限责任公司的浆态床渣油加氢中试装置上，加氢压力从22.0MPa降低到6.0MPa，仍能保持较高的渣油转化率，试验结果已引起国内外同行的高度重视。

目前，我国浆态床渣油加氢转化技术已处于大规模工业化的前夜，有较好的工业应用前景。

（五）技术研发障碍及难点

浆态床渣油加氢转化技术成功与否，取决于以下几个技术因素。

1）渣油是一个复杂的胶体体系，在高转化率条件下，应经济有效地调整系统的物系和反应条件，避免在操作中结焦。

2）开发具有高分散性、高加氢活性、能循环使用的浆态床渣油加氢催化剂是浆态床渣油加氢转化技术开发的核心技术。

3）浆态床渣油加氢转化技术在实际运行中仍然需要外排部分未转化油，一般为 2%～5%，有时甚至高达 10%。如何妥善处理和利用这部分残渣，将从投资和操作费用方面成为浆态床渣油加氢转化技术能否广泛应用的主要影响因素之一。

4）浆态床渣油加氢转化技术若要大规模工业化应用，需要进一步解决反应器及相关工程放大方面的技术难题。

5）为进一步经济有效地改善浆态床渣油加氢的产品性质，需要实现与加氢处理装置的高效集成。

（六）技术发展所需的环境、条件与具体实施措施

1. 需求是浆态床渣油加氢转化技术发展的原动力和大环境

社会对清洁石油产品的需求、原油质量的重劣质化趋势、环保要求的日益苛刻以及我国石油资源的短缺等因素，是浆态床渣油加氢转化技术发展的原动力和大环境。长期来看，世界范围内原油产量中，低硫和轻质原油占比将会减少，而重劣质原油占比将会增加。随着环保法规日趋严格，汽柴油质量不断升级，生产过程的清洁化要求也日益苛刻，世界各国对清洁油品和清洁化生产过程的需求将越来越高，在此方面我国与国际先进水平同步，甚至渐具超越之势。

2. 廉价且清洁的氢源、更深入的基础研究和更强大的工程化开发能力将助力浆态床渣油加氢转化技术发展

浆态床渣油加氢转化技术需要氢气作为反应物之一，获取更加清洁且廉价的氢气，将有助于提高浆态床渣油加氢转化技术的经济性。

鉴于渣油体系的复杂性，需要进行更深入的基础研究，搞清楚渣油分子组成、结构和性质以及反应物各组分在数量、性质和组成上的匹配性，反应温度、转化极限和催化剂浓度的关联性，以便更精确地控制浆态床反应器的温度，解决未转化渣油和结焦问题。

浆态床加氢技术大规模工业化应用，还需解决反应器及相关工程放大等方面的技术难题，需要更强大的工程化开发能力做后盾。

3. 具体实施措施

重点需在新型催化剂开发、工艺设计、装备研发上实现超越，使浆态床渣油加氢转化技术真正成为炼油领域的突破性技术。需要具备完整产业链和较强技术开发能力的大型国企与研究机构/大学和部分民企共同努力，在基础研究、工程开发、工艺模拟、分子水平的分析、大数据等先进研究手段的利用等方面加大投入。

（七）技术发展历程、阶段及产业化规模的预测

作为先进的重油和渣油加工技术，随着工艺的不断成熟与完善，浆态床渣油加氢转化

技术将在应对原油劣质化趋势加剧、重油深度加工能力扩大、提高重油转化率和轻油收率等方面发挥更为重要的作用。目前我国延迟焦化装置加工能力约为 1.3 亿吨/年，如果大部分延迟焦化装置被浆态床渣油加氢转化技术取代，其经济效益和环保效益将十分巨大。

二、甲烷直接制烯烃和芳烃技术

（一）技术说明

甲烷直接制烯烃技术是通过一步转化反应由甲烷直接制取烯烃的过程，包括甲烷氧化偶联（oxidative coupling of methane，OCM）制乙烯技术、甲烷无氧制烯烃和芳烃技术。这些方法在近几年取得了一定的技术突破。

1. OCM 制乙烯

OCM 是指甲烷在氧气存在下直接转化为乙烯和水的化学过程。在 OCM 反应中，甲烷在催化剂表面活化，形成甲基自由基（$\cdot CH_3$），然后再气相偶合生成乙烷，脱氢后形成乙烯和水。OCM 技术自 1982 年由美国联碳公司 Keller 和 Bhasin 首次提出以来，一直是业内关注的焦点[53]。

2. 甲烷无氧制烯烃和芳烃

1993 年，中国科学院大连化学物理研究所科学家在全球首次提出“在无氧条件下”进行甲烷的碳氢键活化，以避免活化的碳源与氧气结合形成二氧化碳。这种“无氧活化”的概念引起全球科学家的兴趣。2014 年，中国科学院大连化学物理研究所基于“纳米限域催化”的新概念，创造性地构建了硅化物晶格限域的单中心铁催化剂，实现了甲烷在无氧条件下选择活化，一步高效生产乙烯、芳烃和氢气等高值化学品。该研究成果发表于 2014 年 5 月 9 日出版的 *Science* 杂志上，被誉为一项“即将改变世界”的新技术。

（二）研发状态和技术成熟度

从 2006 年开始，伴随着纳米技术与反应器设计理念的发展，OCM 法再度呈现出光明的前景，因而进入复兴期。研究比较活跃的国家有美国、德国和中国。在甲烷无氧转化制烯烃、芳烃技术方面，研究人员瞄准该过程的基础科学问题和工业技术开发等进行了深入、系统的研究，在催化剂稳定性提高、催化剂制备方法优化和新型反应器设计等方面取得了一系列突破性进展[54]。

甲烷直接转化制烯烃技术中，OCM 技术发展到商业示范阶段。美国 Siluria 公司的 OCM 示范装置已于 2015 年 4 月投运，乙烯产能约为 1t/d。目前在全球有三个 OCM 项目，一个在中东，两个在美国。规模最大的为 15 万 t/a，在美国墨西哥湾沿岸地区；规模最小的为 3 万 t/a；中间规模约为 4 万 t/a。

与 OCM 技术相比，甲烷无氧转化技术尚处于实验室研究阶段，主要在碳氢键活化的基础理论研究方面取得了突破。但是走向工业应用还存在化学、工艺和工程技术等诸多问题有待于解决。

（三）产业和社会影响分析

OCM 技术适宜在具有廉价、丰富天然气资源的国家和地区应用。与现有石脑油或乙烷蒸汽裂解装置相比，OCM 装置在固定投资和操作成本方面均占据优势。相对于 OCM 技术，甲烷无氧转化制烯烃和芳烃的原子经济性更好，目前在选择活化方面已取得突破性进展。随着研究的深入、向工业化迈进的相关技术难题逐步解决，以及天然气供应的日渐丰富，未来对我国乃至世界石化工业将产生重大影响。

总体上，甲烷直接制烯烃和芳烃技术开辟了一条重要的生产基础石化原料的新资源路线，对于拓展我国石化原料来源、满足我国日益增长的石化产品需求将起到重要的保障作用。同时，相对于现有技术而言，该技术在碳原子利用效率上具有优势，更有利于石化工业向绿色低碳发展转型。

（四）我国实际发展状况及趋势

与 OCM 技术相比，我国在甲烷无氧转化的研究方面处于国际领先地位，不仅首先发现甲烷的无氧芳构化，而且一直在这一领域进行较深入的研究。2016 年初，中国科学院大连化学物理研究所完成了催化剂 1000h 的寿命评价试验，正与中国石油天然气集团公司、SABIC（Saudi Basic Industries Corporation，沙特基础工业公司）共同推动该技术的工业化进程。

（五）技术研发障碍及难点

OCM 法制低碳烯烃技术具有较好的工业前景，但同时提高甲烷转化率和 C_2^+ 选择性具有一定难度。因此需要选择合适的催化剂，降低生成乙烯和乙烷的活化能，以减少甲烷的深度氧化，提高乙烯和乙烷的选择性。

甲烷无氧转化技术在化学、工艺和工程技术等方面还有诸多问题需要解决。硅化物晶格限域单中心铁催化剂需要在 1090℃的高温下进行反应，催化剂在高温下的长期稳定性还需要进一步验证，如何降低反应温度是目前存在的一个技术难点；如何降低催化剂的制备难度、使其能够易于工业化生产也是目前存在的技术难点。

（六）技术发展所需的环境、条件与具体实施措施

1）甲烷直接转化制烯烃技术适宜在原料丰富的地区应用。随着我国非常规天然气资

源的大规模开发，以及甲烷直接转化技术的成熟，利用天然气制乙烯和芳烃有可能在部分天然气资源丰富的地区挤占现有技术的部分市场份额。

2）甲烷直接转化制烯烃技术的发展，与对乙烯、芳烃的强劲需求紧密相连。乙烯、PX 等石化产品是现代工业最重要的原材料之一，乙烯更是被视为一个国家工业发展水平的重要标志。

3）甲烷直接转化制烯烃技术经济效益好，具有广阔的发展前景。与现有石脑油或乙烷蒸汽裂解装置相比，OCM 技术在固定投资和操作成本方面均占据优势。

（七）技术发展历程、阶段及产业化规模的预测

OCM 制乙烯技术进入工业示范阶段，甲烷无氧转化技术尚处于实验室研究阶段。2017 年，中国乙烯产量为 2261 万吨，当量缺口达到 2000 万吨，预计未来 10 年中国乙烯需求年均增速为 4%～5%。随着工业试验进一步论证了甲烷直接转化制烯烃技术的资源可获得性和经济性，该技术在我国也占有一些市场份额。

三、低碳（废钢）时代的新型电炉技术

在当前钢铁工业去产能的趋势推动下，未来废钢资源将逐步增加，加之铁矿资源的限制，为电炉炼钢技术的发展和应用提供了资源前提，低碳（废钢）时代的新型电炉技术将成为黑色冶金领域改变传统生产流程工艺的一种创新技术，对中国钢铁工业流程结构、模式和布局、铁素资源消耗、能源消耗和碳排放产生重要影响[55-57]。

（一）技术说明

在未来 20 年内，随着中国废钢铁资源的快速增长，特别是在 2030 年后，中国钢铁工业中电炉流程占比将达到相当的比例。废钢是现代钢铁工业主要的不可缺少的铁素原料，也是唯一可以大量替代铁矿石的原料，是节能载能的再生资源。

低碳（废钢）时代的新型电炉技术是在开发废钢连续加料工艺，实现电炉“不开盖”连续“平熔池”冶炼的基础上，形成“4 个 1”（1×IEAF + 1×LF + 1×C.C. + 1×H.R.M）的电炉流程结构，并使之从间歇操作走向准连续操作，最终实现电炉流程总体准连续化运行的技术。

（二）研发状态和技术成熟度

2015 年中国电炉钢比 7.3%，世界电炉钢比 24.8%；除中国外，世界其他国家电炉钢比为 42.1%，远高于中国。而我国由于钢产量上升，废钢资源量优势尚未显现，因此电炉技术尤其是新型电炉技术尚未得到重视，技术研发仍处于理论基础研究与应用基础研究阶段，还与技术成熟乃至工程应用有一定的差距。

（三）产业和社会影响分析

当前的电炉流程开盖加料导致能量放散、环境污染严重等问题突出，因此，开展该新技术的研发极为迫切。该新技术的研发成功和应用，将会对钢铁工业流程结构、钢厂模式和钢厂布局、铁素资源消耗、能源消耗和碳排放产生重要的影响[58]。

（四）技术研发障碍及难点

低碳（废钢）时代的新型电炉技术将成为黑色冶金领域改变现有传统生产流程工艺的一种创新技术，技术研发将受到传统生产模式的质疑和阻碍，因此技术研发不仅要克服技术本身创新的难点，还要克服来自传统模式的阻力，同时新技术也要适应越来越严格的环保要求。

（五）技术发展所需的环境、条件与具体实施措施

废钢是新型电炉的主要原料，不仅电炉钢厂要有废钢二次加工分类场，要有必要的废钢加工、分类手段，而且需要有废钢资源的供应保障，因此新型电炉的发展需要有健康的废钢资源回收与供应产业，这是其技术发展的重要前提和必要条件。构建这一环境所需要的实施措施主要有以下几点。

1）加强废钢产业顶层设计，促进废钢产业合理布局、规范管理。

2）着力培育废钢加工配送的龙头企业，提倡分区设点和提高加工、分类管理水平，推动废钢回收—拆解—加工—分类—配送—应用一体化。

3）推行废钢产品标准化、废钢加工企业环保—绿色化、区域化的发展方针。

（六）技术发展历程、阶段及产业化规模的预测

该技术目前还处于基础研究阶段，但在原有电炉改进基础的技术已有应用，如 Consteel 电炉、日本岸和田电炉、德国巴登电炉等。

2030 年后，中国钢铁工业中电炉流程占比将达到相当的比例，根据该技术所处的研究阶段，新型电炉技术未来的发展进程预测如下。

2025 年：在熔池配置、流程匹配及流程智能化等基础研究方面取得进展。

2035 年：进行新型电炉技术应用研究和实际应用。

四、有色金属连续挤压技术

（一）技术说明

金属的连续挤压是一个很复杂的过程，材料特性、变形速度、温度、摩擦条件、坯料

形状及尺寸、模具形状对成形过程都有影响，而这些因素及作用是研究的主要对象，是制订工艺和模具参数的依据。连续铸挤技术（Castex）是在连续挤压技术（Conform）基础上发展起来的一种新的金属塑性加工的方式[59, 60]。

1. 连续挤压技术

Conform 连续挤压工作原理是随着挤压轮的旋转，坯料在其与挤压轮槽间摩擦力的作用下被带入由挤压轮槽、靴座和堵头封闭的挤压腔内，再流经挤压模成形为挤压制品。即当坯料从挤压腔的入口端连续喂入后，在摩擦力的作用下，轮槽咬着坯料向模口移动，当咬合长度足够长时，由于摩擦力的作用而在模口附近产生的挤压力迫使金属从模孔流出，从而实现坯料的连续挤压成形。

2. 连续铸挤技术

连续铸挤技术是在连续挤压技术的基础上发展而来的，在挤压轮与凝固靴块之间形成挤压型腔，液态金属从导流管流入挤压型腔中，动态结晶过程中的金属液会沿腔壁形成薄的结晶壳。当金属料进入挤压靴入口附近时达到完全结晶，随后在挤压靴内产生塑性变形，金属就从挤压腔中挤出，并发生动态结晶和塑性变形。连续铸挤技术实现了从金属熔体或半固态浆料到挤压成品的一体化生产，是一种短流程的高效节能新技术，符合工业技术连续、紧凑、低碳环保的发展方向。

（二）研发状态和技术成熟度

1. 连续挤压技术

各种连续挤压方法在 20 世纪 70 年代相继被提出来，这些方法（包括部分半连续挤压法）大致可以分为两大类。第一类是基于 Green 的 Conform 连续挤压原理的方法，其共同特征是通过槽轮或链条的连续运动（或转动），实现挤压筒的“无限”工作长度，而挤压变形所需的力，则由与坯料相接触的工具所施加的摩擦力所提供。

1973 年，Etherington 对连续挤压的全过程进行了定性的分析，并首次将槽轮内部的变形分为两个区域，即初始夹持长度（primary grip length）区和挤压夹持长度（extrusion grip length）区，并给出了两个区域长度的近似关系式。在初始夹持区，坯料与槽轮只部分接触故只产生部分屈服，直到挤压夹持区才完全屈服。

1978 年，Maddock 等针对挤压变形过程的特点，假定材料的剪切应力取决于应力分布，在剪切面之间速度呈线性减少，并给出了变形区的速度分布图。

1979 年，Tirosh 等采用工程近似法和能量法对 Conform 连续挤压过程进行了详尽的理论推导与实验研究。分别导出了：①挤压轮与工件的接触面的压力分布；②靴块包角即咬入角 Φ_0；③载荷作用位置 Φ_m；④驱动马达功率；⑤摩擦条件对工艺参数的影响。

这些理论与实验研究，对 Conform 连续挤压工艺过程的改造、设备的设计及一些力学参数的选取起到了一定的作用，而且一些理论分析结果已经应用于工程实际。

2. 连续铸挤技术

Castex 连续铸挤技术源于英国霍尔顿（Holton）公司对 Conform 连续挤压机进行的改进，采用液态金属作为原料直接进入主机。20 世纪七八十年代英国霍尔顿公司设计与制造了多种型号的 Castex 连续铸挤机，1990 年美国 Ashok 等获得铸挤半固态挤压的专利。半固态金属从铸挤机入口进入经过轮槽在出口模子处挤压出来。1993 年霍尔顿进一步开发了该工艺过程和原型系统以提高连续铸挤的工作效率。

2000 年 Thomas 介绍了采用 Castex 的实践经历，把 Conform 坯料换成液态金属（铝液）变成 Castex 可以大大节省能量和提高生产率。

2006 年成立的霍尔顿 Crest 公司把连续铸挤（Castex）、连续包覆（Conclad）和连续挤压（Conform）三项技术统称为连续旋转挤压（continuous rotary extrusion）。霍尔顿 Crest 公司连续旋转挤压的产品包括铜、铝和其他金属。

国内对连续挤压与连续铸挤技术的研究起步较晚，1986 年中华人民共和国国家计划委员会将连续挤压技术列为“七五”国家重点科技攻关项目，由中南工业大学原副校长，中国工程院院士左铁镛负责，1990 年研制成功，并将研究成果转化为生产力。1991～1995 年，建立了国内第一条连续铸挤生产线，生产 Al-Ti-B 合金细化剂线材。在 2000 年前后，又建立了不同型号的三条连续铸挤生产线，可以实现有色金属及其合金的连续铸挤。

3. 技术成熟度

我国连续挤压技术发展始于 20 世纪 80 年代中后期，通过引进、吸收、消化得以不断提升。历经 30 多年的发展，我国成为连续挤压技术的设备生产大国和工艺技术应用大国，国内每年生产的连续挤压设备占到全球总量的 90%以上，国内拥有的连续挤压设备数量已经超过全球总量的 70%以上，工艺设备的应用涵盖了铜铝加工等多个行业、领域。经从初创时的仿制、改进，到现在的拥有自主知识产权的再创新，我国已形成了完全具有自主知识产权的连续挤压关键技术体系，并已达到国际先进水平，在某些方面已处于世界领先地位。

但目前连续挤压技术产业化生产的产品只局限于纯铜和微合金化的锡铜、镁铜、银铜等系列，而对于广大市场需求的铜铬系合金、铜铁磷合金、铜镍硅合金等还处于实验室阶段，目前还无法提供连续挤压需要的大长度、性能均一的铜合金杆坯。对采用连续挤压工艺产业化生产铜合金而言，还需要广大科技工作者进行深入细致的工作。

（三）产业和社会影响分析

与传统的生产工艺相比，连续挤压技术取消了加热、热轧、拉拔等工序，不仅缩短了工艺流程，而且大幅度缩短了生产周期、降低了产品的单位能源消耗。连续挤压将压力加工中无用的摩擦力转变为变形的驱动力和加热源，节能效果显著，符合低碳经济的要求；以铜板带为例，连续挤压技术生产铜板带每吨消耗的电能比传统工艺减少 500kW·h 以上。

同时，连续挤压整个过程都在密闭的水封状态下进行，产品经过挤压后经防氧化管直接进入冷却槽冷却，表面光洁，无氧化皮产生，无须铣面，无须酸洗，在生产过程中，基本不产生废气、废水，可以完全达到国家环保要求，改变了有色金属加工企业生产现场的脏乱差问题，对企业绿色制造目标的实现贡献巨大，也为将来产业的可持续发展奠定了良好的环保基础。

连续挤压技术从铝包覆电缆到铜加工的应用，经过了二十余年的历程，其稳定良好的产品质量，简单高效的生产流程，绿色、环保、低耗的工艺技术以及生产过程的自动化控制等优势使其快速、全面地在铜加工行业中推广，尤其是在电工无氧铜材加工领域，几乎完全取代了凡是能够采用连续挤压生产的所有传统的铜加工方法（铜带、箔部分取代），而且在铜材加工的其他领域，连续挤压技术和装备都得到了良好的推广与应用。连续挤压技术的不断创新，造就了两个具有国际竞争优势的制造产业，即连续挤压设备制造产业和连续挤压工艺应用产业（铜加工），为中国有色金属加工行业的发展作出了贡献。

（四）我国实际发展状况及趋势

我国 Conform 连续挤压的研究与引进，源于 20 世纪 80 年代初，先后从英国霍尔顿公司和 Babcock 公司引进了多台连续挤压生产线，当时主要用于电冰箱铝管的生产。为了加快消化吸收的进程，将铝连续挤压技术新工艺新设备的研究列为“七五”国家重点科技攻关项目，由中南工业大学、大连铁道学院等单位承担。该研究如期顺利完成，并荣获国家科技进步奖。在此基础上，大连铁道学院成立了连续挤压工程研究中心，成为我国唯一专门从事连续挤压和连续包覆技术的研究机构与制造基地，对该技术进行了系统、深入和开创性的研究工作。同时昆明理工大学、中南大学、上海电缆厂等科研单位的科研人员围绕 Conform 连续挤压工艺与设备开展了一系列的理论研究，大大地推动了连续挤压技术在我国的应用。

与 Conform 连续挤压工艺的进步以及设备的改造相比，关于 Conform 连续挤压过程中金属塑性变形行为的理论研究还很不完善。尤其在铜合金连续挤压技术上，还有待进一步突破。

（五）技术研发障碍及难点

连续挤压技术制备铜及铜合金具有较好的工业前景，但受模具寿命及易氧化合金原料的制备技术限制。因此需要解决的问题是，开发适合于高性能易氧化铜合金的高效连续铸挤技术及装备进行原材料的配置，进行高寿命连续挤压模具材料的研究及开发。

连续挤压技术制备铜合金在工艺和工程技术等方面还有诸多问题需要解决。连续制备含有 Cr、Zr 等元素的高性能铜合金坯料目前还需要进一步进行攻关，如何高效地制备含有易氧化元素的高性能铜合金坯料目前还是一个技术难点。为了使该工艺过程在工业化生产经济上更可行，进行高寿命模具材料的开发与设计同样需要进一步的设计及开发。

（六）技术发展所需的环境、条件与具体实施措施

1）连续挤压技术适宜于进行连续化的有色金属材料加工。随着我国高速铁路、电力电子等领域对于原材料连续化无缺陷的需求，以及连续挤压技术的进一步成熟，连续挤压技术有望在各领域逐步取代传统的挤压技术。

2）连续挤压技术的发展，颠覆了传统工艺对行业的界定，具有较大发展空间。连续挤压工艺可以生产铜线、棒、排、板、带、箔，甚至铜管。其工艺特征是：上引—连续挤压 + 下道不同加工，从而生产不同的产品。既可以直接出产品，也可以生产坯料为下道加工做核心铺垫，因此，应用面被极大地扩展。只要对下道加工的引进和适用性改造，就可以实现产业的应用。比如，连续挤压可以直接出部分铜扁线和铜排，作为产品直接使用，也可以作为坯料生产异形材和铜带，乃至铜箔和铜管。所以，只要创新和应用好连续挤压技术，就可以实现跨行业的发展，突破现有装备和技术的行业局限性，未来的发展空间很大。

高性能铜合金是重要的有色金属材料，在装备制造业、航空航天、电子通信、电气化轨道交通等高科技行业有重要配套和支撑作用，世界各国对高强高导铜合金均有较高刚性需求。国内主要采用真空熔炼的方式生产含有易氧化元素的高强高导铜合金材料，无法满足对大长度、性能均匀的线材、带材等产品的需求，不能满足我国在航空航天、高速铁路、电子工业等重点领域的应用。因此，十分有必要开发市场需求的连续化生产的电线电缆铜合金内导体、大规模集成电路引线框架材料、高性能电阻焊电极材料等系列合金产品，通过以非真空熔铸技术、连续挤压技术、形变热处理技术为核心的高性能铜合金规模化生产技术的研究和攻关，形成具有自主知识产权的制备新技术和系列产品，填补我国在该领域的研究空白，满足我国蓬勃发展的电力、电子、信息、装备制造领域对高性能铜合金材料日益旺盛的需求。

（七）技术发展历程、阶段及产业化规模的预测

Conform 连续挤压的研究与引进，源于 20 世纪 80 年代初，先后从英国霍尔顿公司和 Babcock 公司引进了多台连续挤压生产线，当时主要用于电冰箱铝管的生产。1998 年亚洲线缆会议上，BWE 公司发表了关于利用连续挤压技术生产铜扁线的文章，展示了连续挤压技术在铜加工方面应用的广阔前景。2004 年左右，铜扁线的连续挤压开始在我国投产应用。2017 年，在铜扁线领域，连续挤压技术已基本取代传统挤压技术。如能突破对于合金的连续挤压，预计 2022 年可用连续挤压技术连续生产铜合金达上万吨；如易氧化铜合金坯料能够解决，预计 2025 年使用该技术可连续生产各类铜合金材料达 10 万吨，经济效益可观。

五、无轴轮缘推进系统技术

无轴轮缘推进系统技术融合多学科技术，从电机和材料的选择到制造工艺均经过精心

设计，其优异的推进效率、创新性的设计理论、广泛的适用性，使其将成为新一代船舶推进系统的典范，颠覆传统有轴船舶推进系统。

（一）技术说明

无轴推进系统取消了传动轴系，将推进电机定子安装进导管，将电机转子与桨叶集成为一体，采用完全水润滑支撑，是利用电能直接传递功率输出的新型全电力推进技术，具有结构紧凑、系统效率高、绿色环保、节省船舱空间、可全回转等突出特点。

无轴轮缘推进器属于电机直驱模式，其一体化设计制造思路是一种革命性的创新。主要涉及以下五方面关键性技术的研究：大功率电机—螺旋桨一体化设计原理和方法的研究；无轴轮缘推进智能控制策略的研究；无轴轮缘推进系统—船体的动力学耦合关系的研究；无轴推进装置的润滑、密封和冷却系统的研究；无轴推进装置振动和噪声控制方法的研究。

（二）研发状态和技术成熟度

无轴轮缘推进器的概念模型首先在 1940 年德国专利中提出，在美国海军 2005 年发布的 Tango Bravo 计划中被列为新一代潜艇发展首要关键技术，最初主要应用于核潜艇和鱼雷等军事领域中。但随着相关研究的深入，无轴轮缘推进器具有占用空间小、布置灵活、节能低噪等特点，因而应用领域不断扩大。

国内外有多家研究机构在从事此类推进器的研究，并拥有了一些成果。2004 年，美国的 Schilling Robotics 公司开发的 5 叶无轴轮缘推进器，输入电压 600V，功率 7.5kW，输出转速 1000r/min，额定推力 2000N，其主要特点是允许海水通过电机内部，有助于降低电机温度。2005 年，挪威 Brunvoll 公司开发了 4 叶无轴轮缘推进器，输出功率 100kW，采用永磁电机和磁性流体轴承，减少油污染。2006 年，荷兰的 Vander Velden Marine System 公司开发了 7 叶无轴轮缘推进器，并在此基础上开发了系列产品，螺旋桨直径 0.45～1.05m，输出功率 30～295kW，整体体积相对于其他产品较薄，并可与机械手臂相连，增加运动自由度。2015 年，美国通用动力公司与海军水面武器研究中心卡德罗克分部（NSWCCD）合作研制大功率的无轴轮缘推进器，为 20MW 无轴轮缘推进器验证打下基础。目前已有多家国外企业提供无轴轮缘推进器产品，挪威 Brunvoll 公司的产品最大功率为 900kW，系列产品安装在 10 余条船上，包括补给船、渔业监测船、超级游艇和渡船等；德国 Voith 公司在 2010 年给一座自升式平台安装了 1.5MW 无轴轮缘推进器用于动力定位；英国 Rolls-Royce 公司的 AZ-PM2600 型无轴轮缘推进器，螺旋桨直径为 2600mm，功率为 1100～2600kW。

总体而言，现有的无轴轮缘推进器产品普遍存在功率较小、可靠性较低、结构相对复杂、成本较高等缺陷，而且单台功率还未达到大型运输船舶的推进要求。

（三）产业和社会影响分析

无轴轮缘推进系统技术具有以下特点。

提高船舶推进效率方面：船舶推进效率一般与船型和推进系统种类有关，由于取消了传动和密封环节功耗、无桨毂水阻力和叶稍带载等，无轴轮缘推进器比传统有轴推进器效率更高；而且无轴推进系统的应用将改善船尾线型，提高船尾流场品质，给船型优化提供更大的空间，并借此改进船舶流体性能，提高船舶水动力特性。

节省空间利用率方面：传统船舶的传动轴系长度往往要占据船舶全长的 15%～20%，这就使得船舶在总体设计上的优化受到了一定的限制。即使采用轴系较短常规电力推进系统，但采用机械的形式传递能量仍然会占用很大的船舱空间。据测算，采用无轴推进系统将可以减小动力系统占用空间的 60%～70%，提高整体空间利用率的 15%～25%。

在推进器降噪方向：在船舶运行过程中，传统轴系、齿轮箱等传动机构所产生的振动占动力系统振动总量的 60%～70%，这显著影响了军用舰艇的隐蔽性和生存能力，以及邮船等民船的舒适性。2007 年 Brunvoll 公司将 810kW 的无轴轮缘推进器安装在补给船 Edda Fram 上，比传统的隧道推进器降噪 20dB。其优异的减振和降噪特性对舰艇与高性能民船非常具有吸引力。

无轴轮缘推进系统作为船舶推进系统的一项革命性的创新，可能会颠覆现有的船舶推进模式，在一定程度上解决了传统推进系统结构复杂、设计安装过程困难、占用空间大、振动噪声明显、船舶隐蔽性差等缺点，将使其在军事、民用领域都有广阔的发展前景，发挥不可替代的作用。

（四）我国实际发展状况及趋势

近年来，无轴轮缘推进系统逐渐受到国内外研究机构的重视，随着人们对其研究的不断深入，各个关键性技术难点终将突破，对其技术的掌握将使船舶行业的发展产生巨大的飞跃，为船舶动力体系注入新的活力。从目前的研究状况看，我国在这方面的研究还比较浅薄，处于基础性研究阶段，应加大相关方面的研究，为实现造船强国创造条件，抢占这一项潜在颠覆性技术战略制高点。

（五）技术研发障碍及难点

1）组合结构过流部件水动力性能优化设计技术。与传统螺旋桨相比，无轴轮缘推进器过流部件结构特殊，由异形桨叶与肥厚形导管组合而成，导致了复杂的耦合流动，尚缺乏相应的分析和设计理论支持。而且，传统的桨叶设计方法已无法满足无轴推进器实际恶劣进流条件下，高效、抗空化和低噪声的设计要求。

2）浸水环境下推进电机防水、冷却和制造技术。无轴轮缘推进电机间隙允许海水流通，大间隙、水介质的导电性与流动性导致的磁泄漏以及磁感应强度的降低比普通永磁电机要大得多。复杂流体条件下电机高效设计方法、防水护套成型及自然循环冷却方法尚需解决。

3）低速、大推力工况下无轴推进器水润滑轴承长寿命技术。无轴轮缘推进器采用完全水润滑轴承，该轴承在低速、大推力和泥沙等恶劣工况下容易出现磨损失效的情况，严重限制了无轴轮缘推进器的可靠性和使用寿命。

4）大功率无轴轮缘推进系统智能控制技术。无轮毂和水下工作条件导致无法安装位置传感器，只能采用无位置传感调速控制技术。螺旋桨非定常力扰动、推进器启动和低速运转等情况下无轴推进器转速的精确控制，以及多台无轴推进器的协同智能控制尚需解决。

5）无轴轮缘推进系统船体流场匹配技术。无轴轮缘推进系统的电机与螺旋桨集成结构改变了传统推进系统的动力线型，由于缺少轮毂，螺旋桨旋转时所产生的流体变化与传统螺旋桨之间存在较大的差异，推进器与船体之间的流体动力学耦合关系也相应改变，缺乏流场最优匹配技术。

（六）技术发展所需的环境、条件与具体实施措施

1）关于推进器水动力性能设计研究。配备高性能仿真工作站，研究无轴轮缘推进器复杂水动力特性的描述和分析方法，分析无轴推进器与船体流场匹配规律，建立无轴轮缘推进器水动力性能试验台并开展试验验证。

2）关于推进器电机设计及控制技术研究。开展浸水环境和防水护套对电机电磁特性的影响研究，在水动力性能约束下进行电机结构优化设计，研究无轴推进器电机智能控制技术，建立无轴推进器电机性能试验台并开展试验验证。

3）关于推进器轴承长寿命技术研究。研究基于新型结构设计和材料改进的水润滑轴承强化技术，在现有的轴承研究性试验台基础上开发考核性试验台，研究水润滑轴承可靠性加速试验方法，开展恶劣工况模拟条件下轴承性能试验。

4）关于推进器集成设计、制造和试验研究。研究电机—过流部件一体化设计方法，开发推进器优化制造工序和关键工艺，解决大型薄壁零件的精加工、焊接和检测技术，建立无轴推进器性能综合试验平台并开展试验验证。

（七）技术发展历程、阶段及产业化规模的预测

关于技术研发模式，建立产学研用紧密结合的研发模式，建立科研部门、推进器制造厂和船厂组成的研发团队，开展无轴轮缘推进器关键设计、制造和应用技术研究。

关于技术发展历程，首先针对 1000t 及以下船舶，研制功率 600kW 及以下无轴轮缘推进器，在此基础上，逐渐开展兆瓦级和数兆瓦级无轴推进器研制。

关于产品推广，按内河船舶、沿海船舶和远洋船舶的应用推广路径。选择工程船、

公务船、小型邮轮和小型运输船等船型为首先应用案例，逐渐推广到中、大型船舶和水上作业平台。以我国中小型民船为例，根据统计，我国中小型河船和海船约 22 万艘，游艇约 1.6 万艘，假设一半的船改用无轴轮缘推进器，平均每条船配备 1.5 台，则共计需要约 17.7 万台。此外，各类军用舰艇和航行器也是无轴轮缘推进器的合适推广目标。

六、家畜干细胞育种技术

（一）技术说明

家畜干细胞育种[61-63]新方法是利用基因组选择技术、干细胞建系与定向分化技术、体外受精与胚胎生产技术，根据育种规划，在实验室内通过体外实现家畜多世代选种与选配的育种新技术。与传统育种技术体系相比，本方法用胚胎替代个体，完成胚胎育种值估计。该体系包括系谱、育种群以及繁育体系，分为三个选种步骤。

1）制定家畜育种规划与构建核心资源群，依据市场需求和畜群遗传资源特性制定育种规划，构建家畜育种核心资源群，建立基因组育种平台，利用基因组选择技术评估家畜雌、雄个体或雌、雄胚胎育种值。

2）构建育种核心胚胎库：根据家畜或胚胎的育种值，选择若干优异个体或胚胎建立干细胞系，并在体外分化形成精子或卵子。依据育种规划选择具有最佳育种值的精子与卵子进行体外受精，并形成雌、雄胚胎，进一步利用单细胞测序技术进行个体基因型计算，利用基因组选择技术评估出该胚胎的育种值，并构建育种核心胚胎库。

3）胚胎 to 胚胎的多世代循环选育，对核心育种胚胎库的胚胎，按照胚胎为单元分别建立干细胞系，分化形成精子或卵子。根据育种规划，进行体外受精，形成下一代胚胎，并测定其育种值，以此循环。试管育种的世代间隔由上一个胚胎到形成下一个胚胎所需要的时间构成。由上一个胚胎分离建立干细胞系，形成精子或卵子，再受精形成下一个胚胎为一个世代。通过本技术体系，有望突破大型家畜育种的关键瓶颈，避免了大部分动物活体饲养以及性能测定工作，极显著地缩短世代间隔，从而大幅度提高育种效率，极大节约育种成本。

（二）研发状态和技术成熟度

家畜干细胞育种主要包括基因组选择、干细胞分化、体外受精与胚胎生产等技术。2001年以来，基因组选择技术已广泛应用于奶牛育种，并已在猪、肉牛、禽、羊等物种上使用，比较成熟。体外受精与胚胎生产技术总体比较成熟，可以实现工厂化生产。关键技术难题在于高效的干细胞建系及诱导分化技术，目前，家畜干细胞建系及诱导分化技术还处于研发之中。

基因组选择技术是动物育种发展的一个里程碑，已广泛应用在动物育种并取得了显著效果。只要标记密度及参考群体满足要求，遗传力不同性状基因组估计育种值（genomic estimated breeding value，GEBV）准确性都比传统系谱为基础的育种值准确性有所提高。小鼠多能干细胞定向诱导为生殖细胞的研究较为成熟。该项研究起始于 2003 年，研究者在 ES 细胞形成的拟胚体中检测到生殖细胞标记蛋白 VASA 阳性的细胞群体，开启了对多能干细胞向生殖细胞诱导分化研究的热潮。2016 年，中国科学院院士周琪，首次不依赖体内分化实验直接在体外诱导多能干细胞减数分裂得到单倍体精子，并获得健康的小鼠后代。同时，研究人员也尝试了小鼠多能干细胞的雌性生殖细胞诱导分化，也取得了惊人进展。2016 年，科学家在体外实现了小鼠多能干细胞向卵母细胞的诱导分化，并最终得到了小鼠后代。在未来农业发展中，家畜 Naïve 状态的 ES/iPS 细胞将成为优质基因遗传和转基因技术的良好载体。到目前为止，家畜大动物多能干细胞相关研究也取得了一定成就。科学家不断对分离培养以及诱导体系进行优化，以期获得 Naïve 状态的大动物多能干细胞系。除经典的 ES 和 iPS 外，人们还尝试了胚胎生殖（embryonic germ，EG）细胞的分离，并且在猪身上也取得了一定进展。遗憾的是，目前还没有得到可获得生殖系嵌合的家畜多能干细胞系，限制了大动物干细胞定向分化的研究，尤其是向生殖细胞分化的研究。大动物 iPS 细胞表现为外源基因不能沉默，不能像小鼠 ES 细胞那样稳定传代；分离家畜 ES 细胞研究中，分离方法及饲养层细胞选择、培养体系的选择与优化，都存在不足，需要逐步完善。

（三）产业和社会影响分析

为有效满足人类的食品需求，需大幅度提高农业生产效率，育种是其中关键一环。育种是保障全球食物供给、减少温室气体排放、减轻资源限制等的重要技术支撑。2016 年美国奶牛饲养数量是 1950 年的 42%，但总产奶量是 1950 年的 1.82 倍，奶牛单产是 1950 年的 4.28 倍；2001 年肉鸡日生长速度是 1950 年的 4.96 倍，通过育种，极大地提高了畜禽的产品生产效率，并减轻了资源与环境压力。以育种进展最快的美国 Holstine 奶牛育种计算，产奶量大约每年增加 1%，到 2050 年大约增加 31%，产奶量远达不到 2050 年的人类需求。与此同时，主要农作物按目前参量预测，也远远满足不了人类需求。肉类食品供应还受到农作物饲料供给、环境等多重限制。动物优良品种是肉、蛋、奶等动物源食品高效生产的核心要素，是推动养殖业发展最活跃、最重要的引领性要素。我国自主培育的猪、肉鸭、蛋鸡仅为市场供给的 15%、30%和 50%，种业发展空间巨大。

据预测，到 2030 年，我国肉蛋奶产品需求缺口将接近目前总产量的四分之一。而我国粮食生产总量的 40%为动物养殖业所消耗，动物品种改良可提高单产水平和饲料转化率，不仅可保证生产足够动物产品，还可大幅降低生产成本、确保我国粮食安全和养殖业可持续发展。以猪为例，我国每头母猪年提供出栏猪数和饲料转化率若分别达到美国 2018 年的水平（分别为 28 头和 2.9∶1），可节省饲料粮 650 亿 kg/年。由于畜禽种业对国民经济的重大价值，《国务院办公厅关于深化种业体制改革提高创新能力的意见》《“十三五”国家科技创新规划》等文件，对我国畜禽种业发展给予重点支持。家禽干细胞育种作为未来最有潜力的动物育种方法，有望对动物种业发展、动物产品的有效供给提供重要保障。

（四）我国实际发展状况及趋势

以中国农业大学为代表的奶牛育种团队，奶牛基因组选择研究取得重要进展，建立中国荷斯坦牛基因组选择技术体系。猪、肉牛等也初步建立了基因组选择技术体系。我国在基因组测序技术以及服务领域处于全球一线梯队，每年测序费用、测序量都是全球最大的。体外胚胎生产、保存、移植技术相对成熟，在猪、肉牛等部分动物上已实现规模化胚胎生产。利用体外受精技术进行商业化育种探索，始于 20 世纪 90 年代初。活体采卵和体外培养体系的建立，对于体外受精技术的商业化应用至关重要，我国体外受精、胚胎生产技术已很成熟，并有相应的市场化服务公司。干细胞定向分化研究发展较为缓慢。2016 年，我国中国科学院院士周琪首次建立不依赖体内分化的体外多能干细胞减数分裂技术体系，获得了单倍体精子，受精后成功获得健康小鼠后代。但大型家畜干细胞分化领域仍进展缓慢。

（五）技术研发障碍及难点

多能干细胞定向诱导为生殖细胞的研究，由于物种差异较大，小鼠研究结果还不能直接应用于奶牛、猪等大型家畜干细胞分化。目前，没有建立起奶牛、猪等家畜干细胞体外定向诱导分化为配子的技术体系，基本科学机理也没有阐明。

大规模基因组选择难度主要来自不同群体、不同遗传背景数据的综合使用，需要发展新的算法、模型。以测序为基础的技术体系需要高通量、低成本的测序平台以及快速的分析算法。

（六）技术发展所需的环境、条件与具体实施措施

未来食品、环境与人口需求对动物种业发展有迫切需求。由于人口的增加，FAO（Food and Agriculture Organization of the United Nations，联合国粮食及农业组织）预测，人类在 2050 年对肉类食品的需要比 2006 年增加 2 倍。动物 GHG（greenhouse gas，温室效应气体）排放约占整个人类排放的 14.5%，是 GHG 的重要来源之一。温室效应导致的气温上升将使全球农作物总产量下降。FAO 按目前生产预测，主要农作物、水果、肉蛋奶等不能满足 2050 年需求。人类的食品需要，推动育种技术研发需要。

生物技术发展日新月异，为家畜干细胞育种技术发展提供了很好的土壤与平台。目前，可通过基因组育种技术在实验室内比较准确地预测候选个体性能。然而，还需要建立从测序到获得表型预测值的完整技术流程与技术体系。干细胞分化领域发展迅速，已基本解决

了小鼠干细胞定向分化为卵子、精子的技术问题。目前功能基因组学手段非常先进，对解决家畜干细胞分化有重要的支撑作用。

具体实施措施：需要重点突破基因组选择技术体系、干细胞分化技术体系相关技术或者产业化。政府需要加强干细胞定向分化等旨在促进原创性技术研发的基础研究，加大相关领域科技创新投入，由大型种业企业、大学研究所等联合建立不同物种的基因组选择技术平台以及技术体系，推动基因组测序、基因组预测、干细胞分化等多方面、多层次的技术研发与集成，促进我国动物种业的长久、健康发展。

（七）技术发展历程、阶段及产业化规模的预测

基因组选择技术已从单分子育种标记逐步发展到比较成熟的育种应用，经历了单分子标记、多分子标记以及全基因组范围的分子标记阶段，算法也从单标记阶段发展到基因组选择模型。美国从 2007 年开始，就采用基因组选择策略进行奶牛育种，目前，基因组选择育种已全面应用于奶牛育种，并对奶牛育种带来了革命性影响。不同选择策略下，世代间隔从最长 7 年缩短到 2.5 年，或者从 4 年缩短为 2.5 年。只要标记密度以及参考群体满足要求，虽然性状遗传力不同，GEBV 的准确性都比基于传统系谱的育种值准确性有所提高。基因组育种值准确度主要取决于参考群体规模、估测群体与参考群体的关联度以及标记密度。未来育种考虑的经济性状将越来越多，除了产量、生产速度，更为重视品质、抗病力等性状，需要的 SNP 数量也将大幅增加。发展全基因组 SNP 标记，对未来最大限度地利用参考群体及不同参考群体数据有重要价值。由于育种群体变异的特殊性，某一款特定芯片很难满足不同育种公司需求。定制化育种芯片发展迅速，或者利用全基因组范围的 SNP 变异信息开展基因组选择是一个新的趋势。测序技术的快速发展，使基因组重测序成本大幅度下降，illumina 最新技术发展使得测序成本下降到了 10 美元/1GB 的数据量，直接测序成本是人类基因组测序成本的 10^{-8}/base。

干细胞定向分化领域已基本解决小鼠干细胞定向分化问题。2003 年，研究者在 ES 细胞形成的拟胚体中检测到生殖细胞标记蛋白 VASA 阳性的细胞群体，开启了人们对多能干细胞向生殖细胞诱导分化研究的热潮。2004 年，成功得到了能激活卵母细胞并发育为囊胚的单倍体精子。2006 年 Nayernia 等首次报道，诱导的雄性配子可产生小鼠后代，虽然该小鼠生长异常，不能长期存活，但是这是本领域技术突破的标志。2011 年，研究人员通过体外诱导的单倍体精子，获得了健康小鼠后代。上述研究，均需借助体内发育才能实现小鼠细胞的减数分裂从而获得单倍体精子。2016 年，中国科学院院士周琪首次实现体外多能干细胞的单倍体精子诱导，并获得健康小鼠后代。

预计到 2035 年，家畜干细胞育种的技术将实现突破，并推动我国奶牛、肉牛、羊、猪等大型家畜育种取得突破性进展，打破国际最顶尖的育种公司对我国动物种业市场的长期垄断。

七、能源作物分子和基因调控育种技术

（一）技术说明

通过分子和基因调控，改变作物光合特性和作物木质纤维素组成，培育适宜特定降解转化途径的专用能源作物，如秸秆纤维素结晶度低的农作物、高含油微藻、木质纤维素含量低的林木等，使总生物量和转化效率大幅提高、转化成本大幅降低。颠覆作物育种降低作物总生物量，提高收获指数的思路，培育高光合效率、高生物产量和易于降解转化利用的新型作物品种。

（二）研发状态和技术成熟度

世界处于探索阶段，取得部分进展。欧美在高可发酵淀粉玉米、柳枝稷、芒草、大豆、油藻等育种方面取得多项成果，在木质纤维素比例和结构调控方面取得突破。除高可发酵淀粉玉米等少数品类外，目前栽培规模不大。

（三）产业和社会影响分析

因缺乏粮能互补的思想指导，近年来世界农业只注重作物籽粒，作物谷草比不断降低，秸秆产量呈现下降趋势。新型能源作物将改变农业生产及其产业链模式，将传统作物生产的单一目标，如淀粉、糖或纤维素等，转变为多目标。秸秆不再是废弃物，而是专门设计、易于加工转化的生物质原料，使得作物全株都成为重要生产目标，催生众多生物质产业。这将颠覆传统农业系统，并极大地降低生物质转换难度和成本，加快推动生物质工程发展。

（四）我国实际发展状况及趋势

我国在该领域处于起步阶段，在巨菌草、甜高粱等育种方面取得进展，有较好基因育种技术基础，具备出成果的条件。尤其在农田产出率低、乡村产业不发达的现实条件下，对于提高农业生产效率、繁荣乡村产业需求旺盛。能源作物分子和基因调控育种将在近期成为农业与能源共同的基础性领域。

（五）技术研发障碍及难点

障碍主要是缺乏育种专门平台，包括能源作物种质资源库尚未建立，投入机制不具备。难点是生物质原料育种不同于常规育种，要采用多种先进技术和设备，周期长，投入高而产出不确定性大。

（六）技术发展所需的环境、条件与具体实施措施

一方面是大力加强研究，完成能源作物育种平台建设，设置研发和示范专项，长期支持专业团队；另一方面是鼓励能源行业参与研发投入。

（七）技术发展历程、阶段及产业化规模的预测

5 年内完成基础平台建设，10 年左右产生一批新品系，20 年左右产生大批能源作物品种，大规模替代传统农作物品种。中长期具有可将世界种植业产值翻一番，我国每年产值达到万亿元的潜力。

八、零添加集约型高品质饮用水“膜法”处理工艺

（一）技术说明

传统饮用水处理工艺以去除悬浮物、胶体和杀菌为目的，不能有效去除水中溶解性低浓度有毒有害污染物。即使单个污染物浓度满足饮用水水质标准要求，各种低浓度污染物共存也会造成潜在的健康风险。化学氧化除污很难定向控制污染物无害转化，并且能耗高、化学药剂消耗高、副产物多。除此之外，传统饮用水处理的土建构筑物 + 化学药剂模式占地规模大、建设周期长、难以装备化生产和模块化建设。“膜法”是以膜分离为核心的饮用水处理工艺，颠覆了传统饮用水处理的土建构筑物工艺。

（二）产业和社会影响分析

“膜法”在替代传统工艺、扩大生产规模、适应各种水源水质方面具有广阔的市场应用前景，可以促进材料、自动化、传感器等一大批行业的发展，也为有效解决保障人们的饮用水安全特别是我国广大偏远农村、山区等分散地区的饮水安全问题提供有力的保障。微滤/超滤膜过滤可以替代传统的饮用水处理工艺，纳滤和反渗透膜过滤则是获得比传统处理更高品质饮用水的有效手段，电渗析则可以对饮用水的盐度和硬度进行低成本去除。与传统工艺相比，这些膜处理技术消耗极低，二次污染少，而且可以根据需求进行水质的调整，预期会成为今后水厂生产高品质饮用水的主流工艺方法。

（三）我国实际发展状况及趋势

目前，我国微滤/超滤膜产品种类多、有价格优势；在利用微滤/超滤膜改造或替代传统饮用水处理工艺方面，我国已在许多中小规模水厂进行应用，基本上和发达国家处于同

等水平。但是，在纳滤、反渗透膜、电渗析方面，我国成熟膜产品少、缺乏有国际影响力的品牌；规模化水厂应用方面与法国、荷兰、澳大利亚等国家相比规模小、经验不足。建议政府层面引导纳滤、反渗透膜、离子膜产品的研究开发，鼓励企业积累工艺优化设计和运行管理方面的经验，从而推动饮用水处理行业更高水平的发展。

（四）技术研发障碍及难点

目前主要的制约因素是：投资和运行成本仍然较高，膜的寿命较低、系统较为脆弱，应用历史较短、经验积累较少，行业对其运行维护的稳定性信心不足。

（五）技术发展历程、阶段及产业化规模的预测

膜法水厂彻底颠覆了现在市政自来水处理行业的设计、建造和运行管理模式，因此自来水生产更工厂化、水质更稳定可靠、质量控制更规范。相比传统水厂，膜法水厂结构紧凑、占地少、易于工业化规模生产，还具有自动化程度高、节省用人成本的优势。随着产品质量的提升、应用经验的积累和标准的强化，饮用水处理行业对膜法水厂的接受度迅速提升，预计膜法水厂在 2035 年成为主流技术之一。

九、盐碱地种植关键技术

（一）技术说明

在土地资源日益稀少的情况下，开发及利用盐碱地后备土地资源是保证粮食安全的重要途径之一[64-68]。首先，通过土壤改良、灌溉淋盐与排水相结合为农作物生长创造有利条件；其次，通过生理机制探索进行作物耐盐育种和栽培，提高农作物耐盐性。

（二）研发状态和技术成熟度

对于盐碱问题的认识经历了几次大转变，由消极被动到积极主动，由彻底根治盐害转变为调控盐分，由采取某一单项措施到综合治理，同时因地制宜，强调突出某一单项措施，如暗管排盐、化学改良、生物改良及农业措施整地覆膜等。

（三）产业和社会影响分析

开发和改良盐碱土，综合治理养分失衡土地等对传统耕地技术的深化和改革，对于增加后备耕地，保障粮食安全具有重要意义。农业新技术的应用暂缓了土壤盐分的危害，但也增加了区域性的集中突发的潜在危机与可能。如地膜覆盖栽培技术提高地温，有节水和抑盐的作用，暂缓了盐分的危害，但盐分并未排出土体，只是改变了土壤水盐运移规律；

喷滴灌技术是农业节水方向，但喷灌条件下土壤水盐运动规律还有待加强。盐碱地改良不但能够增加农民收入、改善农民生活，更对保障国家粮食安全、坚守 18 亿亩①耕地红线具有重要意义。

（四）我国实际发展状况及趋势

盐渍土含有大量可溶盐类，对大多数植物生长直接造成不同程度危害。土壤盐碱化已成为世界关注的生态和环境问题。我国土壤盐碱化日益严重，1993 年盐碱土地面积高达 9900 万 hm^2，其中现代盐碱土面积为 3693 万 hm^2，残余盐碱土约 4487 万 hm^2，并尚存有约 1733 万 hm^2 的潜在盐碱土，除新疆和松花江部分地区土壤以硝酸盐为主外，其他地区主要是以 Na^+、Mg^{2+}、K^+三种阳离子和 SO_4^{2-}、HCO_3^-、CO_3^{2-}、NO_3^- 四种阴离子为主的复合盐碱地。土壤水分是盐分的溶剂也是盐分运动的载体，盐分在土壤中运动具有“盐随水来，盐随水去”的特点，土壤水盐运移规律表现出明显区域性特点。目前改良盐碱地的方法有化学改良法，如施用脱硫石膏、硫黄、硫酸亚铁、柠檬酸等；物理改良法如大水洗盐；生物改良法如种植油葵、苜蓿等耐盐碱作物等。这些方法普遍存在改良周期长、见效慢、累计投入大、投资回报率低、改良后土壤等级差等问题，无法推广应用。使用土壤调理剂及微生物改良后的土壤，土壤的总盐含量和酸碱度明显下降，同时土壤的理化性状也得到明显改善，产量当年将明显提高。

（五）技术研发障碍及难点

1）水利工程排盐与节水理念相悖，造成水资源进一步匮乏，大部分盐碱地本来就分布在干旱半干旱地区，这些地区本身水资源十分紧张，因此无水洗盐；化学剂改良如遇碱土不仅难度增加，而且改良周期长、见效慢、累计投入大、投资回报率低。

2）筛选优良抗盐品种是行之有效的途径，但作物耐盐基因的提取、优良品种的筛选培育及每种作物的耐盐阈值的确定需要一个长期的摸索和试验；整地、覆盖等农业技术措施虽能控制土壤水分蒸发，减轻盐分表聚，但治标不治本，也不能量化并准确判定作物受盐碱的影响程度。

（六）技术发展所需的环境、条件与具体实施措施

1）粮食安全需求的存在是开发利用盐碱地的原动力和大环境。预计 2050 年，全球粮食需求至少增长 60%，约 25%的农地已由于过度耕作、干旱和污染等造成了严重退化，并且土壤养分和供水量在全球范围内严重下降。所以，建议国家尽快布局重大工程项目，开展相关技术及管理体制机制研究，抢占未来创新农业制高点。

---

① 1 亩≈666.7m^2。

2）根据当地气候特点和盐碱地类型及盐碱程度，因地制宜，综合治理。盐碱地改良技术包括水利工程措施、物理措施、生物措施及化学措施，这些技术和措施具有不同的改良效果，也各有利弊。而盐碱地的开发改良是一个复杂综合治理系统工程，所以仅利用一种方法是难以奏效的，应该因地制宜，灵活采取各项措施相结合的综合治理方法，这是开发利用盐碱地的主要方向和未来趋势。

3）具体实施措施：突出盐碱地分类治理与农业高效利用的理念；系统研发针对我国不同区域、类型、障碍程度盐碱地治理与水—土—生物资源协同高效利用的基础理论体系和关键技术体系；建立工程化作业标准和规程，形成各具特色的典型区域盐碱地治理与农业高效利用工程化配套技术模式；加强与国土、水利、农业等部门合作在全国范围内工程化应用，推进盐碱障碍耕地地力稳步提升，将盐碱荒地治理改造为耕地；引入金融与企业资本，挖掘、培育和发展盐碱地种苗、改良剂、肥料、灌溉设备、新型农业机械等一批特色产业。

（七）技术发展历程、阶段及产业化规模的预测

联合国教育、科学及文化组织和联合国粮食及农业组织统计，1993 年全世界盐碱土面积约 10 亿 hm^2，而我国约 9915 万 hm^2，居世界第三位，而目前已开垦种植的盐碱土面积仅为 577 万 hm^2，此外，我国耕地中盐碱化面积达到 920.9 万 hm^2，约占耕地总面积的 6.62%。从盐生植物中培育经济作物的构想由来已久，澳大利亚、美国、印度、以色列等国确定了有潜力的盐生植物如 Atriplex、Batis、Didtich 等多达 250 种。我国在盐碱地治理改造基础研究领域处于与国际平行水平，并形成了具有区域特色的水利工程、生物、化学等盐碱地治理利用综合技术，如西北地区的膜下滴灌控盐技术、东北盐碱区的种稻洗盐技术、中北部盐碱区的生物农艺节水技术、华北盐碱区有机肥改良技术等。然而，现有相关技术在工程应用和产业推进方面与国际存在巨大差距，进程慢、成本高、长效性差，难以持续维持较高的农田生产力，并且后期所需的维护与科学管理常常被忽视。因此，未来盐碱地治理利用需考虑建立分类治理技术体系，全面认识盐碱地治理的长效性和可持续性，努力践行“基础研究—前沿技术研发—工程示范—产业推进”相结合的链条式发展道路。

第四节　助力转型升级，转变发展方式的技术

一、可再生智能纺织品 3D 打印

（一）技术说明

可再生智能纺织品 3D 打印技术，是结合合成生物技术、信息技术和互联网思维，利用消费者纺织品需求信息数据库，遴选可再生、多功能的纺织品智能 3D 打印原材料，开发纺织品个性化智能 3D 打印技术，实现纺织品的分布式家庭式生产模式。通过发展合成

生物技术，开发从无机或有机原料出发，生产出各种性能纺织品可再生原材料的颠覆性技术，变革传统的高消耗、高污染的原料生产与加工模式，减少能源消耗和环境污染；通过研发合成生物智能降解技术，促进难处理纺织品原料高效回收及利用，实现原材料的绿色循环高效利用，打造纺织品原料的可再生生产与废弃纺织品的智能降解治理闭环。

（二）技术国际发展趋势

1790年，英国的山特（Saint）发明了第一台缝制机械，解放了手工劳动力。200多年后，设计制造3D织物的机器，可以实现人机交互操作，不需要针、线或缝纫工艺。与普通3D打印机同理，3D织物打印直接将原料转为成品，而非将原料送入工厂进行大量加工步骤来制造传统的纺织品，用户只需使用简单的CAD（computer aided design，计算机辅助设计）操作就可以设计自己的织物模型。3D织物打印能自动将数码设计变成针织服装，简化了设计和制作针织品的过程，用户设计织造范围广，一条围巾、一顶帽子、一件毛衣或一块地毯都可成为几分钟内就能完成的设计。因此3D织物打印机的发展将重新定义纺织品时尚新概念，掀起纺织界新一轮产业革命。

（三）我国技术发展现状

目前我国在可再生智能纺织品3D打印的原料生产方面处于跟跑国际先进技术水平，特别是多功能、绿色生产生物基纺织材料方面需要加大追赶步伐，如目前智能材料的应用方式是被编织到传统服装的表面，不能满足安全、保健、医疗等领域对纺织面料的需求，同时也不能实现智能服装的一次成型，因此需要开发能将传感器等电子元件打印到服装之中的新型材料，而新型打印材料的开发是未来纺织品3D打印需要攻克的核心问题；在新型产品加工制作技术以及科技含量高的功能性纺织与服装开发方面接近并跑国际先进水平，一些智能纺织品3D打印和个性化定制服装已经初步投入市场，但是3D打印的纺织品价格较高，尚不具备规模化应用的潜力，因此结合自动化技术，进一步匹配技术与装备，降低3D打印纺织品价格，有望推进纺织品生产模式的颠覆。

（四）技术研发障碍及难点

1）如何根据个性化的需求设计纺织品是该技术发展的主要难点。基于物联网技术的数据传感器，持续不断地收集客户个性化任务数据，利用大数据技术逐步完善织物智能化设计。通过全程数据驱动，促进传统生产线与信息化深度融合，实现以流水线的生产模式制造个性化产品。

2）多学科交叉整合是技术发展的主要障碍。3D智能纺织品打印不仅是制作过程的颠覆，还涉及纺织品原料、纺织品设计、营销渠道、废弃物处理等一些技术的颠覆。3D智能纺织品打印需要结合合成生物技术、信息技术、自动化技术与智能3D打印技术等，可以彻底颠覆传统纺织品原料来源、生产制造、营销渠道的模式，促进纺织行业进入绿色化、生态化和智能化时代。因此如何实现多学科交叉创新，产生颠覆性技术是该技术发展的重要障碍。

（五）产业化规模的预测

目前我国 3D 打印技术已经进入国际先进行列。3D 打印在纺织领域的应用还需要进一步追赶国际先进水平。我们需要通过基础研究和学科交叉研究，大力培育领域的颠覆性技术，通过颠覆性技术发展新兴产业，是我国实现轻工业跨越式发展，在未来国际新兴产业竞争中取得优势地位的重要举措。国家应该进一步加大研发投入，同时制定促进产业发展的政策和措施。预计到 2025 年可再生智能纺织品 3D 打印技术可以实现规模化推广应用，满足人民对个性化功能服装的需求，到 2035 年有望在纺织行业全面推广应用，实现纺织品及功能服装的绿色化、生态化和智能化生产，促进纺织行业产值达到 25 万亿～30 万亿元。

二、新型生物制造

针对造纸、纺织、皮革、淀粉糖、油脂等行业面临的高能耗、重污染等问题，发展新型生物增强加工过程技术，大幅提升生物制剂与生物助剂的工业应用性能，加快绿色生物技术向传统产业的渗透，减少工业生产的能耗与污染物排放。重点突破生物转化、生物漂白、生物印染、生物提取、生物合成皮革、生物油脂加工等行业领域的生物增强加工过程技术，构建绿色生物加工过程工艺，减少化学助剂使用。

针对我国当前生物制造过程效率低、工艺复杂、过程控制粗犷、装备落后等问题，构建生物产业智能化装备技术体系，重点发展高通量筛选技术与装备，推动生物—化学过程的高效耦合和连续化，创新生物基产品反应和分离相关装备一体化、信息化、成套化技术，发展生物传感技术和生物过程大数据快速挖掘、分析与应用技术，开发人工智能控制技术，建立一站式微生物细胞工厂设计技术体系，建立基于数字化模型和数据可视化的工艺流程设计与在线优化，实现从设备、过程到信息的智能生物制造流程。

（一）技术说明

新型生物制造是基于生物大数据和集成人工元件、合成途径、基因线路的数字化模拟与计算机辅助设计的人工生物设计合成的，结合深度机器学习，根据实时数据信息，发展基于人工智能的新生物合成与加工控制理论，创建新型发酵制造技术，促进生物过程快速智能调控，高效生产健康糖、健康油脂、人造皮革、纤维素等轻工产品，以及实现制糖、油脂加工、造纸和皮革加工等轻化工行业的绿色智能生物加工工艺。

（二）研发状态和技术成熟度

新型生物制造技术在 21 世纪初得到了迅猛发展，目前在制糖、油脂、造纸和皮革等领域已形成相当大的市场规模（约 1 万亿元）。我国生物制造产业按“自主创新、规模发展、产业集聚、拉动内需、稳定市场”的原则，产品规模、自主创新能力不断增强，已取得重要进展。生物制造对我国加快经济结构调整、转变经济增长方式、建立绿色与可持续的产业经济体系具有重大战略意义。

然而目前我国生物制造产业仍存在以下问题：一是市场需求和产能矛盾突出，产业大而不强，产能结构性过剩未得到有效缓解；二是原材料、环保等生产要素成本增加，加大企业发展压力；三是核心技术、装备开发能力不足，多数依赖进口，水平亟待提高。

因此亟须开发新型生物制造体系，构建生物产业智能化装备技术体系，重点发展高通量筛选技术与装备，推动生物—化学过程的高效耦合和连续化，创新生物基产品反应和分离相关装备一体化、信息化、成套化技术，形成全新的涉及制糖、油脂、造纸和皮革等行业的绿色化、自动化、智能化轻工业生产模式。

新型生物制造是由 20 世纪 90 年代的生物制造技术发展而来的，在 21 世纪初得到了迅猛发展。生物技术体系日趋成熟，利用生物制造技术替代传统的化石能源产品已取得显著成效。例如，2017 年国际生物基产品的规模已达 2.5 万吨，产值超 10 万亿元。

然而，在涉及健康糖加工、健康油脂合成等复杂体系，造纸、皮革等高污染领域，现有的生物制造体系仍不够完善。开发新型的生物制造催化剂（微生物/酶），研发新型的技术装备和生物制造工艺，是目前亟待解决的难题。随着人工智能的兴起，创新菌种筛选与工艺研发的周期有望大幅缩短，生物智能化装备在生物工业中大规模应用，生物工业过程的效率和节能减排将显著提升，生物制造的经济性也将大幅提高。

（三）产业和社会影响分析

通过新型生物制造，可以实现健康糖高效绿色工业化生产，颠覆现有淀粉糖工业，改变目前以蔗糖为主要食用糖，但是缺乏健康保障的糖供给模式；可以实现智能化生产单细胞产油微生物替代大豆，用于健康油脂的生产，缩减传统植物性油脂生产的耕地需求，解决我国耕地匮乏的问题；可以实现人工合成纤维素代替树木，用于造纸，将大大降低由于森林砍伐对环境带来的破坏和再生森林资源所需的投入；可以实现各种性能胶原材料的绿色生物合成与加工，实现皮革制品的低能耗、低污染生产。

（四）我国实际发展状况及趋势

在制糖领域，我国已经将正在产业化的功能糖和糖类药物广泛应用在食品、保健品、医药及食品安全等领域。我国的糖生物工程产品在国家经济和社会发展中发挥着重要的作用，具有巨大的发展前景，但是，其技术含量低，糖衍生产品匮乏，无法满足糖工程产业发展需求，糖工程产业在国际竞争中处于劣势。如我国糖胺聚糖的产量占世界产量的 20%，但主要是低附加值的原料出口，产值不足世界的 1%。透明质酸在国内主要产品是注射剂和滴眼剂，但国外已有聚合透明质酸和低分子透明质酸等高附加值产品，价格远远高于普通透明质酸。

在油脂加工领域，近年来我国大豆种植面积不断下滑，2016 年大豆进口量达到 8169 万吨，占全球大豆贸易量的 70%左右，已是世界第一的大豆进口国，世界有约 8 亿亩的土地在为我国生产大豆；据预测，未来 5～10 年我国大豆年需求增量在 400 万吨左右，也就是还需要世界 4 亿亩的耕地为我国生产大豆，但世界可耕种土地面积已趋于饱和。

微生物发酵技术具有操作可控、占地面积小的特点，利用新型智能生物发酵技术有望在有限的空间里，将廉价的原料通过绿色环保的方式转化为富含蛋白及油脂的菌体，从而开发可替代大豆的健康产品，因此新型的生物制造技术有望改变我国面临的困境。传统的造纸、皮革行业污染严重，并且行业市场竞争已经非常充分，其进一步发展的空间非常小，因此，我们急需新型的生物制造技术改变造纸、皮革行业面临的困境。例如，可以采用传统上主要用作制革原料的胶原纤维，制成轻质可穿戴辐射（微波、射线、红外）屏蔽材料，突破传统辐射屏蔽材料质量重、穿戴不方便的缺陷，形成轻质可穿戴胶原纤维基 X 射线及 γ 射线屏蔽材料制备技术。

（五）技术研发障碍及难点

新型生物制造的成功与否，取决于以下几个技术因素。

1）人工智能设计元件的设计与应用策略研究。如何将人工智能技术应用于生物制造领域是目前亟待解决的难题。利用人工智能技术，改造新型生物催化反应和优化现有自然生物体系，从头创建合成可控、功能特定的人工生物体系，在创造研究工具和技术方法的基础上，推动多学科的实质性交叉与合作，为天然化学品与有机化工原料摆脱对天然资源的依赖，促进可持续经济体系形成与发展奠定科学基础，全面提升我国生物制造产业的核心竞争力。

2）新型工业化菌种、酶制剂的开发体系构建。在新型生物制造过程中，工业化菌种、酶制剂的开发应用至关重要。目前，全球微生物、酶制剂市场主要由几家跨国企业垄断；国内企业在与之竞争的过程中处于不利地位，以大宗普通微生物催化剂（如淀粉酶、糖化酶、产油菌种）为例，行业呈现出竞争白热化趋势。我国要致力于开发具有自主知识产权的新型酶制剂及发酵菌种，坚持源头创新，并将人工智能技术运用到菌种/酶的设计及开发中，加快开发进度。

3）新型生物技术装备的研发和生物制造工艺研究。糖及糖缀合物制备、糖分离分析与糖工程产品质量控制等关键技术不足已成为糖生物工程产品研发和规模化生产的瓶颈。该问题如果不及时解决，将持续拉大我国糖工程产业与发达国家的差距，减少或失去我国糖工程产品在国际市场中的占有率。

（六）技术发展所需的环境、条件与具体实施措施

目前，我国传统的造纸、皮革行业污染严重，并且行业市场竞争已经非常充分，其进一步发展的空间非常小；生物油脂、健康糖产业等也亟待创新升级。

目前我国在人工生物设计合成方面处于接近并跑国际先进水平，尤其在利用人工合成生物高效生产健康糖方面形成了一定的国际竞争力，但是在智能生产过程工程方面处于跟跑水平。因此，国家需要进一步加大投入，保持我国在人工生物设计合成领域的并跑地位，更希望促使我国在该领域达到领跑地位，同时推进我国在新型生物制造领域取得跨越式发展。

建议在技术发展与市场需求的耦合驱动下，坚持产学研多方位的开放联合，消除成果转化过程执行层面仍然广泛存在的种种屏障；重视资本对于技术和产业发展的催化作用，探索设立专项产业发展基金等市场调控手段；在国家层面，协调沟通行业监管机构，破除不合时宜的陈旧政策限制，尽快建立有利于新兴生物技术的政策法规体系；实现资源、能源的节约与替代，加快转变经济增长模式，加速推进绿色与高效低碳生物经济的产业基础格局。

（七）技术发展历程、阶段及产业化规模的预测

第一阶段：20 世纪中叶至 20 世纪末，国际上尚未形成生物制造的概念，仅仅是自发地将生物制造技术作为辅助手段运用到工业生产中。

第二阶段：21 世纪初至今，国际国内掀起了生物基产品的制造浪潮，并取得显著的经济效益。然而，技术有待全面革新、生产能耗高、生产效率低仍是制约各个产业的瓶颈。特别是在健康糖产业、生物油脂等复杂生物体系，以及造纸、皮革等高污染（对生物催化剂毒性强）领域，亟须开发新型的生物制造技术。

第三阶段：人工智能技术的兴起，以及合成生物学的大幅创新，给新型生物制造带来了曙光。合适的投入与配套政策将使我国的生物智造技术在未来 5～10 年以 10%～30%的速度在轻工领域不同行业进行渗透。预计到 2025 年新型生物制造技术将在造纸、皮革、制糖、油脂加工等行业初步实现规模化应用，到 2035 年将实现轻工领域的全面应用，新型生物制造将彻底颠覆传统轻工行业的原料来源、生产工艺与产品，形成全新的绿色化、自动化、智能化轻工业生产模式，涉及的制糖、油脂、造纸和皮革等行业的经济规模将超过 20 万亿元。

三、微系统技术

MEMS（micro-electro-mechanical system，微机电系统）技术是一项多学科交叉的新兴高新技术，在信息、生物、航天、军事等领域具有广泛的应用前景，对于国家保持技术

领先优势具有非常重要的意义。因此，本领域将其列为全局化重大颠覆性技术方向，该技术的成熟与发展有望引领多个领域的科技变革，推动科技飞跃发展。

（一）技术说明

MEMS 传感器是基于 MEMS 的典型传感器件。MEMS 集成了当今科学技术的许多尖端成果，它将感知信息处理与执行机构相结合，改变了人类感知和控制外部世界的方式。MEMS 传感器种类繁多，根据 MEMS 传感器的测量对象，可以分为力学传感器、电学传感器、气体传感器、离子传感器、光学传感器、声学传感器、生物传感器、热学传感器和磁学传感器等类型。

（二）研发状态和技术成熟度

美国密歇根大学（University of Michigan）的国际知名学者 Wise 对传感器及 MEMS 发展历程，以及每个阶段的前沿技术研究和同期出现的公司进行了总结：20 世纪 60 年代第一代微加工器件问世，70 年代主要是技术扩展及新的应用，80 年代是更复杂的器件产业化，90 年代主要是发展集成敏感系统，2000 年以后开始发展无线集成微系统。从全球的 MEMS 传感器专利数据可以看出：自 2000 年后，MEMS 传感器技术整体进入成长期，但不同时间段成长速度存在差异。2000～2006 年为缓慢成长期，2007～2010 年为平稳发展期，2011 年至今为快速成长期。随着 MEMS 传感器市场需求的不断增加，以及以中国为代表的新兴研发主体开始加入，可以预测 MEMS 传感器未来仍将保持快速发展的态势。

典型 MEMS 传感器产品的应用已对未来新型 MEMS 传感器的研制和产业化起到示范作用。现今，智能制造领域用到的阵列传感器、单片集成传感器、多功能集成传感器、低功耗传感器等；离散制造业用转速传感器，涡流传感器，运动部件温度、应变、振动传感器等；流程工业用压力、流量、风速、电场、气体传感器，继电器等典型产品的研发与应用均为新型 MEMS 传感器的开发奠定了技术基础。此外，随着对于一系列微米纳米尺度科学问题的进一步了解，以及材料制备与微米纳米加工技术的日趋完善，新型 MEMS 传感器技术已经影响到制造、安全、通信、交通、医疗、能源、环境等多个领域和层面，发挥了不可替代的作用。

（三）产业和社会影响分析

微系统技术在导弹、飞行器、雷达、生物医学等领域应用日益广泛，产生了显著的效益。利用微系统技术发展的微惯性测量装置具有体积小、成本低、质量轻、抗振动、抗冲击能力强和集成化程度高等优点，适用于各种武器的制导系统、光学伺服稳定机构、姿态控制系统等，对于小型飞行器导航、制导与控制领域的发展具有重要意义。微系统技术的发展促进了微小无人装备的发展，微系统技术在微小无人飞行器和微型机器人等方面均取得了新进展。微系统技术在雷达方面得到了广泛应用，在提高雷达性能的同时大幅缩小其重量和体积。利用微系统技术可以制造体积非常小且具有一定功能的产品，在医疗植入、生命体征检测等生物与健康领域取得了较大进展。

随着传感器单价的快速下降以及 MEMS 技术的规模应用，全球传感器市场的总体出货量已经达到百亿级规模。2015 年全球传感器市场规模超过一万亿元，预计到 2020 年翻一番。信息通信、汽车电子、医疗电子和工业电子是传感器应用最广泛的四大领域，其中信息通信领域占比 30%，是最大的行业应用市场。信息通信行业（消费电子、通信设备）在 MEMS 传感器市场中占比更高，占据整个市场出货量的 45.6%。

（四）我国实际发展状况及趋势

总体来看，经过近几年我国企业与政府的共同投入，国内 MEMS 产业链已形成从前端设计、研发、中试、制造到后端封测、系统集成的完整产业链条。但由于起步较晚，本土产业整体规模还比较小，核心技术还处于对外跟随阶段，科研成果转化率低，设计制造协同不足，重点产品大多依赖进口。当前，我国的首要任务是明确发展方向，攻关核心技术，提升产业链配套水平，从而从根本上提升本土微系统技术和 MEMS 传感器产业的核心竞争力。具体分析如下。

2015 年我国传感器、MEMS 传感市场规模分别达到 1100 亿元和 278 亿元，预计到 2020 年分别达到 2115 亿元和 609 亿元，整体保持高速增长态势。在国内市场格局方面，跨国公司占据超过 60%的市场份额。在产值区域分布方面，华东、华南、华北共占据 75%的市场份额。以整体传感器产业发展角度看，我国在产品品质、工艺水平、生产装备、企业规模、市场占有率和综合竞争能力等方面与国际大厂差距明显，国内市场主要应用的传感器绝大部分依赖进口，高端产品尤为显著。

（五）技术研发障碍及难点

1）设计：目前国内 MEMS 传感器厂商整体规模不大，产品种类单一，相比于国际大厂方案集成能力较弱。

2）制造：MEMS 加工工艺种类众多，主要包括非硅加工工艺与硅加工工艺两大类。非硅加工工艺的代表技术为 LIGA 工艺，其缺点和难点包括 X 射线光源昂贵、掩膜板制造困难、难以制造复杂 3D 结构、难与 IC 工艺兼容等。硅加工工艺主要包括体硅加工工艺和表面硅加工工艺两大类，其中体硅加工工艺不易与 IC 工艺集成。

3）封测：本土中试平台在先进技术跟进方面还有所欠缺，如目前本土中试平台在 TSV、晶圆级封装、标准化测试等技术方面有所欠缺。

（六）技术发展所需的环境、条件与具体实施措施

推进 MEMS 传感器技术的发展首先是核心技术攻关。设计方面，重点攻关模拟仿真、信号处理、EDA 工具、软件算法、MEMS 与 IC 联合设计等核心技术；制造方面，突破核心硅基 MEMS 加工、与 IC 集成等技术，提升工艺一致性水平，探索柔性制造模式；封测方面，推动器件级、晶圆级封装和系统级测试技术，鼓励企业研发个性、大规模、高可靠测试设备；此外，鼓励企业探索面向未来发展的新型传感器制造技术、集成技术、智能化技术等。

（七）技术发展历程、阶段及产业化规模的预测

MEMS 传感器为市场导向型技术，其发展速度、类型分布均与市场的需求有着紧密的联系。20 世纪 90 年代末期 MEMS 技术的商业化浪潮，推动了该技术由萌芽期转向成长期，众多微传感器产品进入市场。随后 2000～2006 年的发展主要源于汽车工业对压力传感器、加速度计、热传感器等的大量需求。2007～2010 年 MEMS 进入多元化的发展阶段，虽然专利数量变化不大，但应用领域不断拓宽，除汽车工业外，航空航天、生物医药、医疗电子、消费电子、化工机械等领域，也逐渐出现 MEMS 传感器的身影。2011 年至今，MEMS 传感器快速增长的主要原因是消费电子领域对 MEMS 传感器需求量的增加，同时物联网、智能制造等的发展也起到了一定的推动作用。美国 Transparency Market Research 咨询公司预测，物联网传感器年增长率 24.5%，到 2023 年将达到 347.89 亿美元。

四、基于 BIM 的智慧建造技术

（一）技术说明

BIM 作为系统设计工具集成了信息获取、信息处理及性能评价输出等功能板块。通过数字化技术，在计算机中建立三维的虚拟建筑模型，这个模型提供了一个包含建筑各专业、生命周期各个阶段所需的所有信息的数据库。这些信息能够在综合数字环境中保持信息不断更新并可提供访问。BIM 强调的是利用三维数字模型对项目进行设计、施工和运营的全生命周期动态过程，它是以数字化三维建筑信息模型为载体的建筑设计工具[69]。

建筑工程设计从实物阶段，发展到现在的计算机辅助设计，是颠覆性技术的进步，而当前 BIM 技术已日趋成熟，未来 BIM 智慧建造技术将有可能取代现有的计算机辅助设计，对建筑设计的工作方式形成颠覆性改变，如图 3-10 所示。

BIM 一词在 web of science 上通过主题检索，检索到 10 047 篇论文，其按年份分布状况如图 3-11 所示。BIM 在全球科研体系中，经过从 1965 年到 1995 年长达 30 年的酝酿时期，从 1996 年开始快速增长。BIM 在知网检索，共计 12 318 条。图 3-12 是知网关

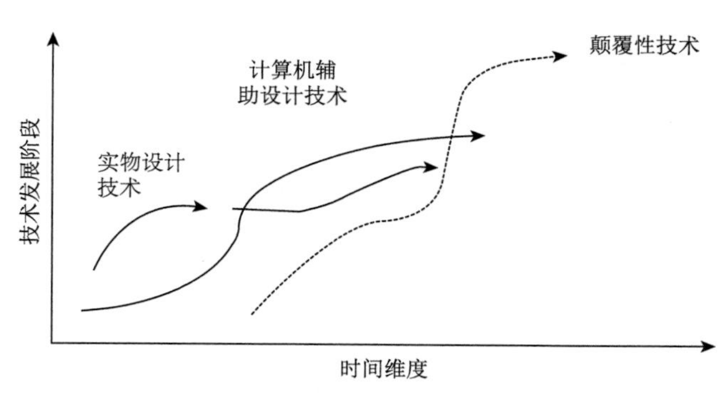

图 3-10　建筑设计技术发展路径图

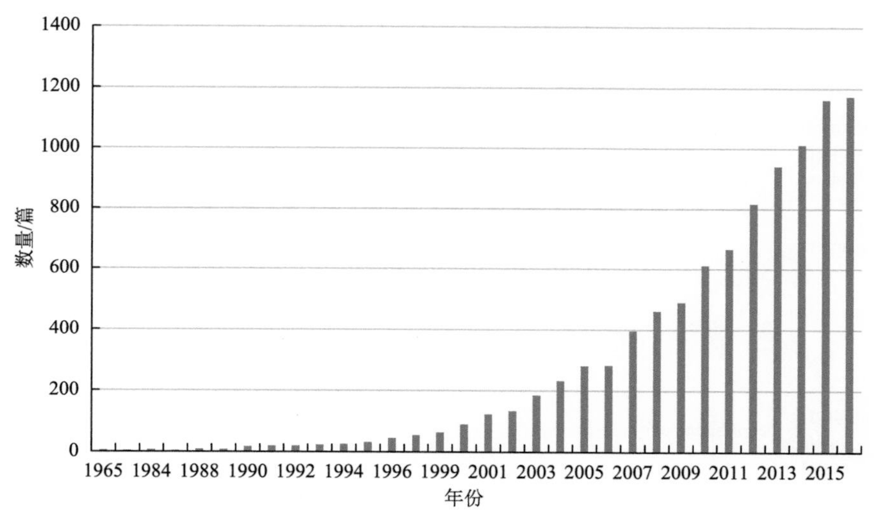

图 3-11　BIM 在 web of science 的论文数量检索结果（1965～2016 年）

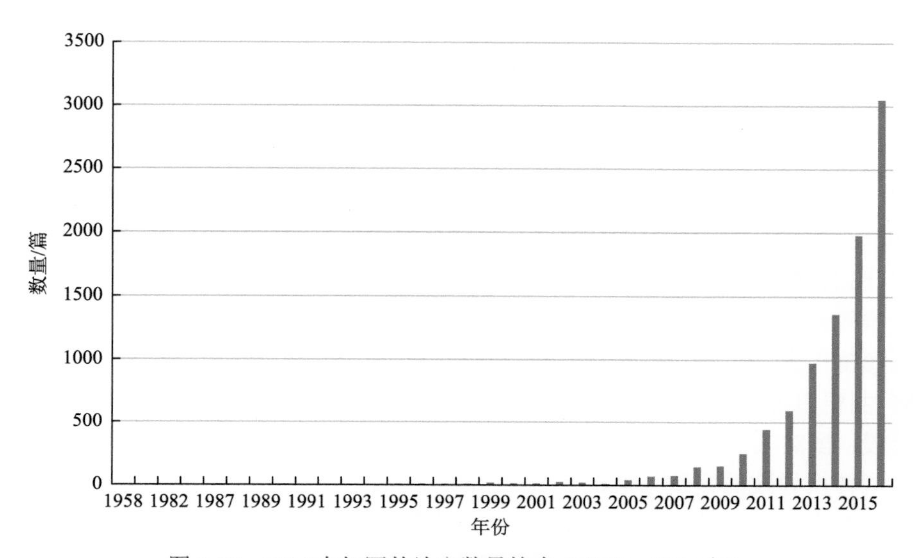

图 3-12　BIM 在知网的论文数量检索（1958～2016 年）

于 BIM 的数据显示，BIM 经历了相当长的酝酿期，长达近 50 年，然后从 2005 年开始缓慢增长，2010～2016 年开始爆发式迅猛增长，说明 BIM 技术具有成为颠覆性技术的潜力。

为了更好地了解 BIM 领域的研究热点，将 web of science 的数据导入数据分析软件 VOSviewer 中，进行大数据分析。结果表明，管理、工程、模型、环境是 BIM 领域的几个重点方向，如图 3-13 所示。

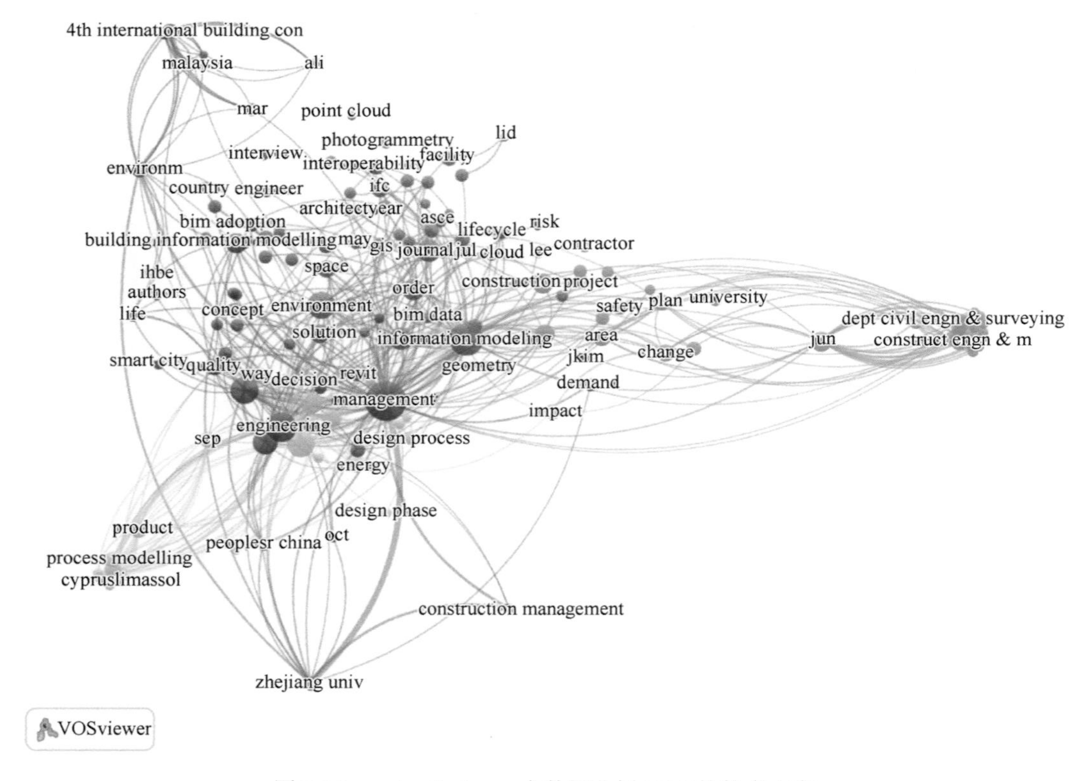

图 3-13 web of science 大数据分析 BIM 的热点方向

BIM 技术是未来建筑工程项目数字化建设基础性技术，是利用数字模型对工程进行规划、设计、建造和运营的全过程管理，将在项目全生命周期内各个阶段都能有效地实现建立资源计划、控制质量安全资金风险、节省能源、节约成本和提高效率，将大大提升工程建设运维管理信息化水平和中国技术走出去软实力，将成为工程建设领域的又一次革命，具有颠覆性意义。

BIM 主要服务于建筑的全生命周期的管理，即设计、施工、运维和拆除。对于建筑的不同阶段，虽然人们对它的关注点有所不同，但使用的是同一信息模型，这样可以有效避免因模型转换导致的建筑信息的流失或错误，同时避免技术人员的重复性建立模型而耗费大量的人力资源。不同阶段对建筑的关注点不同，建筑设计阶段关注的建筑的空间分割，以便满足功能使用要求、居住舒适性等；结构设计阶段则关注的是建筑的结构力学性能，以便于知晓构件的承载能力、结构的安全性等；施工阶段则关注结构和构件的细部构造，以便于建材下料、选取建造方式等；运维阶段则关注建筑整体的健康状况，以便及时对其进行修补、替换构件等。因此，各个阶段的计算模型不一致。为了使用同一模型，各个计算模型间就要有转换接口，并需要相应的标准做支撑。现阶段，各个阶段的模型基本上可以实现几何信息的传递，但不能有效地实现几何信息与力学模型间的传递。另外，把所有构件信息录入模型，现阶段的一般计算机的读取与存储速度、显卡配置等硬件是满足不了的。

随着相关技术人员对模型转换标准的不断探索，再借助计算机硬件不断创新升级，真正实现建筑信息化和智能化的建造与管理，是切实可行的。因此，随着信息技术的发展，基于 BIM 的智慧建造技术将颠覆现有的建筑设计建造和管理方式，是非常具有颠覆性潜力的技术。

（二）研发状态和技术成熟度

在过去的 30 年中，随着社会的发展和生活观念的变迁，城市建设进入了空前发展的黄金时期，建筑行业经历了粗放式的增长形态。而如今经济进入了常态化，建筑企业面临着激烈的竞争，迫切需要对项目实施精细化管理，实现资源的高效利用，提高企业的利润率。BIM 技术的应用，对提升项目的精细化管理水平提供了必要条件。

投入一定的人力、物力、财力开发与应用 BIM 技术，其产生的收益是每一个试图应用 BIM 的企业和项目都会考虑的问题。然而，从目前国内一些企业应用 BIM 的情况来看，收益并不令人满意，有的甚至还可能亏损。据清华大学 BIM 课题组负责人顾明介绍，就投资回报率而言，无论是设计企业还是施工企业，如果 BIM 的应用率能够超过 30%，那么投资回报率一定是正的；如果 BIM 的应用率小于 15%，投资方亏损的可能性就会大一些。目前来看，国内企业应用 BIM，大多集中在类似于碰撞检查、综合优化、虚拟施工等这样在设计或者施工中的应用点上，从项目上的实际应用来看，应用率超过 30%的非常少。因此，BIM 技术还不是很成熟，应用也处于初级阶段，还有待进一步研究和发展。

（三）产业和社会影响分析

BIM 的智慧建造技术将设计、施工、运维统一起来，能够提高建造和管理效率，并且具有节材和节约工人的效果，具有良好的经济价值。智慧化建造方式，能够大大节约劳动力，改善建造工人的工作环境，提高其幸福感，具有重要的社会价值。

（四）我国实际发展状况及趋势

BIM 技术引入我国工程建设领域以来，逐步被工程技术人员所接受，并开始应用于实际工程项目中。然而随着 BIM 技术应用的深入，困惑也越来越多。BIM 技术的大面积推广并未显著地提升效益，还需要对关键技术进行突破。按照发展阶段不同，颠覆性技术所处阶段分为萌芽期、突破期、爆发期、成熟期，基于 BIM 的智慧建造技术在我国目前还属于突破期，但未来具有很大潜力。

（五）技术研发障碍及难点

1. BIM“无芯”

三维图形平台是 BIM 应用软件中最重要的基础软件，没有软件支持，BIM 的作用是无法得以实现的。目前的 BIM 建模软件和基础平台主要被几家国际大型软件开发商所垄断，如 Autodesk、Bentley、Trimble 等公司。软件需要解决的核心技术便是图形引擎，它是“卡脖子”的问题。

2. 交换格式缺失

数据交换格式是 BIM 共享和数字化存档的基础。目前，我们国家没有自己的数据格式，只能采用国际标准格式或国外软件企业的私有格式，所以只能跟在别人的后面走。

3. 分类和编码体系不统一

编码标准是最重要的 BIM 应用基础标准，是打通设计、施工和运维 BIM 应用、实现全生命期 BIM 信息共享的关键。美国和英国的编码标准都有自己的特色，都与目前各自国内普遍应用的编码标准相兼容，是落地的、是理论上的提升。因为编码的本地化特性很强，国外的标准很难拿过来就用。

（六）技术发展所需的环境、条件与具体实施措施

1. 为信息畅通提供法律法规支撑

BIM 的作用是使工程项目信息在规划、设计、施工和运营维护全过程充分共享、无损传递。设计和施工两个阶段是 BIM 应用的重点，BIM 的主要信息都是在这两个阶段产生的，但在目前的行业管理框架下，设计和施工是隔离的，如何实现设计与施工阶段的信息共享，是目前业界 BIM 应用面临的一个难题。因此，有必要在法律法规上消除设计与施工的“孤岛现象”和“沟通隔离”，使其成为工程项目建设的“统一体”。

2. 建立健全保障 BIM 数据安全的相关技术政策

BIM 应用涉及国家安全问题，国家重大工程的全部信息都在 BIM 中，一旦被敌方获得和利用，后果不堪设想。在云计算和云存储技术不断发展的今天，一定要重视 BIM 的存储安全问题。如 Autodesk 360 软件的使用，在英国应用 Autodesk 360 并不担心数据安

全问题，因为 Autodesk 已在欧洲部署了服务器，但在中国，问题就出现了，因 Autodesk 360 用的是美国亚马逊云平台，一旦应用，工程信息的安全就是一个重大问题。因此，我国也应尽快组织出台保障 BIM 数据安全的相关技术政策。

（七）技术发展历程、阶段及产业化规模的预测

BIM 技术发展历程大致分两个阶段：一是应解决 BIM“无芯”的迫切问题，开发出一套真正国产的大型建模平台，应构建具有中国特色的编码体系；二是应制定数据交换的通用格式，打通设计、制作、施工、维护间的通道，实现建造不同阶段共享同一个模型。BIM 技术的开发及应用，将会催生出一整条产业链，带来整个行业生产方式的变革，具有巨大的经济效益和社会效益。

未来 10～15 年的发展展望如下。

1. 虚拟设计院

适应当前建筑设计企业跨地域、全球化的发展趋势，基于 BIM、大数据、云计算、物联网、人工智能等新技术构建工程设计数字化协同平台，对企业内部及外部人员、技术和信息等设计资源进行跨组织、跨地域共享与集成，到 2025 年形成 15 家左右基于互联网平台的虚拟设计院，到 2035 年形成新行业生态圈。

2. 智慧工地

通过与设计信息（特别是 BIM）紧密集成，将设计信息与施工现场感应器、监测设备和智能机器精准对接，实现施工现场数据的快速收集、高效传递、集成共享，建立支持施工全过程仿真模拟与监测的智慧工地环境，支持高度灵活、个性化的建设生产管理模式。到 2025 年形成 15 个左右智慧工地示范项目，到 2035 年在全行业推广应用。

3. “互联网 +”虚拟企业联盟

建立“互联网 +”环境下的工程总承包项目多参与方协同工作新模式，充分应用 BIM、大数据、智能技术、移动互联网、云计算等信息技术，通过信息和知识共享、过程集成，实现对信息流、物流、资金流的有效控制，以总包企业为核心，建立“互联网 +”虚拟企业，实现快速结盟、快速重构、快速扩充，高效地应对变化和不确定性因素，将建筑上下游供应链连接成一个整体，满足和快速响应业主的有效需求。到 2025 年形成 15 个左右虚拟企业联盟，到 2035 年在全行业推广应用。

4. 智能企业和个人诚信系统

应用物联网、大数据和基于位置服务（location based services，LBS）技术，以及人脸识别、指纹识别、虹膜识别等智能技术，建立全国建筑行业个人信息和企业信息管理平台，实现深层次的劳务人员信息共享和监控，实现工程实体质量和工程建设、勘察、设计、施

工、监理与质量检测单位的质量行为监管信息的自动采集。到 2025 年形成 15 个左右智能企业和个人诚信系统，到 2035 年在全行业推广应用。

五、工业化建造

（一）技术说明

工业化建造的理念源于机械制造业。福特汽车率先实现零配件的标准化，大大提高了生产效率，同时也大幅度降低了生产成本。工业化建造是将工业的理念和装备融入建筑行业，是采用标准化的构件、部品和配件，利用通用的机具或装备，进行生产和施工的一种建造方式。我国从 20 世纪 50 年代就已经开始采用工业化的建造方式。进入 21 世纪，随着新型建筑工业化思想和理念的提出，各地开始大力推行装配式建筑，现阶段大力发展的装配式建筑是实现工业化建造的一种生产方式。工业化建造方式下的建筑通过不同功能模块的组合，实现建筑产品个性化定制；通过标准化设计、工厂化生产、装配化施工、一体化装修、信息化管理、智能化应用，实现建筑产品像飞机、汽车一样装配化生产制造。

随着施工技术的发展和进步，未来施工向着机械化、专业化、绿色化的方向发展，如图 3-14 所示，因此未来工业化建造方式将成为主流，它能够提升建筑品质、减少环境污染、保证安全和健康、提高建造效率。工业化建造方式中，预制构件在工厂进行标准化的生产，再通过现场专业工人进行装配式施工，符合绿色低碳、可持续发展的理念，相对于现有的湿作业为主的建造方式，工业化建造是未来发展方向，可能会成为颠覆性技术[70, 71]。

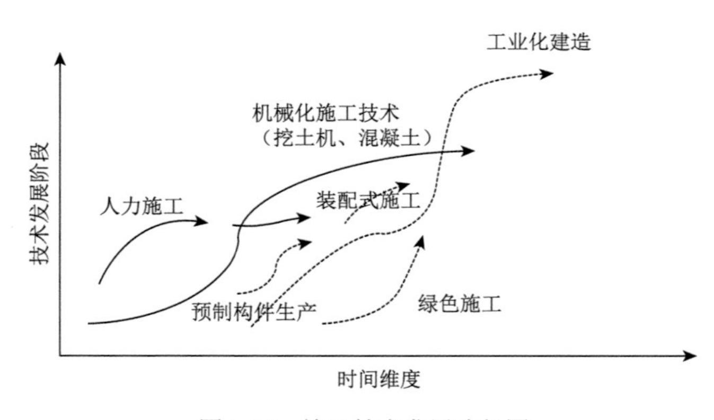

图 3-14　施工技术发展路径图

以“工业化建造”为主题词，在中国知网进行检索，共有 1837 条检索结果。“工业化建造”一词出现比较早，在 1979 年第一次出现，但以“工业化建造”为主题的论文篇数一直维持在 10 以内，说明工业化建造技术一直没有受到显著关注，发展缓慢。直到进入 21 世纪，“工业化建造”出现频次显著增加，尤其是 2010 年之后，论文篇数快速增长（图 3-15）。以主题词 industrialization（工业化）和 building（建造）在 web of science

检索，共检索到 1632 条结果（图 3-16），论文数量在 2000 年之后明显增长，说明建筑工业化具有成为颠覆性技术的潜质。大数据分析 web of science 上检索的文献（图 3-17），结果显示 construction（建造）、structure（结构）等为热点词汇，说明有关工业化建筑的研究目前主要集中在建筑结构和建造方式等方向。

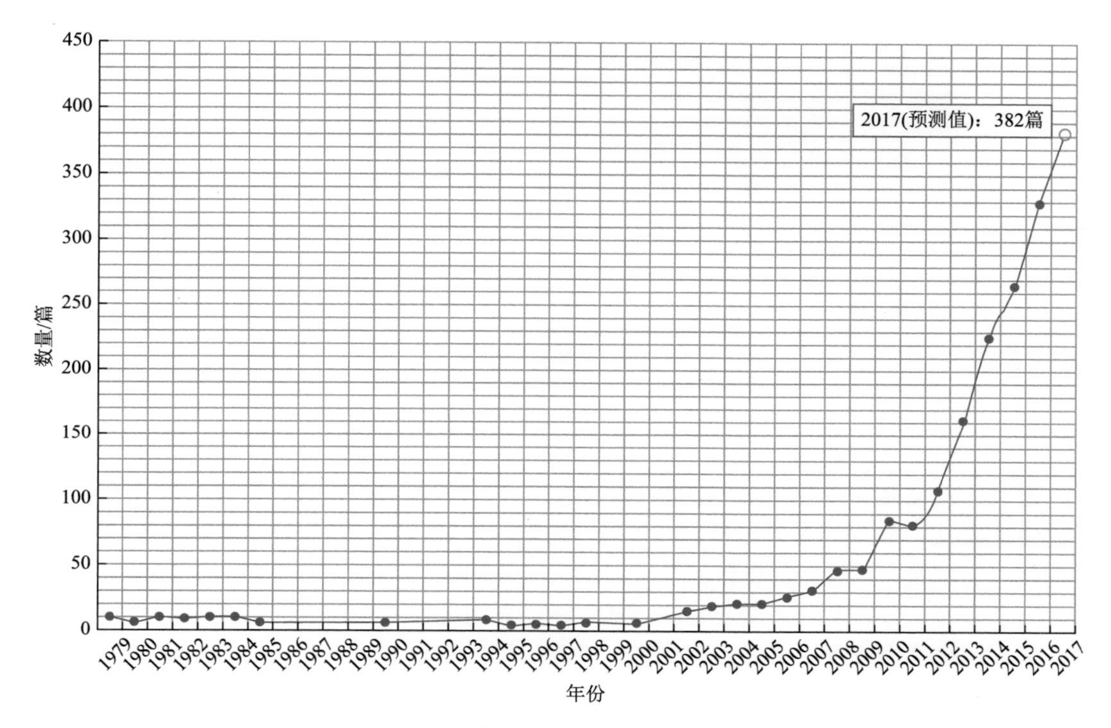

图 3-15　“工业化建造”在中国知网的检索结果

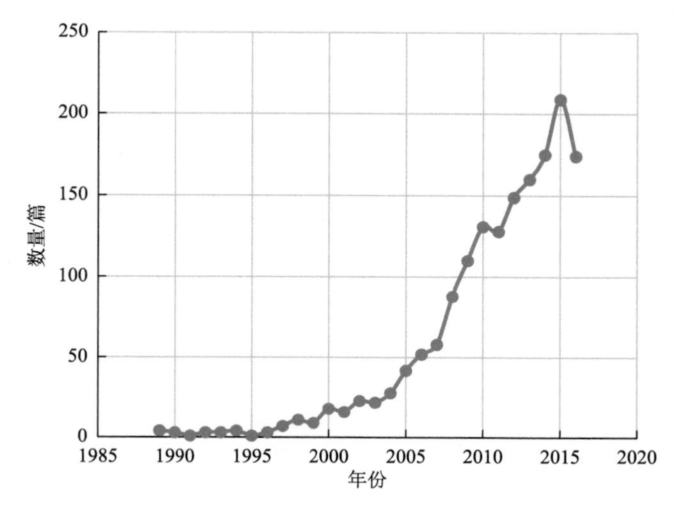

图 3-16　industrialization 和 building 在 web of science 的检索结果

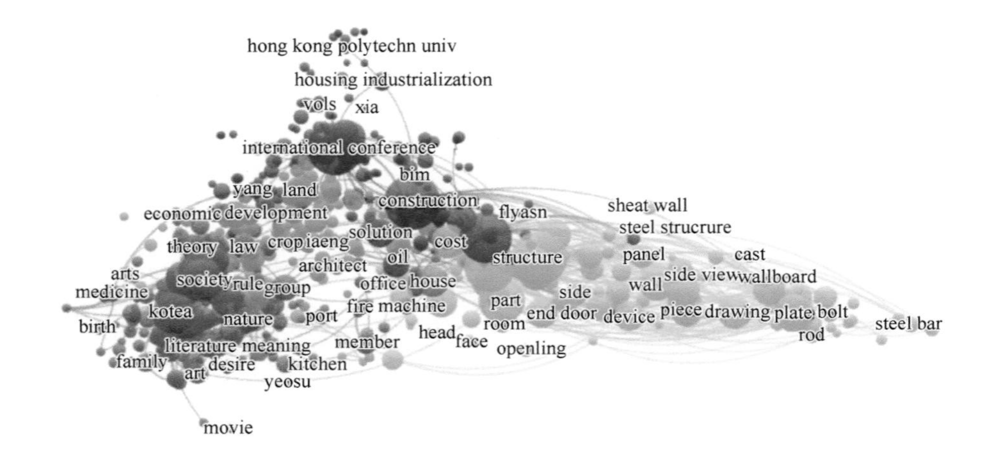

图 3-17 web of science 大数据分析 industrialization + building 的热点方向

建筑工业化是我国建筑业的发展方向。它是一个涉及面广、政策性强的系统工作，需要社会达成共识和政府提供支持。近年来，建筑业发展较快，物质技术基础显著增强。通过现代化的制造、运输、安装和科学管理的大工业的生产方式，来代替传统建筑业中分散的、低水平的、低效率的手工业生产方式，逐步采用现代科学技术的新成果，可提高劳动生产率。加快建设速度，降低工程成本，提高工程质量，使建筑业尽快走上质量、效益型道路，是未来的发展方向，因此工业化建造也很可能会成为颠覆性技术。

（二）研发状态和技术成熟度

工业化建造技术的突破点，在于构配件的标准化。工业化建造技术尚处于初级阶段，标准化程度低下，使得构配件的制作费高，现场安装速度慢，最终导致建造成本的居高不下。标准化不是单一化，恰恰相反，标准化能够成就多样化，既可以满足建筑个性化的需要，又可以实现构配件的互换性。标准化的构配件，不但要实现尺寸上的标准化，各个构配件间也需要有便捷且安全可靠的连接。因此，需要加大模块的标准化研究，同时对连接安全进行研究，最终实现建筑建造的工业化。

（三）产业和社会影响分析

发展装配式工业化建造技术是建筑业实现“四节一环保”、低碳发展的有效途径。众所周知，建筑业是国民经济的支柱产业，其就业容量大、产业关联度高，全社会 50%以上固定资产投资都要通过建筑业才能形成新的生产能力或使用价值，建筑业增加值约占国内生产总值的 7%。但是，中国的建筑能耗占到国家全部能耗的 32%，已经成为国家最大的单项能耗行业。采用装配式工业化建造技术的建筑，可以节约资源和材料，减少现场施工对场地的需求，减少建筑垃圾，减少建筑施工对环境的不良影响。要实现国家和各地方政府目前既定的建筑节能减排目标，达到更高的节能减排水平、实现全生命过程的低碳排放综合技术指标，发展工业化建造建筑产业是一个有效途径。工业化建造方式，按照工业化大生产的方式建造建筑，能够提高建造效率和产品性能，具有良好的经济价值。工业化建造方式，能够改善建造工人的工作环境，提高其幸福感，具有重要的社会价值。

（四）我国实际发展状况及趋势

发展工业化建造技术是建筑业提高工业化水平、提高建造效率的必然趋势。与传统的以现场施工为主的建造方式相比，装配式工业化建造技术表现在建筑构配件生产工厂化、现场施工机械化、组织管理信息化，体现了工业化社会的建造方式和技术手段，是一种现代的高技术含量的建造方法，具有建造速度快、建设周期短的特点。然而，我国的工业化建造技术还处于初步发展阶段，还不能实现规模化经济效益。

工业化建造的发展趋势如下。

1）构配件设计标准化，工业化的一个重要优势就是批量化生产，只有采用统一标准和模数，才能最大限度地减少种类和规格，实现工厂的批量化生产；才能提高效率和质量，降低消耗，最大限度地保护环境；最终实现用有限种类和规格的预制构件定制出个性化的建筑产品。

2）构配件生产工厂化，建筑业的工厂生产环节将与制造业发展同步，通过智能机器人、信息管理系统的应用，实现构配件智能化流水线生产。

3）建筑施工装配化，装配式施工装备与制造业发展水平基本持平，现场自动化、机械化安装机具逐步取代人工，到 2025 年现场劳动力减少 50%以上。

4）建筑管理信息化，通过 BIM、物联网技术的普及应用，实现从施工图设计、深化设计到构件加工、成品库存、运输、现场安装全过程的信息交互和共享，实现信息化管理。

5）工人队伍专业化，打造技能型产业工人队伍，现在的 5000 万建筑工人队伍中，绝大多数人的技术能力和素质难以适应工业化建造的需求，工业化建造技术的发展趋势是工人队伍专业化，需要加强专业技术培训，培养和造就一批具有高技术、高素质、高能力的产业工人队伍。

（五）技术研发障碍及难点

我国装配式工业化建造技术已经有了初步的发展，也在实际工程项目中得到了应用，但其效果并不理想，与现浇结构建筑方式相比，无论是工期，还是造价，均没有显著的优势，甚至还没有现浇体系好，需要对核心建造技术进行攻克，只有达到了标准化、规模化，工业化建造技术才能显示其经济效益优势。

建筑工业化项目成本居高不下的原因主要在于：①工业化设计体系不成熟。目前工业化产品的标准化、通用化、模数化方面程度不高，不能完全适应机械化操作来代替手工，部品件不具备标准化流水线生产条件，发挥不了生产线自动化生产优势。②全新的装配体系还没有形成。基于现浇设计、通过拆分构件来实现“等同现浇”的装配式建筑，导致施工现场两种建造模式并存，额外增加了施工组织成本。③工业化项目没有推行 EPC（engineering procurement construction，设计采购施工）工程总承包管理模式。各方力量不能有效协同，对项目的工期和成本都产生了较大的消耗。④工业化项目还处于试点示范阶段。还没有形成规模化的建筑工业化市场，工厂建设成本、机械投入成本、技术研发成本、人工技能成本和综合管理成本的摊销，增加了当前工业化项目的工程造价。

（六）技术发展所需的环境、条件与具体实施措施

1）优化完善标准体系。从加工、装配和使用的角度，研究构件部品的标准化、多样化和模数模块化，建立完善工业化建筑设计体系。形成部品件在设计—加工—装配过程中的模数协同、接口统一的系列技术及标准。

2）加快复合型人才的培养。从全产业链的角度出发，积极引进并大力培养建筑工业化相关的设计师、建筑师、工程师、生产技术和管理人员，尤其要注重打造设计研发和 EPC 工程总承包管理团队，加速形成新型建造方式的“人才高地”，增强工业化建造方式的发展动力。

3）打造适应行业发展的产业工人队伍。在工业化建造方式推进过程中，大量的高空作业转向地面作业、现场作业转向室内作业、人工作业转为机械作业，减轻了工人的劳动强度，改善了工人的工作环境，这也为有效解决传统建筑行业农民工“离散性强、青壮年少”的情况创造了有利条件。

（七）技术发展历程、阶段及产业化规模的预测

目前我国工业化建造方式还处于起步阶段，标准化体系完善后，工业化建造方式将逐步走向成熟，构配件厂发展壮大形成规模后，工业化建造方式将能够颠覆现浇的建造方式，成为主流。

未来 10～15 年的发展展望如下。

1. 基于大数据的协同设计

系统解决设计、生产、装配施工中各专业模数不统一问题，打通各行业间的壁垒，形成行业间统一标准；在统一的行业标准下，建立专业的数据库；建立多个工业化建筑体系；利用信息化模型、云平台和互联网，形成部品、部件、构件、内装材料等多个共享平台，到 2025 年实现全行业工业化建筑协同设计。

2. 预制构件智能化生产线

通过 BIM 平台和大数据管理实现构件生产的智能化合理选料、精准布料、激光布置模板、钢筋骨架自动组合成型、构件质量跟踪管理等。结合需求与地区发展规划，合理布局智能化生产线，到 2025 年实现减少人工 50%以上。

六、3D 打印建造技术

（一）技术说明

3D 是 Three Dimensions 的简称，强调的是空间概念；打印一般特指在平面上涂刷某种薄层，以清晰表达某个物体特殊的平面几何形态；3D 打印是采用逐层叠加的方法，将薄层逐渐叠加为立体形态的增材制造的俗称。

在中国知网上主题检索“3D 打印”和“建筑”，检索到 457 条结果，如图 3-18 所示，“3D 打印”一词在建筑领域第一次出现是 2009 年，但 2009 年、2010 年、2011 年三年论文量很少，每年只有一两篇，从 2012 年开始，出现跨越式增长，论文量增长 100 多倍，说明 3D 打印计算的建筑领域的研究呈现蓬勃发展之势。在 web of science 主题检索 3D printing 和 building，检索到 991 篇文献，其按年份分布如图 3-19 所示。与在中国知网检测的结果显示趋势基本一致，3D 打印技术是在 2010 年之后开始迅速增加的，目前来看，增速仍然很大，没有达到成熟稳定期，所以仍处于发展时期，在未来可能具有一定的成为颠覆性技术的潜力。对 web of science 的 991 篇文献进行分析，如图 3-20 所示，出现次数高的词分别有 device（设备）、layer（分层）、property（特性）、object（目标）、surface（表面）、strength（强度）等，说明这些是“3D 打印”技术的重点研究对象。其发展势头迅猛，未来有可能成为颠覆性技术。

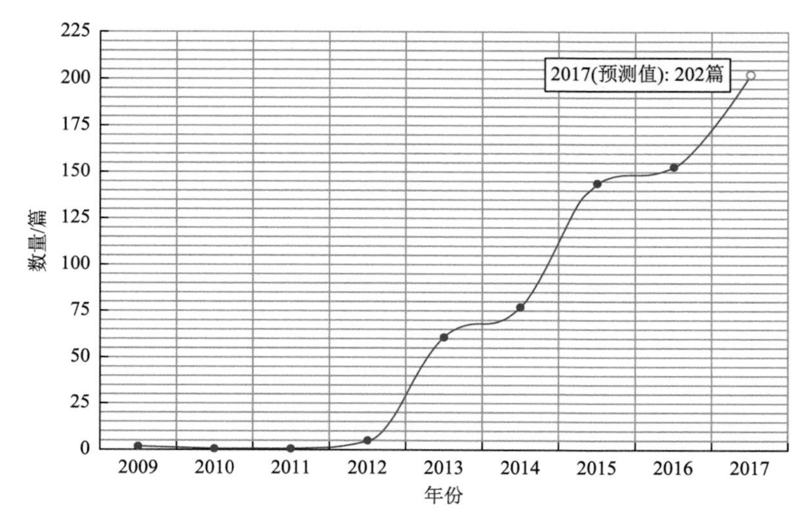

图 3-18　“3D 打印”和“建筑”在中国知网检索结果

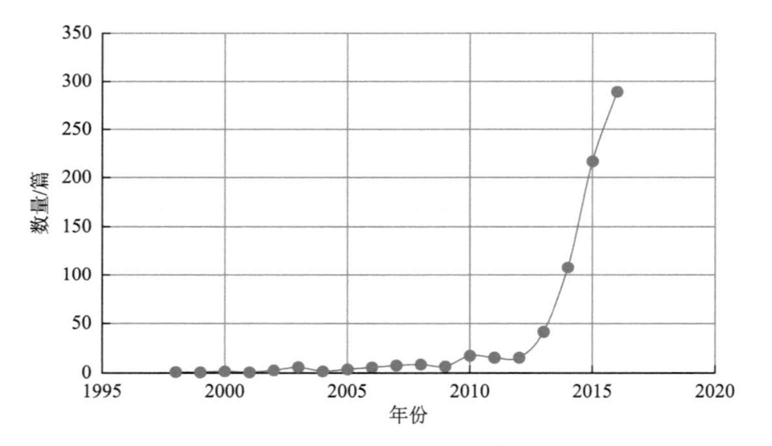

图 3-19　3D printing 和 building 在 web of science 检索结果

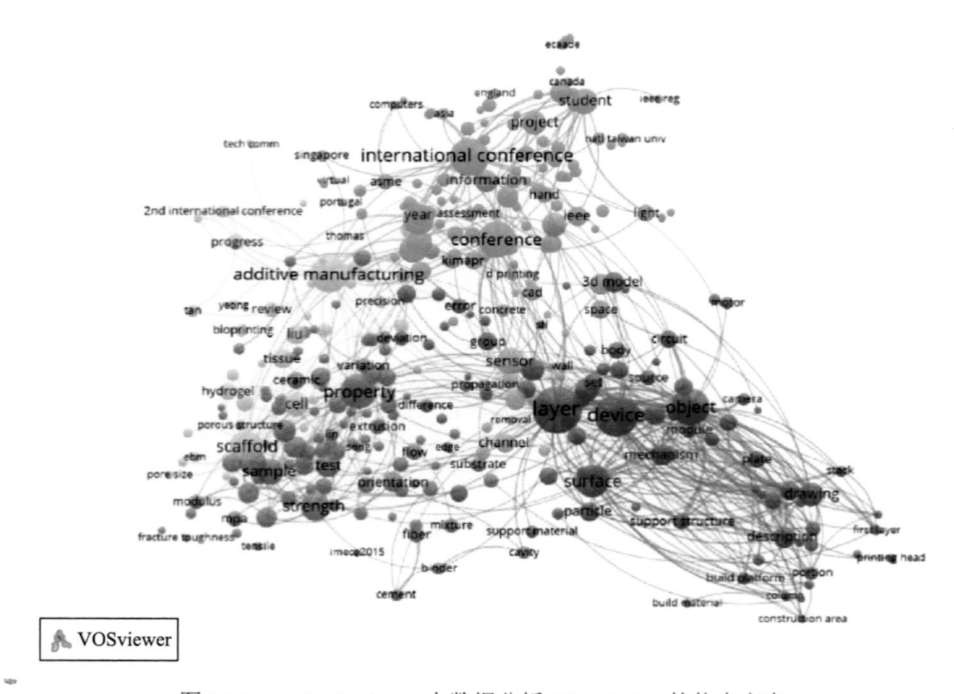

图 3-20　web of science 大数据分析 3D printing 的热点方向

（二）研发状态和技术成熟度

3D 打印建造更复杂的建筑，是建筑业一个重要的发展方向。然而，目前 3D 打印建造在国内仍处在起步阶段，技术及技术路线均处在探索阶段，采用 3D 打印建造的实际工程鲜有报道，且未形成成熟的施工工艺及其设备。

（三）产业和社会影响分析

3D 打印技术有助于实现建筑这一传统行业的转型升级。建筑 3D 打印能打印出各种房型及装饰构件，让建筑的艺术性通过 3D 打印技术一次实现，对各种特殊设计结构、空间结构、研发性产品、单一样品具有比常规施工技术更明显的优势。建筑 3D 打印的广泛推广将彻底改变现行建造方式，对推动建筑产业的转型升级、促进我国新型城镇化的实现，具有非常重要的现实意义[72, 73]。

建筑 3D 打印的应用领域广泛，从长远发展来看，可以采用从简单到复杂、从主业到旁枝的发展策略。从近期到远期的 3D 打印目标为：高档建筑装饰构件、雕塑小品、别墅、农村住宅、经济适用房和廉租房、高层住宅、抗震救灾紧急用房、太空基地。不仅在建筑行业，3D 打印技术在其他行业，如制造业、医疗行业、航天航空业等，也有很广阔的应用前景。世界顶尖的新闻杂志《经济学人》认为 3D 打印技术将引发第三次工业革命。

3D 打印技术，使得异形建筑和部品能够更方便、更节约地建造，丰富建筑的造型多样性，具有良好的经济价值。3D 打印技术，能够提高机械化程度，节省人力成本，具有重要的社会价值[74]。

（四）我国实际发展状况及趋势

3D 打印技术在医疗领域、建筑领域、军事领域、航空航天领域、文物保护领域、汽车工业领域、食品领域、服饰配件领域、珠宝首饰领域、文化艺术领域、家具装饰领域都有应用的尝试，但还没有形成明确的应用方向，未来应用还模糊不清。目前，3D 打印技术处于“百花齐放、百家争鸣”的态势，打印材料丰富多彩，打印设备形式各异，打印方式多种多样，预制与现场打印并行。总之，3D 打印技术还处于研究探索阶段，打印建造设备、打印建造材料、打印建造工艺等方面还存在诸多问题有待研究。3D 打印建造的推广应用，还有待于建材、机械、计算机信息开发与建筑行业协同合作，联合进行技术攻关，才能取得重大突破。因此，3D 打印建造目前还处于萌芽阶段。

（五）技术研发障碍及难点

越是造型复杂的构造，越能充分发挥 3D 打印的优势。该项技术综合了计算机技术、机械数控技术和建筑材料技术。其中，3D 打印技术所涉及的前两项技术，已经被较好地掌握，关键在于建筑材料。现在开发的 3D 打印技术，主要用的是混凝土材料。素混凝土具有较好的抗压性能，但其延性差，不能满足抗震耗能的需要，这就制约了 3D 打印建造技术的推广。

（六）技术发展所需的环境、条件与具体实施措施

3D 打印建造技术可完全实现机械化，可以完全颠覆传统的建造方式。建筑领域的 3D 打印技术应加大对建筑材料的研究，使之满足强度高、抗震性能好的要求，同时经济性好。

（七）技术发展历程、阶段及产业化规模的预测

根据颠覆性技术演化历程，将颠覆性技术所处阶段划分为酝酿期、突破期、成长期、成熟期。酝酿期，颠覆性技术处于涌现的萌芽状态，技术突破的方向和未来应用非常模糊。突破期，颠覆性技术体系弱小，研究不确定性很大，核心技术瓶颈较多，潜在应用还在探索中。成长期，技术发展逐步明朗，但应用的方向不确定。成熟期，技术发展趋于停滞或向新的分支发展，主流应用形成。

目前建筑 3D 打印技术还处于萌芽阶段，即酝酿期，当建筑打印的材料获得重大突破，不再是素混凝土时，建筑 3D 打印技术将进入成长期，随后建材、机械和信息技术结合，协同进步取得重大突破，那么建筑 3D 打印技术将进入成熟期，形成主流应用。

未来 10～15 年的发展展望如下。

1）研发出安全性高及可打印性好的新型的 3D 打印材料。针对现有的建筑材料在自身性能及 3D 可打印性上的先天不足，应及早研发具有高流态、固化时间短、层间间接性能好、固化后结构物整体安全性高的新型建筑材料，包括对现有建筑材料进行试验验证。

2）研发建筑用多打印头分布式自爬升 3D 打印装置。针对建筑结构体量巨大，现有建筑用 3D 打印装置效率与精度不能兼顾的问题，亟须研究开发节能环保、安全性高、施工速度快、能够适应不同类型建筑的多打印头分布式 3D 打印装置。针对现有建筑用 3D 打印装置对建筑高度的适应性问题，研发出可连续爬升、高稳定性的 3D 打印装置自爬升机构。

3）研究基于人工智能的多打印头协同路径规划关键技术。针对分布式 3D 打印装置多打印头的特点以及 3D 打印中被打印物体体量与打印精度的矛盾，研究基于人工智能的多打印头协同路径规划关键技术。包括建立多打印头系统路径规划数学模型，进行人工智能算法开发，对多种人工智能算法在多打印头协同路径规划中的性能进行分析比较选择，对算法参数进行优化与设定，开展二维、三维空间下多打印头协同路径规划关键技术的模拟试验。

七、循环自给型污水净化智慧工厂

传统的污水处理技术已有 100 多年的历史，主要是以“污染物”消减为目标，存在高碳排放、能源消耗大、转化效率低、资源利用率低等缺点，随着科技的进步、新时代社会发展的要求，对污水处理中的“污染物”回收、水再生利用及水生态的高度融合得到的广

泛关注，是未来污水处理“绿色、低碳、循环、健康”可续性发展的重要方向。循环自给型污水净化智慧工厂就是一个很好的发展方向。

（一）技术说明

循环自给型污水净化智慧工厂，是从革新污水处理理念开始，以实现可持续发展的污水处理产业为目标，通过应用先进的环境生物、环境材料与环境信息等新理论、新材料和新技术以及生物—材料—信息的交叉，协同创新研发污水处理新工艺、新技术、新装备以及新的运营方式，旨在使我国的城市污水处理厂由单纯的污染物消减、物质/能量的消耗型工厂，颠覆性地转变为集污染控制、资源生产和能源再生自给一体化、与生态系统相融合的面向未来的新型污水处理概念厂及引领示范厂。

（二）产业和社会影响分析

相比于以传统活性污泥法为核心的现有污水处理厂，循环自给型污水净化智慧工厂具有资源产出、循环利用、能源自给、智慧运维、水质高效净化、低（零）环境生态风险的显著特点，污水净化厂与生态环境系统有机融合匹配，成为城市水系统可持续发展的重要物质/能量循环节点、资源能源产出工厂、优质再生水的重要供给工厂，彻底改变传统城市污水处理厂“高能耗、高物耗、排碳、二次污染”的处理现状与发展模式。

（三）我国实际发展状况及趋势

目前我国在循环自给型污水净化厂方面处于并跑国际先进水平，尤其在循环自给型污水净化厂功能材料研制、环境生物等理论与技术方面有一定的国际竞争力，但是仍需要国家加大投入，以实现我国具有自主知识产权的污水处理与净化技术“从量的产出到质的提升、从点的突破到面的飞跃”，从而形成循环自给型污水净化厂颠覆性技术突破，促进我国在循环自给型污水净化智慧工厂方面取得跨越式发展，达到国际领跑水平。由此，循环自给型污水净化工厂将以技术层面创新突破为核心，产品层面推广为导向，产业层面革新为目标，进而带动整个污水处理行业技术革新、体制/机制突破和行业/产业的可持续发展。目前我国污水处理能力达到1.8亿 m^3/d，位于世界第一，巨大的污水处理市场和广阔的发展前景为技术的创新与行业/产业的发展注入了重要驱动力。

（四）阶段及产业化规模的预测

在未来5年内，我国污水处理领域将在资源/能源回收等核心关键技术层面实现重大突破，并将有循环自给型污水净化智慧工厂成功示范与稳定运行；在未来10年内，实现循环自给型污水净化智慧工厂在我国污水处理行业的市场推广和运营；在未来15～20年内，循环自给型污水净化技术成为城市污水处理行业的主导处理工艺与技术。

第五节 满足美好生活需求，保障社会健康发展的技术

一、肿瘤免疫治疗

肿瘤免疫治疗是通过重新启动并维持肿瘤—免疫循环，恢复机体正常的抗肿瘤免疫反应，从而控制与清除肿瘤的一种治疗方法。肿瘤免疫治疗包括单克隆抗体类免疫检查点抑制剂、治疗性抗体、癌症疫苗、细胞治疗和小分子抑制剂等。当前，肿瘤免疫治疗已成为科学界与投资界的热门。2012 年 6 月，《新英格兰医学杂志》（*The New England Journal of Medicine*，NEJM）刊出论文《肿瘤研究 200 年》，明确提出肿瘤治疗方法已转变成手术、放疗、化疗、生物免疫治疗四足鼎立；2013 年 12 月，*Science* 杂志将肿瘤免疫治疗列为年度十大科学突破之首。而在产业化领域，2013 年 8 月美国高盛报告，八大可能改变世界的领域创新，癌症免疫治疗排名第二，预测在将来免疫治疗可能会像当前的化疗一样，成为癌症治疗的一线方法。2016 年，《麻省理工科技评论》（*MIT Technology Review*）将“免疫工程”列为年度十大突破性技术之首，认为基因工程改造的免疫细胞正在挽救癌症患者的生命，核心内容就是免疫治疗。美国的得克萨斯大学 MD 安德森癌症中心的 Allison 首次发现阻断 CTLA-4 能够激活免疫系统的 T 细胞攻击癌细胞，同时研发出世界上第一种用于免疫—肿瘤疗法的 CTLA-4 抗体。日本京都大学 Tasuku Honjo 首次发现 PD-1 是激活 T 细胞的诱导基因，其后续研究揭示了 PD-1 是免疫反应的负调节因子。两位科学家因在通过抑制负向免疫调节的癌症免疫治疗方法的重要贡献获得 2018 年诺贝尔生理学或医学奖。

（一）免疫疗法可能会取代化疗成为治疗癌症的新疗法

19 世纪中期的德国病理学家 Virchow 观察到人类肿瘤组织中出现免疫浸润，随后美国医生 Coley 试图将细菌培养液（含 Coley 毒素）注射进无法切除的软组织肿瘤，以诱发免疫治疗反应，由于时代的局限和对免疫机制理解的不足，肿瘤免疫治疗前进的步伐停滞了近一个世纪。20 世纪 70 年代出现的非特异性免疫的治疗方法，如 IL-2、IFN-α 等，由于伤害性免疫反应的存在，在肿瘤治疗中并未获得长足的发展。直到免疫检查点对 T 细胞免疫应答的开关控制使机体免于伤害性免疫反应等基础研究的突破，才为肿瘤免疫治疗带来了转折。随着 CD28-细胞毒性 T 淋巴相关抗原 4（CTLA-4）的相互作用的发现，以及更多的免疫检查点的确认，如程序性细胞死亡蛋白 1-程序性细胞死亡蛋白 1 配体 1（PDl-PDL1）等，它们作为机体免疫应答正负驱动网络的一部分，遵循共用的基本原则，使用单克隆抗体对免疫检查点进行调控将对免疫应答产生普适作用，这一过程并不依赖于肿瘤组织学或肿瘤特异性抗原的特异性。

自肿瘤免疫治疗药物 Yervoy（ipilimumab. anti-CTLA-4）于 2011 年获批以来，已经经历了三代免疫疗法的发展。第一代药物包括开启肿瘤免疫治疗新纪元的 Ipilimumab 和

Sipuleucel T（一种自体树突细胞免疫治疗），分别于 2010 年和 2011 年完成Ⅲ期临床试验。然而由于在规模化生产和商业运作上过于复杂，Sipuleucel T 并未得到大规模应用。紧接第一代药物，肿瘤免疫治疗研发进入急速扩张期，近几年发现了许多新的免疫作用机制和靶点，可将这一阶段的药物归类为第二代。第二代药物中最引人瞩目的是 PD1 和 PDL1 阻断抗体。第一个 PD1 靶向药物 Pembrolizumab 和 Nivolumab 在 2014～2015 年获得了 FDA 与 EMA（European Medicines Agency，欧洲药品管理局）的上市批准。而 PDL1 靶向药 Atezolizumab 和 Durvalumab 目前正在关键的临床试验阶段。此外，靶向 CD19 + B 细胞恶性肿瘤的双特异性 T 细胞链接抗体（BiTE）Blinatumomab 在 2015 年批准上市。可作为自体细胞治疗的嵌合抗原受体 T 细胞（Chimeric Antigen Receptor-transduced T cells，CAR-Ts）也正在开发中。溶瘤性病毒治疗药物 T-vec 主要针对无法切除的复发性黑色素瘤的治疗，在 2015 年 10 月被 FDA 批准上市。起初的肿瘤免疫治疗的市场价值主要集中在第一代和第二代药物。然而，新技术开发和运用在不断挖掘免疫系统抗击肿瘤的潜能，不断扩展肿瘤免疫治疗多样性。随之而来的新一代治疗方法将涉及多种免疫机制和作用形式，可称下一代肿瘤免疫治疗为第三代治疗。

（二）肿瘤免疫疗法是当前和未来新药研发的焦点

肿瘤免疫疗法是当前药物研发的焦点，其中最热门的靶点是 PD-1/PD-L1。全球共有 5 个 PD-1/PD-L1 新药上市，分别是 Opidivo（BMS）、Keytruda（MSD）、Tecentriq（Roche）、Imfinizi（Astrazeneca）、Bavencio（Merck KGaA/Pfizer）。2018 年 6 月，我国首个肿瘤免疫治疗药物欧狄沃 TM（纳武利尤单抗注射液）获国家药品监督管理局批准，用于治疗经治非小细胞肺癌，是国内首个也是目前唯一获批上市的 PD-1 抑制剂。

国际肿瘤免疫治疗的研究热点总结为：免疫生物学、癌症免疫疗法的新靶点、免疫检查点抑制及免疫检查点阻断、靶向肿瘤的蛋白及多肽疫苗、新型免疫疗法及癌症研究的范式转变、肿瘤免疫治疗中的免疫逃逸与肿瘤免疫联合疗法、免疫疗效的评估和预测、癌症免疫疗法临床实践 8 个方向。目前，我国在肿瘤免疫治疗方面的研究总体上落后于国际水平，国内多家研究机构的主要研究内容仍然集中在肿瘤免疫治疗的免疫生物学方向。中国科学院、上海交通大学、中国人民解放军第二军医大学等机构在开展相关研究。

肿瘤免疫治疗产品主要分为非特异性免疫和特异性免疫两大类。检索 THOMSON REUTERS CORTELLISTM 数据库 2012 年 9 月 1 日至 2017 年 8 月 31 日收录的已上市肿瘤领域药物，共计 237 个。其中肿瘤免疫治疗性药物共有 84 个，占所有上市肿瘤药物的 30.8%。虽然其中含有通过免疫调节治疗肿瘤的药物，但也证明了肿瘤免疫治疗性药物在肿瘤治疗中占据了重要地位。疫苗和抗体类药物处于临床试验后期者居多，但 CAR-T 疗法和免疫检查点阻断治疗尚处早期临床试验阶段。

全球肿瘤免疫治疗专利技术主要研发机构排名前十位的有六家来自美国（占全球总申请量的 8.5%），两家来自德国，一家来自日本，一家来自英国。中国没有研发机构入围。美国是肿瘤免疫治疗专利技术的研发主体，具有技术研发核心竞争力的研发机构还是以国际大型公司为主。肿瘤免疫治疗专利技术在全球 55 个国家或地区进行申请和授权。美国和欧盟是关键技术研发并进行知识产权保护的核心地区。我国肿瘤免疫治疗专利技术主要研发机构是大学和科研院所，中国人民解放军军事医学科学院、中国人民解放军第四军医大学、中国医学科学院、中国人民解放军第三军医大学、郑州大学位居前五名。

（三）免疫治疗可作为我国生物医药领域赶超欧美的重要突破口

在我国肿瘤免疫治疗领域已取得的良好成果基础之上，需充分发挥我国临床样本资源优势，优化资源配置，与基因组学、蛋白质组学、系统生物学等前沿学科紧密合作，紧跟国际免疫学研究前沿趋势，我国肿瘤免疫治疗将取得更大突破，逐步走向国际前沿，为认识肿瘤发生发展机制、攻克肿瘤、提高肿瘤患者的生活质量，最终为促进人类健康事业的发展作出贡献。因此，应加强布局，肿瘤免疫治疗有望成为医药生物领域赶超欧美发达国家和地区的重要突破口。

同时，应加强传统治疗与免疫治疗联合疗法的高质量临床研究。如何进一步提高疗效与特异性，扩大适应证，是未来研究的方向。首先，结合精准医学发展，筛选生物标志物，预筛选过继细胞治疗可以发挥作用的肿瘤患者，将对于肿瘤的免疫细胞治疗具有非常重要的指导意义。其次，在深入研究不同治疗手段之间相互作用机制的基础上，如何将传统的肿瘤治疗方法与现有的免疫细胞治疗相结合，或者将不同的免疫细胞疗法相结合，从而达到最好的疗效，仍需要进一步探究。最后，利用健康大数据，建立新的以整体生存率为主要指标的免疫细胞治疗的评价体系。

二、人造病毒疫苗

（一）技术说明

人造病毒疫苗[75]是基于反向遗传学操作技术和合成生物学等方法，从基因水平入手，按照计算机模拟程序，突变病毒基因组的三联码，人为控制病毒复制从而将病毒直接转化为预防性疫苗或突变为治疗病毒感染的药物。通用这种方法可以研制任意致命性病毒的疫苗和治疗性生物技术药物，并且可以用来开发影响国防安全的预防性生化武器。

（二）研发状态和技术成熟度

19 世纪末，法国微生物学家巴斯德将狂犬病病毒经过人工减毒处理，刺激人类免疫系统产生对病毒的抗体，成功治愈了感染狂犬病患者，开启了人类的病毒疫苗研发道路。但其免疫原性有限并且易产生免疫逃避，随着分子生物学等学科的发展，出现了许多不断成熟的疫苗研制的新方法和新技术，并在某些方面已经开始逐步取代传统的疫苗研制技术。其中，反向遗传学技术和合成生物学技术发展迅速，备受国内外研究者关注。近日，

Science 发表了我国关于流感病毒疫苗的突破性研究进展，以甲型流感病毒为模型，应用基因遗传密码子扩展技术成功制备了复制缺陷型疫苗病毒，发明了将病毒直接转化为疫苗的技术，其免疫原性及免疫保护效果等方面均优于现行的流感疫苗。该研究成果称为一种“革命性”或“颠覆性”研究，此项技术不仅为解析病毒蛋白在病毒复制周期和致病性中的作用提供了有效的研究工具，而且为研发 RNA 病毒作为载体疫苗提供了新的思路和策略。

（三）产业和社会影响分析

近年来，流感、艾滋病、SARS（severe acute respiratory syndrome，严重呼吸综合征）和埃博拉出血热等致命性传染病及其周期性爆发，时刻危害着人类健康和社会稳定，其幕后黑手是结构多样、功能复杂且变异快速的病毒，而疫苗是预防病毒感染的有效手段。当前临床使用的疫苗或因病毒灭活致免疫原性和安全性差，或因制备工艺复杂而不通用，或因病毒突变致免疫逃逸失效，从而使人们往往谈病毒色变。目前，使用具有完全感染力的活病毒被视为一种禁忌，因为病毒会迅速传播。获准临床使用的活病毒疫苗通常都经过结构上的处理，使病毒的毒性减弱，但这影响了疫苗的效力。因此目前广泛销售和使用的疫苗通常要么含有死病毒，要么含有毒性减弱的活病毒。此外，很多致命的病毒都没有相应的疫苗。而人造病毒疫苗是活病毒疫苗，保留了野生病毒完全的感染力，只是剔除了感染人体后在细胞内的复制和生产新病毒的能力。通过这种方式，保留了病毒感染人体引发的全部免疫原性，即体液免疫、鼻腔黏膜免疫和 T 细胞免疫，而控制了对人体的毒性。这种方法完全不同于当前使用的仅部分免疫的灭活疫苗，也不同于仍然保留弱复制能力而有毒性危险的减活疫苗。此类疫苗可以做艾滋病、SARS 和埃博拉出血热等几乎任意致命性病毒的疫苗或治疗性生物技术药物，甚至可以用来开发影响国防安全的预防性生化武器。

（四）我国实际发展状况及趋势

目前，我国科学家成功以流感病毒为模型，发明了将病毒直接转化为疫苗的技术，该研究成果称为一种“革命性”或“颠覆性”的发现。此项研究在保留病毒完整结构和感染力的情况下，仅突变病毒基因组的一个三联码，使流感病毒由致命性传染源变为预防性疫苗，再突变三个以上三联码，使病毒由预防性疫苗变为治疗病毒感染的药物，并且随着三联码数目的增加而药效增强。这一“四两拨千斤”技术不仅使疫苗研发不再复杂，而且摆脱了对病毒生物学知识获得的依赖，并适用于几乎所有病毒。这一发现颠覆了病毒疫苗研发的理念，成就了活病毒疫苗的重大突破。

（五）技术研发障碍及难点

人造病毒疫苗面临制备活病毒疫苗效率低的问题，大多数病毒都是 RNA 病毒，即它们的遗传物质是RNA，病毒的信使RNA（mRNA）负责合成蛋白质。研究发现，流感病毒 mRNA 中引入了一个终止密码子，并保留病毒的完整结构。保留了感染性的病毒进入人体后，可以激活人体细胞的全部免疫反应，但由于存在终止密码子，病毒无法进行蛋白质翻译，失去了复制能力。研究人员对小鼠、豚鼠和雪貂注射了活病毒疫苗后，这些病毒并未发生复制。随后，动物体内产生免疫反应，将注射至体内的病毒清除，并获得了免疫能力。

病毒变异极其迅速。活病毒疫苗仅仅改变了几个碱基，进入人体后，会不会发生突变而恢复复制能力？我们通过检查病毒的基因组，找出其中不易突变的位点，即保守区，随后在该区域设置终止密码子。一旦保守区的基因发生突变，就会导致病毒的死亡。此外，为了增加保险系数，会在病毒的多个保守区中设置终止密码子，只有改变所有的终止密码子，才能重启自我复制进程。

（六）技术发展历程、阶段及产业化规模的预测

目前疫苗的发展，已经从预防用疫苗发展到治疗用疫苗。同时，运用遗传密码扩增技术制备的活病毒疫苗已经投入使用。随着分子生物学等学科的发展，许多可以应用于疫苗研制的新方法和新技术出现了，并在某些方面已经开始逐步取代传统的疫苗研制技术。这种方法完全不同于当前使用的仅部分免疫的灭活疫苗，也不同于仍然保留弱复制能力而有毒性危险的减毒活疫苗。这一发现颠覆了病毒疫苗研发的理念，成就了活病毒疫苗的重大突破，有望简化疫苗的研发过程，帮助科学家在疫情暴发几周内就得到有效的疫苗甚至疗法。目前的人造病毒疫苗技术仍处于初期发展阶段，所面临的难题较多、压力较大，但我们相信通过科研人员的不懈努力，科研技术的不断进步，人造病毒疫苗技术在未来十几年内将会迎来一个飞速发展阶段。

人造病毒技术仍处于新兴阶段，所需的条件过于单一、资源太过匮乏。同时，人造病毒疫苗的研究周期过长、科研投入过大、技术门槛过高，受到的关注度和欢迎度仍然较低。此外，该技术相关的动物实验和临床实验面临审批的流程太过烦琐、周期过长等问题，这对该技术的发展也是一大掣肘。部分人对此项研究处于反对态度，政府机构需要对此保持慎重的态度。科学技术的不断进步以及国家的大力支持才能逐渐完善并解决这一问题。

人造病毒疫苗产业市场需求旺盛，具有可提升重大传染性疾病的防控能力，未来有望形成千亿元疫苗市场规模。从全球市场来看，疫苗市场未来重要的增长动力将是新型疫苗。而人造病毒疫苗作为新型疫苗，受到越来越多国家的重视和推崇，是未来疫苗行业发展的主力方向之一。随着医疗模式转变、政策扶持和新产品上市，预计未来几年我国疫苗行业将保持持续高速发展，而新型人造病毒疫苗是未来发展的主要方向之一。

三、大气 CO_2 及主要污染组分多元原位固化/转化技术

大气中 CO_2 以及 O_3、VOC、NO_x、NH_3、SO_x 等主要组分是造成城市空气污染、全球

气候变暖等环境问题的重要原因，已引起全世界的高度关注。有研究表明，空气污染正在缩短全球人均寿命；据世界卫生组织（World Health Organization，WHO）统计，全球范围内每年因大气污染丧生的人数多达 700 万人。2017 年 10 月，世界气象组织发布了《温室气体公报》，指出目前大气中 CO_2 浓度刷新近 300 万年来的纪录，具有导致海平面上升 20m、气温升高 3℃的潜在风险。2018 年政府间气候变化专门委员会（Intergovernmental Panel on Climate Change，IPCC）发布报告提出，根据气候模型研究，为实现全球温升不超过 1.5℃的目标，2050 年前必须实现碳的负排放。2009 年，英国皇家学会发布报告，将大气 CO_2 直接捕获技术列为对抗气候变化的重要地球工程技术。2018 年，美国科学院、工程院、医学院联合发布报告，指出为了实现气候和经济增长的目标，碳负排放技术需要在缓解气候变化中发挥极其重要的作用，其中采用化学过程直接从大气中原位固化、转化（如矿物化转化）CO_2 将是颠覆性的技术。

（一）技术说明

该技术是指直接捕获大气中影响大气环境的主要组分（如 CO_2、O_3、VOC、NO_x、NH_3、SO_x 等），并通过原位固化/转化技术将这些组分变为对环境无害的物质或者可资源化的产品。例如，将 CO_2 通过吸收、吸附、生物固定的方法捕集并直接转化为碳酸盐、生物质等绿色产品或在原位进一步通过催化加氢、催化还原等方法转化成燃料、聚碳酸酯等多元产品；污染组分通过催化降解或还原、化学吸收—生物法处理等方法转化为无害化或可资源化的物质。

（二）研发状态和技术成熟度

就创新视角而言，整体上大气 CO_2 及主要污染组分多元原位固化/转化技术处于孕育和突破阶段，部分技术处于突破和发展阶段；就技术视角而言，整体上处于实验室研究阶段，部分技术处于小型示范阶段。目前在溶液吸收、固体胺吸附、聚合物吸附等技术层面已开发数十种分离材料，然而，超低浓度下影响大气环境的主要组分的分离能耗仍亟须降低。其中，部分技术已进入小型示范阶段。瑞士的 Climeworks 公司基于固体胺建立了一套捕集量为 2.46t CO_2/d 的小型示范装置，并可以通过生物转化的方式提高 20%的温室作物产量，具有良好的工业应用前景。原位转化目前处于实验室阶段，国际上有几家新兴公司正寻求验证大气 CO_2 多元原位固化技术的可行性，并获得少量风险投资基金的资助。在进一步提高 CO_2 转化效率，降低成本的基础上，原位固化/转化势必迎来快速发展。

（三）产业和社会影响分析

我国是全球碳排放量最大也是城市空气污染最严重的国家之一。“十一五”以来，国家高度重视节能减排工作，在国家宏观政策和技术发展的支撑下，近几年已开展了主要气体组分相关原位固化/转化的基础研究工作，尤其是初步开展了 CO_2 捕集及合成燃料、聚碳酸酯、建材等的技术示范或小型商业化活动。该技术的发展和应用将减少这些大气组分对人类与生态系统的不良影响，对改善大气环境质量和解决气候变暖问题产生重大作用，具有重要的社会和经济效益。其主要技术与关键应用将集中在超低浓度气体分离、捕获，多元催化、转化，控制大气中污染物和温室气体浓度，并可积极参与全国/全球碳交易和排污许可交易等方面。

（四）我国实际发展状况及趋势

目前我国大气 CO_2 及主要污染组分多元原位固化/转化技术主要处于实验室研究阶段。在提高材料固化/转化性能方面，清华大学、浙江大学、华东理工大学、南京工业大学等开发了多孔树脂、介孔二氧化硅、介孔碳、MOF、气凝胶等为载体的一系列高效原位吸附材料。最佳的固定容量可达到 2.65mmol CO_2/g 吸附剂，具有较高的吸附容量（约 2mmol CO_2/g）、吸附速率（半吸附时间达数分钟）与循环稳定性。在工艺方面，开发出了变温再生、变湿再生工艺以及与生物转化、矿物化转化和化学品转化等耦合工艺。比如，国内已开发的新型变湿再生工艺，利用低品位的蒸发能实现材料的低能耗再生，再生能耗可比传统分离工艺降低 50%以上，在生物转化、矿物化转化等原位转化方面具有很好的应用前景。总体上，我们在该领域的相关技术指标在国际上处于多数跟跑、部分领跑的阶段。

未来该技术的主要发展趋势如下：对于大气 CO_2 等组分的固化技术，需要进一步开发低能耗、高吸附动力学、高转化率的先进材料；采用新型节能工艺，进行系统集成、优化及匹配技术的开发；降低技术投资与能耗，提高经济性；在原位转化技术方面，积极开发生物转化、矿物化转化和化学品转化等原位固定与转化的绿色技术；对于催化还原、矿物化转化等原位转化途径，开发温和条件下的催化、转化材料，优化与超低浓度气体分离过程的工艺耦合，以降低整体能耗。

（五）技术研发障碍及难点

大气 CO_2 及主要污染组分多元原位固化/转化技术的成功与否，取决于几个技术因素。

1）超低浓度下传质过程的强化。大气中 CO_2 为 10^{-6} 量级，而 SO_x 和 NO_x 等主要污染组分为 10^{-12} 量级，需要对吸附、转化等材料的结构和官能团进行从头设计，解决扩散、反应动力学强化，界面结合能提高，反应活化能降低等一系列问题。同时，超低浓度也导致处理空气量的大幅增加，要求尽量开发被动式、低阻力以及温和条件的关键反应器等设备。

2）对大气环境的耐受性。大气是极其庞大的系统，环境温度、相对湿度以及光照等条件复杂多变，尤其在较长时间尺度下，这一差异性更为显著，吸附、转化等关键材料需要有较高的水汽耐受性和温度波动等耐受性；同时，空气中的高氧环境、阳光中的紫外线等也对胺类等典型吸附剂的抗降解带来了很大挑战。

3）低能耗、低成本的材料及工艺。超低浓度的气体分离和原位转化往往需要吸附剂具有较高的结合能，从而导致系统过程的高温、高能耗等问题。通过开发新型节能工艺、系统热整合、能量回收等环节提高整体经济性对技术发展与推广具有重要意义。

4）工程放大。目前 CO_2 等组分的固化与转化整体上仍处于实验室研究阶段，部分技术处于中试和小型示范阶段。需要对 CO_2 等组分的固化/转化过程的工程放大规律进行研究，开发相关技术与关键设备，推进工业试验验证和应用。

5）大气 CO_2 及主要污染组分原位固化与转化的高效集成。将原位捕获的大气 CO_2 及主要污染组分转化为化学品、碳酸盐、生物质等有价产品也能促进该技术在我国的产业化应用，需要开发规模、工艺条件等匹配的原位固化—转化集成系统。

（六）技术发展所需的环境、条件与具体实施措施

1. 应对气候变化和空气污染是大气 CO_2 及主要污染组分多元原位固化/转化技术发展的大环境

2018 年 4 月全球大气 CO_2 月均浓度已超过 410×10^{-6}mg/L，至少在过去的 80 万年中，该数值已达到最高水平。自工业革命起，近 40%的 CO_2 浓度增幅使得全球平均地表气温升高了 0.3～0.6℃，北半球高纬度地区气温升高了 3～5℃。全球气温的不断升高将带来诸多灾难，如冰川消融，海平面上升，沿海岛国及地区将会被海水淹没；气候变化加剧，极端天气频发，生态系统遭到严重破坏，人类等其他物种的生存将面临严峻挑战。空气污染会影响人类的健康已成为人们的共识，如导致哮喘或其他呼吸系统疾病，心脏和肺部疾病导致的早亡等。美国华盛顿大学健康指标和评估研究所（Institute for Health Metrics and Evaluation，IHME）发布的《2018 全球空气状况》报告显示，世界上 95%以上的人口呼吸着被污染的空气。中国作为世界上陆地面积第三的国家，海岸线达 1.8 万 km，岛屿面积达 72 800km^2。中国是世界上最大的碳排放及大气污染物排放量最多的国家之一，目前每年 CO_2 排放总量达 90 多亿吨，并且 70%左右城市的环境空气质量仍不达标。作为一个负责任的大国，中国应积极应对气候变化，保持控制温室气体 CO_2 及大气污染物排放的姿态和决心。

2. 碳交易等宏观政策将助力大气 CO_2 及主要污染组分多元原位固化/转化技术的发展

2015 年，联合国巴黎气候大会上，近 200 个国家和地区达成共识，确立了“全球气温上升控制在 2℃之内”的重大目标，并提交国家自主贡献文件，承诺将为 CO_2 减排付诸行动。世界各国都展开有关应对气候变化的政策，其中碳交易市场与碳价体系成为主要的应对政策。2018 年，美国政府推出新的 45Q 规则，为碳捕集和封储提供 35～50 美元/t 的税收抵免。加拿大也宣布，将从 2019 年开始施行收入中性的碳税，碳污染价格从每吨 20 美元开始，以每年每吨 10 美元的价格上涨，直到 2022 年达到每吨 50 美元。我国的碳交

易市场也已于 2017 年 12 月正式启动，碳交易市场与碳税体制等的建立，将降低技术应用的总体成本。

大气污染的速度快、范围大、持续时间长等特点决定了其治理的难度大。西方发达国家也曾经历过严重的大气污染事件，通过大量的科学探索和长期持续的治理实践，相继建立一系列较为健全的空气污染治理制度，基本经历了“企业污染—局域污染—城市污染—区域污染”的治理历程，大气污染问题得到有效控制，但仍有部分地区不能达到它们国家的空气质量标准。我国治理空气污染也从不间断，尤其是党的十八大以来，我国投入大气污染治理的相关政策及执法力度前所未有，从国务院 2013 年印发的《大气污染防治行动计划》到 2018 年印发的《打赢蓝天保卫战三年行动计划》，我国对大气污染防治进行了系统部署，并初步建立了以排污许可制度为核心的新型环境管理制度体系，大气环境管理能力得到了显著提升，有效改善了全国环境空气质量。

这些应对气候变化、空气污染的政策和资金支持所产生的推动力与后期效应将助力大气 CO_2 及主要污染组分多元原位固化/转化技术的发展。

3. 环境与能源问题是大气污染物原位固化/转化技术发展的内在驱动环境

发展可再生能源是我国的重大能源战略，然而，可再生能源地域性差异大、时域性波动大等特点，导致得不到高效利用，产生了严重的风、光、水能源的“三弃问题”。通过太阳能、风能、生物质能等可再生能源将大气中 CO_2 等直接进行原位转化，获得甲烷、低碳烯烃、甲醇、甲酸等多种化学品。同时，大气 CO_2 等组分多元原位固化/转化技术因不受排放源限制，可便捷地与可再生能源相结合，降低固化/转化过程中的能耗，同时提高可再生能源的利用率，具有良好的经济性。

4. 条件与具体实施措施

该技术重点需要在研究组织与技术创新两个方面进行具体实施，使大气 CO_2 及主要污染组分多元原位固化/转化实现多途径技术发展并具备经济性。前期由高校、科研院所等牵头进行基础研究，针对材料开发、关键设备制造与工艺流程开发进行进一步突破；后续依托具备完整产业链和较强技术开发能力的高新技术企业进行中小型工业示范，形成固化/转化的技术集成，并进一步提高技术工艺的实用性和经济性。

（七）技术发展历程、阶段及产业化规模的预测

大气 CO_2 及主要污染组分多元原位固化/转化的技术整体处于孕育和突破阶段，部分技术处于突破和发展阶段。目前的技术发展历程可以分为两个阶段。

1）基于碱性溶液吸收的固化技术与概念验证。强碱性吸收/吸附剂对空气中超低浓度的 CO_2、NO_x、SO_x 等酸性气体有良好的脱除率，但吸收/吸附剂再生所需的 300～700℃高温带来极大的能耗，同时吸收/吸附剂对设备的腐蚀严重，制造加工的投资及运行成本大幅增加。2015 年加拿大 Carbon Engineering 公司建立了基于碱性溶液的 CO_2 固定及转化的

试点工厂。捕集量为 1tCO_2/d，捕获每吨 CO_2 的技术成本为 94～232 美元，同时结合可再生能源将固定的 CO_2 转化为各种液体燃料，包括汽油、柴油和航空燃料，合成燃料的成本有望降低至 1 美元/L。

2）基于固体吸附剂的原位固化与转化技术。固体吸附剂具有的高吸附容量、较快的吸附速率、较低的再生能耗使其成为目前大气 CO_2 及主要污染组分原位固化的主流材料。例如，在 CO_2 捕集工艺方面，主要有变温再生、变压再生、真空再生以及这几种工艺的结合，如变压真空吸附、变温真空吸附及变温变压吸附等。利用固体吸附剂从大气中捕集 CO_2 的条件温和，可通过催化加氢、催化还原等方法原位固定转化为合成燃料、建材与生物质等多元绿色产品。目前这一技术主要处于实验室研究阶段。例如，南加利福尼亚大学诺贝尔化学奖获得者欧拉教授率领团队，在 2016 年采用基于金属钌的催化剂首次将大气 CO_2 原位吸附、加氢转化为甲醇燃料，转化率高达 79%。伊利诺伊大学芝加哥分校研究人员在 2016 年设计出一种新型太阳能电池装置，能直接把大气中的 CO_2 转化成碳氢化合物燃料，其工作原理则更像植物通过"人工树叶"产出氢气和一氧化碳的"合成气"。一些技术逐渐进入中试和小型工业示范阶段，如瑞士的 Climeworks 公司基于固体胺建立了一套捕集为 2.46tCO_2/d 的示范装置，捕获的 CO_2 用于温室作物的增产效果达 20%。

在国家宏观政策和技术发展的支撑下，我国近几年已开展主要气体组分相关原位固化/转化的基础研究工作，尤其是初步开展了 CO_2 捕集及合成燃料、聚碳酸酯、建材等的技术示范或小型商业化活动。基于我国国情，从技术发展来判断，到 2025 年，有望在该领域的材料、催化及其反应器等的基础研究方面获得突破，并初步进行 CO_2 千吨级原位固化/转化技术的示范研究；在 2030 年前，可进行系统集成研究，开展大气多污染组分原位固化/转化技术示范研究，以及 CO_2 万吨级原位固化/转化技术的示范研究；在 2035 年前，可根据国家重大需求，推动大气 CO_2 及主要污染组分原位固化/转化技术应用示范发展，尤其是建设若干十万吨级基于城市、远洋岛屿/平台的大气 CO_2 多元原位固化/转化的重大工程。

四、基于"车联网 + 大数据"的柴油车远程在线智能管控技术

在互联网基础上发展起来的车联网有望改变未来出行模式，提升城市交通网络运输效率；通过耦合车辆后处理系统工作等信息，实现车联网、大数据综合施策，也有望为区域尺度、重点运输行业移动源污染排放的精准管控提供重要支撑。

（一）技术说明

基于"车联网 + 大数据"的柴油车远程在线智能管控技术由车载数据终端、数据传输与分析、大数据综合平台构成，其工作原理是：利用车物联网及卫星导航技术，实时接收柴油车车载数据终端远程传输的车辆位置信息（如经纬度、海拔、车速等）、车辆工作信息（如发动机转速、油耗、行驶里程、车速、故障灯状态等）、后处理系统工作信息（排

气温度、氮氧排放浓度、尿素喷射、尿素液位等）等，构建地理位置要素数据库、实时轨迹数据库、排放因子模型库等，开展海量多源异构数据融合，实现超标柴油车精准识别、城市/区域尺度排放的实时推算，并为城市尺度高分辨率排放清单动态管理、重污染天气应急调控、空气质量达标预警及控制方案量化评估等一系列决策提供支持功能，有望根本解决重点污染区域柴油车排放问题。

（二）研发状态和技术成熟度

目前，发达国家如美国等采用车联网耦合数据模型分析开展了机动车污染物与温室气体排放监控研究，以系统评估新技术应用对机动车能源消耗和污染排放的影响。我国已开发基于北斗导航车联网平台，实现了部分运营柴油车定位、车辆运行工况等信息采集与监控，还缺乏车辆污染排放数据远程采集、超标柴油车识别、城市及区域尺度柴油车污染管控及量化评估等核心功能。

（三）产业和社会影响分析

我国柴油车排放的氮氧化物（NO_x）和颗粒物（particulate matter，PM）分别占汽车排放总量的 68.3%和 99%以上，是机动车 NO_x、颗粒物污染物排放的主要分担者。柴油车排放的颗粒物主要为细颗粒物，而 NO_x 又可以直接转化为细颗粒物，并能促进其他污染物向细颗粒物转化。因此，柴油车污染物排放已成为我国大气灰霾、光化学烟雾形成的重要原因，有效控制柴油车污染物排放对于改善区域大气环境具有极为重要的意义。

《中国机动车污染防治年报》和《中国机动车环境管理年报》统计数据表明，2012～2017 年，我国柴油车保有量在汽车中的占比呈现逐年降低的趋势（2012 年为 16.1%、2017 年为 9.4%），而柴油车 NO_x 排放量占比始终保持在高位（2012 年为 68.1%、2017 年为 68.3%），同时，汽车排放的颗粒物几乎全部来源于柴油车。因此，非常有必要继续深入开展柴油车排放控制。

京津冀部分城市的新车注册登记查验结果显示，近三分之一的重型柴油车与环保达标公告信息不符，存在着国Ⅱ甚至国Ⅰ车辆冒充国Ⅳ和国Ⅴ车辆销售的现象。国Ⅳ、国Ⅴ车辆由于实际使用环节监管薄弱，在选择性催化还原（selective catalytic reduction，SCR）装置处理 NO_x 上，普遍存在篡改软件、少添加或不添加车用尿素的情况，导致实际排放严重超标。在天津、唐山等城市开展的实际道路测试结果表明，未添加车用尿素的国Ⅳ重型柴油车比添加尿素的 NO_x 排放高出 3～4 倍，国Ⅴ车辆排放高出 6～7 倍。根据中国内燃机工业协会统计的全国车用尿素总消耗量数据，估算近一半的重型柴油车存在不添加尿素行为，车用尿素实际使用量仅为理论量的三分之一。

因此，2018 年政府工作报告明确指出要开展柴油货车超标排放专项治理。在 2018 年国务院印发的关于《打赢蓝天保卫战三年行动计划》通知中明确指出，要推进老旧柴油车深度治理，具备条件的安装污染控制装置、配备实时排放监控终端，并与生态环境等有关部门联网，协同控制颗粒物和氮氧化物排放。

（四）我国实际发展状况及趋势

在车联网方面，交通运输部、中国科学院已开发了基于北斗/GPS 导航车联网平台，实现了部分运营柴油车定位、车辆运行工况等信息采集与监控。依托总理基金，柴油机排放及强化管控措施研究团队在唐山开展了交通结构与路网优化、油品排查与测试、高排放车识别等柴油车污染联合管控试点研究。

预计未来，我国将建设运营车辆远程在线监控系统，实现国家—省—市三级联网，对柴油车开展全天候、全方位的排放监控，精准识别超标排放车辆并实现联合监管。构建全国互联互通、共建共享的机动车排放信息平台。通过大数据挖掘与分析，为城市尺度高分辨率排放清单动态管理、重污染天气应急调控、空气质量达标预警及控制方案量化评估等一系列决策提供支持功能；通过大数据追溯超标排放机动车生产和进口企业、污染控制装置生产企业、登记地、排放检验机构、维修单位、加油站点、供油企业、运输企业等，实现全链条环境监管。

（五）技术研发障碍及难点

1）如何确保车载数据终端发送数据的真实性，防止篡改？

2）如何精准识别高排放车辆不添加尿素等违法行为？

3）如何实现车辆位置、车辆工作状态、后处理等海量多源异构数据的融合，实现区域排放实时推算？

（六）技术发展所需的环境、条件与具体实施措施

建立可靠的数据访问、使用权限与安全机制，防止平台数据、衍生数据（如柴油车生产厂及配套后处理企业产品销售地域分布）等信息外泄，从而引发不正当、恶意竞争。

（七）技术发展历程、阶段及产业化规模的预测

未来 5 年内，我国将突破基于车载诊断系统的柴油车污染数据采集与传输、城市与区域尺度高分辨率柴油车排放清单等核心技术，构建基于车载诊断、车联网及北斗卫星导航技术的柴油车远程在线智能管控平台，实现对超标柴油车精准识别、城市与区域尺度柴油车污染精准化控制。未来 10 年内，实现机动车、工程与农用机械、船舶等移动源污染的远程在线智能监控，全面提升我国移动源污染防治的精细化管控水平。

五、基于光谱/卫星的区域/生态环境要素高分辨遥测/遥感技术

通过光学遥测技术实现一个区域灰霾、毒性气体、温室气体等环境要素的实时、快速、高分辨监测，能够获得准确、高时空分辨率的污染源清单及污染现状，为开展空气质量监测数据解析、污染物排放趋势分析、污染排放控制和相关控制策略制定等提供方法与数据支撑。卫星遥感技术通常会面向一个更大的尺度，可对全国乃至全球的生态要素进行高分辨监测，如灰霾和臭氧复合污染呈现区域特性，仅通过光学遥测技术无法掌握污染的发生、演化以及污染整体区域情况，而极轨卫星就能够在全球尺度内对灰霾和臭氧进行观测，对灰霾和臭氧复合污染的形成机理、来源解析与迁移规律提供强有力的识别工具。

光学遥测技术和卫星遥感技术在检测精度、监测范围、时间尺度上能够相互补充、相互验证，基于光学遥测设备的高密度组网观测，采用多元立体数据同化重构技术、精细网格化排放获取技术，结合卫星遥感技术，我国将成功实现以小时为单位、布网区域百米空间分辨的污染源快速识别与监测，大幅提高污染源清单数据的实时性与准确性。

（一）技术说明

基于光谱质谱技术的高分辨遥测设备能够为环境部门在解决复杂污染问题、有效控制污染源、节能减排、应对环境变化等方面提供有效的技术支撑。光学遥测技术通常能够远距离监测目标环境状况，避免了取样、预处理以及实验室检测等烦琐步骤，极大地提高了环境监测效率，目前能够应用于光学遥测的技术包括差分吸收光谱（differential optical absorption spectroscopy，DOAS）、可调谐半导体激光吸收光谱（tunable diode laser absorption spectroscopy，TDLAS）、傅里叶变换红外光谱（Fourier transform infrared spectroscopy，FTIR）、激光雷达（light detection and ranging，LIDAR）等，如在高分辨率紫外—可见成像光谱测量、质谱分析模块突破的基础上，有望实现全挥发性有机物、重金属、超细颗粒物全化学组分等衡量环境污染物的高灵敏、高时间分辨率探测，满足现代环境科学研究和业务化监测需要，形成较大规模的高端环境监测仪器产业。

卫星遥感技术通过卫星从外层空间，利用可见光、红外、微波等探测仪器对全球进行摄影、扫描、信息感知。遥感技术的迅猛发展，将人类带入了多层、立体、多角度、全方位的全球环境观测的新时代。小卫星、火箭发射等领域的技术突破，有望带来基于机载和星载平台的环境污染物遥感监测技术的重大突破，对于提升大气环境遥感动态监测、农作物估产及农业灾害监测能力，提高环境遥感资源综合应用效能等具有重要意义。例如，大面阵高量子效率探测器、自由曲面光学设计与加工等关键技术的突破，将显著提高载荷的空间分辨率与数据反演精度，从而实现千米级以内空间分辨率的环境要素区域分布遥感。

通过地基的光学遥测与星载的高分辨遥感，能够实现全国范围内环境要素的快速大尺度、高分辨、全方位立体监测。

（二）研发状态和技术成熟度

20 世纪八九十年代，由于光电技术的巨大进步，光学遥测技术迅速发展，环境监测技术进入新的发展阶段。2005 年以来，差分吸收光谱、可调谐半导体激光吸收光谱、傅里叶变换红外光谱、激光雷达、卫星遥感等光学遥测技术获得广泛应用。目前国际范围内光学遥测/卫星遥感已经成为环境监测的常用技术手段，建立了相应的技术标准，车载/机载遥测技术对厂区污染、机动车尾气进行大范围快速监测也已成为环境执法的重要工具。美国、日本、欧盟及我国均发射了多枚环境监测卫星，业已建立较为完善的卫星环境遥感体系。

（三）产业和社会影响分析

光学遥测设备是重要的环境监测设备，每年有上百亿元的市场空间，监测对象涵盖汽车尾气、工业气体排放、气溶胶、灰霾、氮氧化物、硫化物、重金属、多环芳烃等，每一个监测指标均有巨大的市场。2017 年全球卫星遥感市场已经达到了 250 亿元，相关的卫星、火箭研究公司蓬勃发展，共同推动卫星遥感技术的发展。卫星遥感市场广阔，将能够为大气环境监测、水体富营养化、森林、草原状态监测提供服务。除去广阔的经济价值，发展光学遥测/卫星遥感技术也具有巨大的社会意义。通过光学遥测/卫星遥感技术建立先进环境监测预警体系，是我国环境科技创新体系的重要组成部分，国家环境保护总局于 2006 年 6 月发布的《关于增强环境科技创新能力的若干意见》（环发〔2006〕97 号）指出，到 2020 年，建立层次清晰、分工明确、运行高效、支撑有力的国家环境科技支撑体系。光学遥测/卫星遥感技术也是国家环境科技支撑体系的重要有机体。以光学遥测/卫星遥感技术为代表的先进环境监测技术和仪器也能够为环保执法与环境管理提供依据，目前，我国环境监测严重滞后，制约着环境保护管理水平的提高。要集中力量加强先进环境监测体系建设，做到数据准确、传输及时、方法科学、代表性强，关键要切实提高环境监测的技术水平和技术支持能力。发展基于光学遥测/卫星遥感技术的先进环境监测仪器产业是国家环境监测能力建设的重要支撑，只有加快先进环境监测技术自主创新和先进环境监测仪器关键技术的突破，才能促进我国环保产业的跨越式发展，为我国环境监测能力建设提供物质保证。

（四）我国实际发展状况及趋势

目前我国在光学遥感监测领域已取得重要突破，初步形成了满足常规监测业务需求的技术体系。研发的部分高端科研仪器如气溶胶雷达、全球气体卫星载荷等已得到应用，并自主构建了我国首个大气环境综合立体监测系统，并与基于生物、质谱、色谱的环境监测手段，共同奠定了我国现代环境监测技术体系的基础。近年来我国在卫星遥感、激光雷达等环境监测技术领域已达到国际先进水平，“高分”系列卫星成为我国卫星遥感的典型代表，2018 年 5 月发射的高分五号卫星成为世界首颗实现对大气和陆地综合观测的全谱频段高光谱卫星，成功填补了国产卫星无法有效探测区域大气污染气体的空白，能够有效满足我国对环境大尺度、高分辨遥测的需求，是我国环境监测实力的重要体现。在未来将着重研发千米级污染气体分布监测卫星载荷，建立大气环境和气象要素光学立体监测网络，开发基于光学遥测的高分辨污染源清单快速核算技术、大气多参数高轨卫星监测技术，以及基于大数据融合的大气污染监测与应急联动技术等。

（五）技术研发障碍及难点

长期以来，卫星遥感在环境监测领域的应用最大的限制因素就是从数据到信息的定量转化水平较低，受国外核心器件封锁，我国卫星遥感获得的数据噪声大、图像不清晰、定标精度低，导致数据不好用；我国大气浑浊、地形起伏多变，反演模型复杂，导致数据反演困难；国产数据较多而缺乏应用标准，导致规模化程度低。针对以上困难，我国的科研工作者克服了国外对我国的技术封锁，自主研制了高灵敏、高分辨的星载光谱监测器件，如大气衡量气体差分吸收光谱仪、大气气溶胶多角度偏振探测仪等；自主研发了高定标精度技术，利用太阳漫反射板、比辐射计、变温黑体等星上定标器实现高光谱卫星的高精度标定；在数据反演方面，结合地面数据，建立高光谱反演模型，能够对地面大气、植被等信息进行准确反演，并与地面监测数据高度吻合。

（六）技术发展所需的环境、条件与具体实施措施

1）建立环境监测共性技术研发、环境监测设备试验检测、环境监测设备工程化产业化平台。建设面向大气细颗粒污染物、气态污染物、挥发性有机物、重金属的地基/机载/星载遥感监测技术专业化研发平台，发展一批具有自主知识产权的大气污染气体、颗粒物、光化学和灰霾关键污染物等先进在线遥测/遥感监测技术与系统，提升我国环境监测技术装备水平。建设对比观测试验平台、大气边界层观测试验平台、大气环境模拟平台、污染物光谱测量研究平台，满足大气环境遥感设备的检测需求，为我国开展大气边界层环境物质水平和垂直输运实验研究、区域大气污染物的监测等提供先进技术手段与研究平台。提升我国环境遥测设备的性能稳定性、可靠性，满足我国对环境遥测技术的迫切需要，推动我国环境高分辨遥测产业的发展。

2）构建国家级环保大数据应用服务平台。中国环境监测总站、中国环境科学研究院、中国气象局气象探测中心等国家级环境和气象领域专业机构，以及国内环保领域龙头或优势企业，建立环境遥测数据服务平台，形成光学遥测/卫星遥感技术的运营维护、质量控制等运行体系，多方数据相互支撑印证，通过地基光学遥测技术进一步提高卫星遥感数据的可靠性及反演结果的准确性，并为政府相关部门提供高质量的环境和气象数据服务。

六、基于大数据融合的多介质环境与生态系统感知技术

国际上已经形成了比较完整的监测技术体系，在环境监测系统中，监测信息的传输、处理、共享、保存、信息化、网络化、模型化、平台化已经基本完成，一方面为全社会提供了基础环境信息；另一方面，由于始终重视提高数据的综合应用潜力（通过开发不同类型的模型）和基于监测数据开展环境质量评价（技术方法和指标体系），这些监测数据在环境管理中充分发挥了作用。这种环境监测技术体系不仅提高了管理部门的科学决策能力，使环境治理的投入有可能获得最好的效益，也使国家或地区政府得以对制定或修改环境质量标准的经济代价进行预评估。

我国正处在经济社会迅猛发展的重要阶段，城市化和城市群的进程，使区域整体环境质量恶化。现在的环境污染形势已经呈现出多污染物复杂作用、多类型排放、多过程耦合关联的复杂污染体系。而目前我国的环境管理正处于环境质量控制与环境风险防范阶段，未来需要向以保护人体健康和生态系统安全为主要导向的环境管理战略转型，现有的多介质环境和生态系统监测、风险评估和预警技术手段难以应对多种污染物的复合型污染与生态系统变化等问题，亟须发展适合我国区域特征和国情的多介质环境与生态系统感知、风险评估与预警技术体系。

（一）技术说明

大数据、物联网、云计算等新一代信息技术的突破发展，为环保信息化建设注入了新的活力。该技术主要利用智能多元化环境传感器、深度挖掘和模型分析、智能管理决策和信息技术等创新，通过大规模的系统应用和大数据服务，使环境管理从粗放型向精细化、精准化转变，从被动响应向主动预见转变，从经验判断向大数据科学决策转变，真正形成源头防控、过程监管、综合治理、全民共治的环境管理闭环，从而实现从“数字环保”向“智慧环保”的跨越。

（二）研发状态和技术成熟度

我国基本形成了覆盖主要典型区域的国家区域空气质量监测网，全国 338 个地级及以上城市全部具备细颗粒物（PM2.5）等六项指标监测能力，区域空气监测网覆盖 31 个省区市、15 个空气背景监测网、440 个酸沉降监测点构建的酸沉降监测网，沙尘天气监测网也已经覆盖北方 14 个省区市，自动监测站的数据监测频率越来越高，数据的有效性不断增强，利用遥感监测、视频监控等新兴监测手段的试点应用也进入我们的视线。

国内环境监测技术与仪器逐渐向自动化、适用化、智能化和网络化方向发展；技术指标向着更高精度、更多成分、更大尺度方向发展；监测规模向区域性、综合性的立体监测方向发展。由传统单纯注重仪表技术向采样、前处理技术与仪表技术并重的方向发展；由

地表地面监测向“天地一体化”监测发展；由物理光学仪表向多技术综合应用的高技术先进仪器发展。在监测技术发展方面，我国已对环境空气、地表水、环境噪声、工业污染源、生态、固体废物、土壤、生物等环境要素进行了监测技术研究，初步建立了科学的监测技术体系。

目前，我国基于大数据的多介质环境与生态系统感知技术正处于快速发展阶段，但与发达国家相比，我国的主要差距是，核心的环境与生态监测传感器欠缺，综合风险评估手段落后，尚没有建立国家级的多介质环境与生态系统感知网络。

（三）产业和社会影响分析

该技术可对我国环境与生态系统风险进行快速、准确的综合评估，以便更透彻地感知生态环境，更准确地预测预警潜在环境风险，使环境管理从粗放型向精细化、精准化转变，从被动响应向主动预见转变，从经验判断向大数据科学决策转变。用数据说话，用数据管理，用数据决策成为常态。同时，面向控制环境风险，以保护人体健康和生态系统安全为主要导向的环境管理战略转型的需要，以大数据思维构筑环境风险管理的国家—省—市—县四级信息化支撑体系，以环境风险管理为核心，健全国家—省—市—县四级支撑全过程环境应急管理应用体系，深化环境信息资源的开发利用，全面提升环境风险的预警能力。

（四）我国实际发展状况及趋势

当前，我国已经建立了一定数量的水环境和大气环境自动监测设施，这些设施在环境监测工作中发挥了重要作用。以国家环境监测网为例，我们已建立起覆盖环保重点城市的共 660 多套空气自动监测系统，覆盖我国十大流域共 150 个地表水自动监测站系统，全国大气区域和北京监测系统等，但其覆盖面、点位布局和管理水平尚不能完全适应当前环境监管的需要，有必要进一步完善监测网络；在数据交换与共享、业务系统建设与应用、信息化跨界融合方面还存在很多问题，要进一步研究物联化采集获取技术，提高环境监测技术装备集成化水平，满足环境质量综合评估需要，为行政管理提供更全面、更准确、更翔实的数据。

随着国家对环境大数据的日益重视，基于大数据的多介质环境与生态系统感知技术正处于快速发展阶段。预计到 2025 年，将在微型智能化环境和生态监测传感器技术、环境大数据挖掘技术、环境模型技术、多源环境数据融合技术、多源环境数据同化技术等方面取得突破与批量应用。以政府、企业、社会公众为多元主体的环境与生态监测体系基本建立，信息技术与环境管理业务的融合更加深入；大数据技术开始参与生态环境治理，生态环境保护数据中心基本建成，数据开放和信息共享全面展开。

（五）技术研发障碍及难点

自动化、智能化高端监测技术装备研发能力不足。目前，我国使用的自动化、智能化高端监测装备较多依赖进口。大气、水、土壤等领域自动监测设备大多依赖进口，实验室设备也处于研发初期，仪器精度、准确度与国外相比差距较大。众多的进口仪器设备虽然暂时缓解了国内监测的部分需求，但却存在仪器价格昂贵、供货周期长、售后服务脱节等一系列问题，不利于国内环境监测行业的高技术良性发展。

现有环境监测技术及其标准体系更新较慢，跟不上监测技术、装备发展和监测队伍技术水平的发展。部分监测方法标准、技术规范的进展不能满足应对新型污染物、应急监测和生物毒性、生物监测等的技术需求。我们要进一步加大对新型热点污染问题监测技术体系的研究，建立科学的监测技术路线和技术规范，不断满足环境管理的技术需求。

（六）技术发展所需的环境、条件与具体实施措施

1）提高国产环境监测技术设备质量，准确感知空气质量现状。我国环境污染问题严重，以及监测系统建设起点时间晚的特征决定了我国大气监测系统建设的进度将较国外更快，周期更短。因此，我国将完成 1400 余个 PM2.5 监测国控站点的建设，未来省控、市控及县控监测点以及更广泛的区域环境空气质量监测网、大气背景监测网、农村背景监测网、工业区监测网、道路周边监测网的建设将会带来环境空气监测行业的持续快速发展，这些设备的需求量大，应重点攻关。

2）发展生态环境监测技术，全面建设生态环境监测网络。生态环境监测是生态环境保护的基础，是生态文明建设的重要支撑。目前，我国生态环境监测网络存在范围和要素覆盖不全，建设规划、标准规范与信息发布不统一，信息化水平和共享程度不高，监测与监管结合不紧密，监测数据质量有待提高等突出问题，难以满足生态文明建设需要，影响了监测的科学性、权威性和政府公信力，必须加快推进生态环境监测网络建设。

（七）技术发展历程、阶段及产业化规模的预测

在国家“信息强环保”战略的指引下，信息化已成为推动环境管理模式转型创新，提升环境管理精细化水平的重要手段。物联网、云计算等新一代信息技术的突破发展，为环保信息化建设注入了新的活力，中国的环保信息化建设正进入由“数字环保”向“智慧环保”全面推进的新时期。

为推进环境、气象、交通及科研监测数据融合共享，通过实践建立多元数据获取的运行规范和共享机制，实现各级各类监测数据系统互联共享，监测预报预警、信息化能力和保障水平明显提升，监测与监管协同联动，初步建成陆海统筹、天地一体、上下协同、信息共享的环境监测网络。

针对国家环境质量改善、污染物减排控制、环境变化对监测技术和设备的需求，建成高精度立体化多尺度环境污染监测技术体系，形成互联网 + 生态环境多元感知平台获取的数据，推动污染源监管数据、环境质量监测数据、环境治理数据、环境产业数据的开放和共享，形成源头防控、过程监管、综合治理、全民共治的环境管理闭环，实现生态环境综

合决策科学化、监管精准化和公共服务便民化，助力于环境质量的改善和环境风险防范，为人民提供更优质的生态产品。

七、基于 RNA 干扰技术的基因农药

农业绿色发展是关乎国计民生的重大需求，已成为未来农业发展的必然趋势。努力发展新型生物农药已成为全球的共识和未来农药发展的重要方向。尤其是随着现代生命科学、人工智能和材料科学的飞速发展，计算生物、机器人筛选、纳米载药、基因编辑、生物合成等前沿技术在生物农药的研发过程中得到越来越多的应用。

（一）技术说明

RNA 干扰[76, 77]是一种能有效沉默或抑制目标基因表达的技术，通过外源导入双链 RNA，导致由小干扰 RNA（siRNA）或短发夹 RNA 诱导实现靶 mRNA 的降解，或者通过小 RNA 诱导特定 mRNA 翻译的抑制，最终导致目的基因的不表达或表达水平下降。该技术已广泛应用于基因功能、病毒防御、代谢调控、基因治疗等多个领域。RNA 农药就是利用 RNA 干扰技术，阻止虫、病、草进行相关蛋白质的翻译及合成，切断其信息传递，在基因层面上杀死害虫、病菌（或病毒）和杂草。它避免了转基因技术带来的争议，具有靶标精准、活性高、环保的特征，是未来最具潜力的农药，是完全不同于化学农药和传统生物农药的一项颠覆性技术。

（二）研发状态和技术成熟度

2018 年 8 月全球第一个 RNA 干扰医疗产品——Alnylam 公司的 Patisiran（商品名：Onpattro）获 FDA 批准上市，标志着 RNA 干扰技术用于临床治疗得到了验证，具有里程碑意义。各大跨国公司也先后开始了 RNA 农药研发。孟山都公司先后完成了 RNA 农药对特定昆虫、真菌和病毒的防治实验，并在 2015 年推出了 RNA 喷剂的概念产品。澳大利亚 2017 年成功开发出一种防除烟草病毒的 RNA 喷雾产品 BioClay。此外，孟山都公司研究草甘膦抗性杂草时发现，小干扰 RNA 处理抗草甘膦杂草苗能导致细胞内 EPSPS 基因沉默，而不产生 5-烯醇式丙酮酰莽草酸-3-磷酸合成酶，最终使抗性丢失而成为敏感杂草。基于这个事实和理论，RNA 干扰技术完全有潜力发展成为一种新的除草技术。

经过 20 年的发展，RNA 技术已处于成熟期，但利用其研发 RNA 农药仍处于起步阶段，目前仅有少数 RNA 干扰农药，且都还处于实验室阶段。

（三）产业和社会影响分析

农业绿色发展是关乎国计民生的重大需求，已成为未来农业发展的必然趋势。而以高

效、生态、可持续和高附加值为标志的现代绿色农业生产离不开安全、环保、高效的农业生物农药保驾护航。而我国具有自主知识产权的生物农药少，不能满足我国农业绿色生产的需求。另外，过去长期大量化学农药的使用所带来的严重环境污染、食品安全和抗药性等问题，正日益受到公众的关注。因此，依靠生物学前沿技术、突破传统农药研发思路的新型农业生物农药将有望成为农业植保领域的颠覆者。通过颠覆性技术研发，大力发展新型生物农药是减少和替代化学农药使用的根本途径，也是保障粮食丰收、食品安全和公众健康的重要基础，是建设社会主义新农村的战略需求。

RNA 干扰技术为生物农药开发提供了一项全新的技术，定将带来又一次农业植保领域的科技革命。当前，我国农药登记、生产和使用的监管日趋严格，RNA 农药作为新型生物农药的巨大价值将逐渐显现，RNA 农药的成功问世将颠覆农药研发和使用的传统思路，彻底改变农业生产严重依赖化学农药的局面、改变农药产业格局甚至影响现代农业的生产方式和生产规模，潜在商业价值巨大。然而，RNA 干扰农药的生物安全性仍然存在不确定性，可能会给粮食安全和公众健康带来疑虑。

（四）我国实际发展状况及趋势

近年来，我国在 RNA 干扰作为开发生物农药手段的研究才刚起步，仅有少数实验室刚开展相关研究。主要原因在于我国科学家对 RNA 干扰农药关注较晚，国内企业不愿意投入资金进行超前技术和产品研发。但目前我国和国际研究水平还没有太大差距，同样处于起步初级阶段，通过重点发展和攻关，完全能够实现超越。

（五）技术研发障碍及难点

1）基因沉默靶标基因的选择，如何选取防除对象（害虫、病菌、病毒和杂草）靶标基因上的一个片段序列作为模板设计小干扰 RNA 序列是该技术的第一关键步骤。

2）如何选择小干扰 RNA 运载体系使其能够高效特异地进入防除对象细胞，并有效地进行目标基因的沉默。

3）如何保障外源 DNA 使用中的生物安全。物种进化过程中 DNA 序列相对保守，可将这些保守序列作为靶标精确地沉默同类生物所有物种中的目标基因；另外，各物种之间的部分关键基因在序列上也具有一定的差异性，这些差异序列则可作为靶标用于清除特定种属的生物。

优化外源 DNA 进入防除对象细胞的途径，并高效执行沉默功能，是影响该技术实现的核心障碍之一。同时，使用携带特定 DNA 的细菌或病毒将对环境构成威胁，如何有效地清除所用的细菌或病毒，降解它们携带的外源 DNA，消除生物安全隐患，将是该技术的另一核心障碍。

RNA 干扰农药研发与应用的难点或挑战：一是技术成熟度不高，主要由于 RNA 干扰技术、智能载药系统等前沿生物和材料技术在农业生物药物领域的成功实践太少，缺乏可靠的操作流程和经验积累；二是技术和产品成本高，农业生产应用规模小，企业参与意愿低；三是如何精准用药、提高生物农药使用的效率，缺乏可靠的技术保障。

（六）技术发展所需的环境、条件与具体实施措施

推行农业绿色生产、实现农业可持续发展成为各国农业发展的必然选择。而实现高效、绿色、高附加值的农业生产必然要求高效、环保的绿色农药。RNA 干扰农药是生物技术、计算机技术、材料技术等在农药开发过程中的集成应用，其发展离不开高科技人才和高起点的技术平台。我国 RNA 干扰农药的研发要在加强基础技术研究的同时，重点针对农业生产中面临的重要的虫、病和草作物体系进行研究。为了实现这个目标，首先，建议加强人才队伍建设；其次，建议增加创新投入，在国家重大与重点项目领域加大对 RNA 干扰农药研发的技术平台、核心理论和技术、瓶颈技术的资金和政策支撑力度；同时，制定农业生物药物国家发展战略规划，完善发展环节，激发社会资本对农业生物药物研发和产业化的热情；最后，在农药审批日益严格的环境下，针对 RNA 干扰生物农药的特点，简化审批程序和资料要求，建立审批绿色通道，促进其产业化步伐，积极抢占技术和产品的全球制高点。

（七）技术发展历程、阶段及产业化规模的预测

1998 年美国科学家菲尔（Fire）和梅洛（Mello）发现了 RNA 干扰技术，并获得了 2006 年诺贝尔生理学或医学奖。目前，RNA 干扰技术已处于成熟期，但 RNA 农药研发处于起步阶段，目前仅有少数 RNA 农药处于实验室阶段。2000 年以来，跨国农药企业巨头孟山都、拜耳、先正达、陶氏和巴斯夫等每年投入数百万美元进行 RNA 农药及相关产品的研发。预计未来 5～10 年，以 RNA 干扰技术为核心的 RNA 农药将进入研发热潮，有望在农药市场上实现零的突破。目前，美国已经开展了首批 RNA 农药大田试验，有望在 2020 年前后实现商业化生产。此外，2017 年，澳大利亚科学家成功研发出一种新的 RNA 喷雾农药，能够确保烟草免遭病毒侵害 20 天，这是人类第一次利用 RNA 农药防除农业病害。

随着技术的进步和研发经验的积累，估计到 2035 年，RNA 干扰技术体系将进入成熟期，部分 RNA 农药将成功产业化，在植保应用领域占一定比例，市场规模将达到 1000 亿元以上。中国的 RNA 农药研发体系完全建立，1～2 个产品开始进入市场。

八、生物质油、生物天然气联产工程技术

（一）技术说明

生物质油气包括燃料乙醇、生物柴油、生物质热解油、生物质合成油、生物质油品添加剂、生物天然气等种类，可以直接添加甚至完全替代传统油、气产品。主要品类的工业

技术基本成熟，产品可以达到相关标准，通过技术升级和多联产工艺，可以显著增强产品经济竞争力，加快规模化应用进程[78]。

（二）研发状态和技术成熟度

生物质油气是全球生物质能源研发的重点方向，各主要国家、各大能源集团都有专项支持，多个国家实验室和知名团队长期从事研发。美国玉米燃料乙醇、巴西甘蔗燃料乙醇、德国生物天然气和瑞典的生物炼制多联产取得成功，美国纤维素乙醇项目受阻，迟迟没有取得突破。生物质油进入示范生产阶段，生物航煤进入应用阶段，生物天然气进入应用阶段。

（三）产业和社会影响分析

生物质油可以直接添加到常规燃油中混合使用，生物天然气也可以注入常规天然气管网。由于产品性能相近、利用的设备设施相同和良好的存储性能，生物质油和生物天然气是中近期世界替代能源最为现实可行的品种。以木质纤维素为原料，大规模、高效率、低成本地生产生物质油和生物天然气，可以利用本地生物质资源供应能源，而不再依赖远距离输入，还有助于有机废弃物资源化利用，是对常规化石运输燃料应用体系的颠覆。产品的大规模应用对降低我国油气对外依存度，增强我国能源安全具有重大意义。

（四）我国实际发展状况及趋势

我国技术在生物质油气领域已经接近产业化，在生物天然气领域具有一定领先性。已经有年产万吨级生物质油中试工程和年产千万立方米级生物天然气示范工程若干处，积累了较好的产业基础。还需要优化集成多联产型的工程技术以支撑先进生产。我国已规划2020年全面推广生物乙醇汽油，生物天然气实现产业化，生物航煤尚在中试阶段。通过发展生物质油气替代进口油气是提高我国运输能源保障能力的根本出路，随着纤维素乙醇、新型生物航煤的商业化，以及生物天然气田的成型，生物质油气产业将在中近期成为新兴支柱产业。

（五）技术研发障碍及难点

技术关键需求是进一步提高产品品质、原料转化率和降低综合成本，使生物质油、生物天然气产品具有较强经济竞争力，大规模进入市场。难点是核心工艺、设备和酶、菌系的突破，相适应的生物质资源多级利用和多产品联合生产模式。

（六）技术发展所需的环境、条件与具体实施措施

21 世纪以来我国生物质能源产品一直处于受排斥的状态，主要原因是对于粮食安全的关系的错误判断和竞争性能源的反对，近两三年才略有好转。这些问题的解决主要依赖政策导向，一方面大力加强研究，设置研发和示范专项，支持顶尖团队；另一方面大力培育市场，基于世界经验创造产业经济效益。

（七）技术发展历程、阶段及产业化规模的预测

生物质能源中近期在世界范围内形成了年产万亿美元级产业，在我国不仅形成万亿元级规模的新兴产业，对国家能源安全和环境质量改善也具有重大意义。我国中期内实现每年 1 亿 t 生物燃油、1000 亿 m^3 生物天然气，中远期翻番的生产能力，完成对进口石油、天然气 60%以上的替代，保障国家能源和金融安全，减少秸秆、畜禽粪污等农林废弃物污染。

九、医学人工智能

（一）医学人工智能技术概述

人工智能是研究人类智能活动的规律，构造具有一定智能的人工系统，研究如何让计算机完成以往需要人的智力才能胜任的工作，也就是研究如何应用计算机的软硬件来模拟人类智能行为的基本理论、方法和技术。人工智能可以将人类从烦琐的脑力劳动中解放出来，辅助人类开展经济社会各领域的研判与决策。1956 年夏季，在美国达特茅斯（Dartmouth）大学举行首次人工智能研讨会，最先提出“人工智能”的概念，自此，人们陆续发明了第一款感知神经网络软件和聊天软件，人机交互开始成为可能。20 世纪 80 年代，Hopfield 神经网络和 BT 训练算法的提出，引发了人工智能的第二次热潮，出现了语音识别、语音翻译计划等，但因未能融入人们的生活，第二次浪潮逐渐退去。2006 年以后，随着计算技术的进步、互联网技术的广泛应用以及大数据技术的发展，特别是加拿大多伦多大学 Hinton 在人工神经网络技术的基础上提出了深度学习算法，人工智能技术取得了大量飞跃式突破，创业公司层出不穷，资本不断涌入，掀起了第三次人工智能发展热潮。当前，人工智能在医疗、金融、安防、自动驾驶等领域已有广泛的融合与应用，本书的医学人工智能实际上指的是人工智能在医学（包括生物医学与医疗健康）领域的应用，涉及虚拟助理、药物研发、医学影像、辅助疾病诊断、辅助治疗、临床决策支持、康复医疗、生物医学研究、医院管理、健康管理、可穿戴设备等。人工智能将协助医生避免重复无聊的工作，增加专业医生的医疗能力，提高效率，实现医疗大数据服务与医疗影像智能诊疗，方便患者更容易获得治疗，但现阶段仍无法取代医生。

（二）医学人工智能应用领域

1. 智能临床决策支持系统将打造新型医疗服务模式

探索基于人工智能的临床辅助决策支持技术，构建自进化医学知识库，开发人工智能问诊、分诊、诊断和治疗的决策支持系统，打造新型医疗云服务模式，覆盖诊前、诊中、诊后的就医全流程的解决方案。

2. 可穿戴智能技术将用于生命全周期健康管理

可穿戴医学智能嵌入式生物传感器和软件，将会持续监测、捕捉并分析人类健康状况数据。可穿戴医学智能的最终目的是为健康及疾病管理与医学研究提供技术手段。健康管理是以预防和控制疾病发生与发展，降低医疗费用，提高生命质量为目的，针对个体及群体的相关健康及疾病风险因素，通过可穿戴医学智能系统的检测、评估、干预等手段持续加以改善的过程和方法。

3. 医用机器人实现手术与护理智能化

手术机器人能显著改善医生手术中的一些问题，减少患者痛苦、提高手术精确度、降低手术风险，康复机器人的使用也可以显著提升患者的身体机能恢复情况和生存质量。未来发展中，纳米技术与人工智能技术相结合，纳米机器人将能够进行药物传递及操作微创手术。

（三）医学人工智能的前景

图像识别、深度学习、神经网络等关键技术的突破带动了人工智能新一轮的大发展。人工智能＋医疗属于人工智能应用层面范畴，泛指将人工智能及相关技术应用在医疗领域。与互联网不同，人工智能对医疗领域的改造是颠覆性的。从变革层面讲，人工智能是从生产力层面对传统医疗行业进行变革；从形式上讲，人工智能应用在医疗领域是一种技术创新；从改造的领域来讲，人工智能改造的是医疗领域的供给端。

人工智能＋医疗市场发展前景广阔，拥有更大的空间需继续挖掘。人工智能已经在60多年的发展中迎来了三次热潮，也经历了两次寒冬。前两次热潮中国都没能参与。这一次热潮来袭，对于中国来讲，把握住人工智能＋医疗这场热潮中的“风口”，将是一次弯道超车的好机会。

（四）医学人工智能的发展趋势

1. 我国提升人工智能战略地位

我国也逐步将人工智能提升到国家战略层面。2015～2016 年，国务院、国家发展改革委等连续发布多个政策文件，制定人工智能在促进制造业、互联网＋、人工智能新兴产业等方向上的发展规划，并逐步给予资金、创新政策方面的鼓励和支持。

2016 年 8 月，在国务院印发的《“十三五”国家科技创新规划》中，人工智能作为新一代信息技术中的一项列入，明确指出人工智能的发展重点为：大数据驱动的类人智能技术方法；突破以人为中心的人机物融合理论方法和关键技术，研制相关设备、工具和平台；在基于大数据分析的类人智能方向取得重要突破，实现类人视觉、类人听觉、类人语言和类人思维，支撑智能产业的发展。此外，还公布了 15 项科技创新 2030 重大项目。

2017 年 7 月，国务院印发《新一代人工智能发展规划》，提出了面向 2030 年我国新一代人工智能发展的指导思想、战略目标、重点任务和保障措施，对至 2030 年的中国人工智能产业进行系统部署，包括与此相关的重大科技项目，将充分利用已有资金、基地等存量资源，发挥财政引导和市场主导作用，形成财政、金融和社会资本多方支持新一代人工智能发展的格局，并从法律法规、伦理规范、重点政策、知识产权与标准、安全监管与评估、劳动力培训、科学普及等方面提出相关保障措施。明确到 2030 年人工智能理论、技术与应用总体达到世界领先水平，成为世界主要人工智能创新中心。

2016～2017 年，国家对于医疗领域提出明确的人工智能发展要求，包括对技术研发的支持政策，就相关技术和产品提出健康信息化、医疗大数据、智能健康管理等具体应用，并针对医疗、健康及养老提出明确的人工智能应用方向。

2016 年 6 月，《国务院办公厅关于促进和规范健康医疗大数据应用发展的指导意见》，支持研发健康医疗相关的人工智能技术、3D 打印技术、医用机器人、大型医疗设备、健康和康复辅助器械、可穿戴设备以及相关微型传感器件。

2016 年 10 月，《国务院关于加快发展康复辅助器具产业的若干意见》，推动“医工结合”，支持人工智能、脑机接口、虚拟现实等新技术在康复辅助器具产品中的集成应用。

2017 年 1 月，《国家卫生计生委关于印发“十三五”全国人口健康信息化发展规划的通知》，充分发挥人工智能、虚拟现实、增强现实、3D 打印、医用机器人等先进技术和装备产品在人口健康信息化与健康医疗大数据应用发展中的引领作用。

2017 年 6 月，我国《“十三五”卫生与健康科技创新专项规划》将医学人工智能技术作为重点任务推动。

2017 年 7 月，国务院印发《新一代人工智能发展规划》，提出发展便捷高效的智能服务：智能医疗，推广应用人工智能治疗新模式新手段，建立快速精准的智能医疗体系；智能健康和养老，加强群体智能健康管理，建设智能养老社区和机构，加强智能产品适老化。

2. 国际发展态势迅猛

根据乌镇智库发布的《全球人工智能发展报告（2017）》的数据，自 2000 年以来，美国新增人工智能专利数多于 27 000 件，中国新增人工智能专利数多于 34 000 件，我们在 Innography 专利数据库中对“医学人工智能与智慧医疗”相关专利进行了检索，发现中国与美国仍是医学相关专利来源国，但在数量上中国多于美国。

从 Innography 专利数据库中检索并获得“医学人工智能与智慧医疗”相关申请专利

8127 件。1988 年陆续开始有“医学人工智能与智慧医疗”相关专利申请，之后呈稳定增长趋势，2013 年开始，全球“医学人工智能与智慧医疗”相关专利申请数量呈直线爆发式增长，2016 年达到峰值 216 件。

专利发明人的国别可以反映专利技术的来源地，以第一发明人的国别统计“医学人工智能与智慧医疗”相关专利技术的来源地。截至 2017 年 6 月 9 日，“医学人工智能与智慧医疗”的专利申请主要来自中国（534 件）、美国（171 件）、韩国（40 件）、加拿大（22 件），中国的专利最多，排名第一。

专利技术应用国可以反映专利技术知识产权布局情况以及专利权人关注的技术市场，以专利的应用国统计“医学人工智能与智慧医疗”相关专利技术知识产权布局国家（地区）以及重点关注的技术市场。中国、美国、韩国、欧盟是“医学人工智能与智慧医疗”专利技术知识产权布局的主要国家和地区，中国（528 件）、美国（102 件）、韩国（35 件）、欧洲知识产权局（22 件）。中国专利受理量排名第一。

3. 医学人工智能与脑科学研究

脑科学与类脑智能已经成为世界各国研究和角逐的热点。2013～2014 年，美国、欧盟和日本先后启动了大型脑研究计划。2016 年 3 月，《中华人民共和国国民经济和社会发展第十三个五年规划纲要》把脑科学与类脑研究列为“科技创新 2030 重大项目”之一；2017 年 1 月，中华人民共和国科学技术部部长万钢在 2017 年全国科技工作会议上表示，脑科学与类脑研究等项目实施方案编制将全面启动。

开展脑科学研究意义重大，从医学角度来看，认识脑的发育形成和工作原理有助于我们维护脑健康，治疗大脑疾病，并且脑科学研究会给人工智能技术的发展带来启发。在大数据的新时代，受大脑启发而得的计算方法和系统对于实现更强的人工智能及更好地利用越来越多的信息至关重要，脑科学研究会给人工智能技术的发展带来启发。

2016 年 11 月，中国科学院神经科学研究所、中国科学院脑科学与智能技术卓越创新中心、香港科技大学生命科学部和分子神经科学国家重点实验室、中国科学院自动化研究所在 *Neuron* 上联合发表的论文“China Brain Project：Basic Neuroscience，Brain Diseases，and Brain-Inspired Computing”中介绍了“中国脑计划”在基础神经科学、脑疾病和脑启发计算上的研究进展，从认识脑、保护脑和模拟脑三个方向，形成“一体”（脑认知原理的基础研究）“两翼”（脑重大疾病、类脑人工智能的研究）的研究格局，其中对基本神经回路机制认知的基础研究提供了输入并且接受来自脑疾病的诊断/干预和脑启发智能技术的反馈。

（五）医学人工智能驱动智慧医疗发展

1. 移动健康医疗 APP

智能手机、平板电脑、智能穿戴设备等的迅速普及，为移动健康医疗 APP 的蓬勃发展奠定了基础。移动健康医疗 APP 创造了新的医疗服务模式，在保证数据安全和用户隐私的基础上，能迅速、准确地收集、处理数据信息并分享至医护团队及医院信息系统终端，并接受进一步处理、指令以及反馈结果，从而促成用户与医护团队之间有效的数据和信息交互，并获得基于智能分析的知识库和数据服务，满足用户个性化健康服务的需求。这样一方面为患者提供便捷的支持、指导和参考，有助于促进健康医疗效果的改善；另一方面也为专业医疗护理人员提供标准的医护路径、临床管理参考及移动导医、查房等服务，从而提高医院及专业机构的工作效率和专业能力。专业统计数据显示，我国移动医疗产业市场规模逐年攀升，2016 年达到 105.6 亿元，较 2015 年增长 116.4%。移动医疗 APP 技术和服务模式也层出不穷，形成了健康指导、在线问诊、医院导诊、医药电商、人工智能 + 医疗等不同解决方案，如轻问诊应用“春雨医生”、女性健康管理应用“美柚”，面向医护人员提供手机病历夹和医学参考资料及信息服务的“杏树林”、糖尿病管理应用“微糖”等。这些移动健康医疗 APP 的应用在很大程度上提高了医生和患者沟通的效率，节约了时间，同时也更促进公平性和可及性，逐步实现从新奇应用到主流服务的蜕变。

2. 健康医疗云平台

我国智慧医疗云平台由服务和管理两部分组成，服务方面主要有基础设施层、平台层和应用层三个层次；管理方面主要有运营管理体系和信息安全体系。主要是以人口信息数据库、电子病历数据库和电子健康档案数据库等三大数据库为支撑，通过平台支持公共卫生、计划生育、医疗服务、医疗保障、药品供应、医疗教育和综合管理等活动。目前，我国各类医疗云平台布局全面、层次丰富，在建设主体和运营模式上也形成了政企合建、市场运营的良好局面。中国移动推出了健康创新平台（CM-mHiP），主要包括五个核心构件：数据辅助调动系统（digitally assisted dispatch system，DADS）引擎、开放电子健康档案/病历系统、业务管理系统、安全保障体系、运维管理系统。

3. 健康医疗大数据

健康医疗大数据是全民健康的全生命周期大数据，是所有与医疗和生命科学相关的研究以及全民在接受健康医护全路径服务时产生数据的集合，其异构度高、类型复杂、来源广泛，是国家重要的基础性战略资源。随着健康医疗信息化的广泛应用，我国积累了海量的健康医疗大数据，各数据端口呈现出多样化且快速增长的发展趋势，主要包括院内医院临床数据、公共卫生健康数据、移动互联健康数据、生物医学基因数据。利用大数据分析技术从海量数据中分析、挖掘潜在的关系，能够支持临床决策和患者医护路径，精确寻找疾病的原因和治疗的靶点，实现对疾病和特定患者的个性化精准治疗，同时也给未来更精准的医疗服务资源配置、医疗服务供给等智慧医疗服务带来了巨大机遇。比如，ActiveHealth Management 收集用户健康方面的数据以帮助用户实现健康管理；CancerIQ 整合临床数据和基因数据帮助实现癌症的风险评估、预防与治疗；CliniCast 利用大数据预测治疗效果以及降低花费。利用谷歌提供的公开检索数据，实现电子香烟使用的实施监控，跟踪电子尼古丁使用的兴起与心血管风险的联系，发现电子香烟的使用与心血管疾病存在着显著的相关性。采用搜索引擎数据，大幅降低了公共卫生的研究成本。

（六）相关建议

1. 加强专业性人才队伍的建设

着力培养医学与信息技术复合型人才，营造有利于复合型人才发展的制度环境，创新人才合作方式，推进住院医师规范化培训，分层次、分阶段培养特色医学人才，不断缩小人才培养与社会需要的差距，逐步构建起一支具备生命科学和信息技术双重知识储备的复合型专业人才队伍，为人工智能发展提供源源不断的人才支持。

2. 建立我国医疗数据使用标准，规范应用行为

建立应用指南，统一医疗数据采集、利用标准，加强信息安全建设，提高数据利用率，促进医疗机构的应用与建设。制定系统化法规规范人工智能的实施行为，形成功能规范、技术规范、管理规范，推进产业良性发展。

3. 加强宏观指导，制定评价体系和监管措施

需要采取必要的验证和升级措施，出台相关评价方案对人工智能软、硬件环境进行严格评价，同时对服务器、客户端、网络配置、负载管理等进行实时监控和安全测试，及时发现系统故障及受感染恶意控制的情况，及时报告相关部门，并逐步构建人工智能相关应用标准和法规体系。

对于人工智能产品与技术认证的流程缓慢的问题，FDA 于 2017 年授权组建了一个专门致力于数字化医疗和人工智能技术审评的新部门——人工智能与数字医疗审评部，用于及时处理日益增加的医疗人工智能产品和技术方案，提高了认证速度。目前国内医疗人工智能的落地同样面临认证审核流程过长的问题，一定程度上延缓了产业发展的进程。在医疗人工智能产品不断成熟的过程中，我国可参考 FDA 成立专门的人工智能产品审核部，加快医疗人工智能产品与技术的认证。

第四章 颠覆性技术创新的实践与政策（政策篇）

颠覆性技术作为革命性力量受到世界各国的重视，以美国为代表的科技强国更是着眼颠覆性技术发展的巨大“红利”，千方百计抢占颠覆性技术的发展先机。如何发展颠覆性技术，近几十年各科技强国的各类主体从不同维度开展了多层次的探索实践，取得了不错的效果。但是，颠覆性技术蕴含了“技术冲突、管理冲突、现在与未来的平衡”问题，其成长充满了极大的挑战与不确定性，如何发展颠覆性技术仍是世界性难题。

本章在颠覆性技术概念内涵研究的基础上，立足全局视角，梳理了世界科技强国和主要机构开展颠覆性技术研究、管理的历史过程，总结学习其先进经验；分析了我国发展颠覆性技术面临的内外部形势与挑战，聚焦我国颠覆性技术发展存在的问题，提出了加快我国颠覆性技术发展的建议。

第一节　科技强国推动颠覆性技术创新经验与启示

近代社会以前，虽然颠覆性技术不断诞生，并一直改变人类生产和生活方式，推动着人类社会的进步，但人们还没有形成主动识别、培育颠覆性技术的意识，颠覆性技术经历漫长的自然发展阶段。第二次世界大战后，技术发展和美苏竞争，促使美国政府率先介入颠覆性技术创新，把颠覆性技术推进了发展的快车道。在“国家引导、科技发展、市场驱动”三者共同作用下，美国对颠覆性技术进行了一系列系统部署，经过了长期的演化发展，形成了日益高效、充满活力的发端于国防战略需求，扎根于国家创新土壤，延展到国民经济体系，充分遵循颠覆性技术的规律特点的颠覆性技术创新体系。世界各国也纷纷开始效仿和学习美国，逐步开展了多维度多层次的探索实践，促进颠覆性技术的发展。本节对美国、俄罗斯、英国和日本等典型国家在颠覆性创新方面的做法与举措进行系统梳理，从演化论角度出发深入剖析美国颠覆性技术创新体系的演进过程，深入分析科技强国推动颠覆性技术创新的经验与启示，获得以下认识。

（一）持续的战略引导

一是对创新体系顶层设计。科技强国一直以来积极对创新体系进行顶层设计，制定清晰的科学技术投资目标和研发战略，对国内技术发展趋势进行战略引导，在颠覆性技术创新方面也不例外，并且发挥了重要作用。例如，美国白宫科学技术政策办公室（Office of Science and Technology Policy，OSTP）定期发布《美国创新战略》，指出如何对美国国家创新体系进行投资，如投资创新基础、助力企业创新引擎、增强国家创新者等。2015 年发布的创新战略还提出要促进国家优先事先突破。美国国家科学技术委员会（National Science and Technology Council，NSTC）从国家目的出发，制定清晰的联邦科学技术投资目标和研发战略。

二是形成了常态化研究机制。军方、工业界、情报界、学术界、智库等积极开展颠覆性技术战略研究，形成了常态化研究和交流机制，在各个层面推进颠覆性技术战略研究。例如，美军围绕颠覆性技术开展了大量的战略研究：每年召开一次颠覆性技术年会，充分调动各方力量，推动颠覆性技术发展等。

三是持续开展颠覆性技术的识别预测。对潜在颠覆性技术进行识别，对某些颠覆性技术提供稳定的资金支持。例如，英国通过组织科学界、研究理事会和技术战略委员会等多方专家共同研讨，筛选出优先发展的前沿技术，提供重点资金支持；美国空军研究委员会在 2009 年出版《“颠覆性技术”的持续监视》，未来颠覆性技术预测委员会在 2009 年和 2010 年出版了系列研究报告《颠覆性技术的持续预测》等。

（二）设立了专门机构或发展计划

科技强国依照颠覆性技术的特点争相设立专门的计划或机构大力发展颠覆性技术。例如 DARPA、日本颠覆性技术创新计划[79]、德国网络安全与关键技术颠覆性创新局等。一些商业机构通过设立 X 实验室，为颠覆性技术建立相对独特的培育模式，如大名鼎鼎的谷歌 X 实验室。这些机构和计划极大地推动了颠覆性技术的产生与发展，并且有以下共同的特点。

1）形成了基于需求的项目产生方式和“简洁、灵活”分散的项目管理模式。历史经验表明，大量颠覆性技术是未来需求引导产生的。政府和企业的专门研究机构，基于新兴技术发展和对未来社会形态的假设，确定未来需求，形成高风险的先进研究项目，进而激发、聚集创新体系中的新技术或新技术应用。最终能满足项目需求的一些新技术或新技术应用，往往就是颠覆性技术萌芽。这种通过未来需求产生颠覆性技术的创新模式，是一种前沿交叉的探索活动，具有不确定性、高风险、高回报的特点，需要“简洁、灵活”的小型分散的项目管理模式。

2）开展及时的技术转移。当可行性提高、获得认可时，颠覆性技术萌芽不再适用于高风险高回报的分散式、小型项目投资管理方式，及时转由其他大型项目、攻关计划将颠覆性技术萌芽推向最终成功。成功转化的例子如 ARPA-NET 转为民用互联网、隐身飞机转由军工企业研制、GPS 转军再转民等。管理模式发生转变后，单项颠覆性技术已经走出了独特的创新模式，但颠覆性技术创新模式还将继续运转，并致力于识别新的颠覆性技术。

（三）政府市场双驱动

颠覆性技术创新既需要国家引导，也需要市场经济利益驱动。在政府广泛推广颠覆性技术创新的同时，市场也在发力。一方面依托比较完善的市场体制、高效的资本市场，通过风险投资、种子基金、市场融资等方式使各类资源要素转向前景好、回报高的颠覆性技术。谷歌、特斯拉、SpaceX 等新兴科技公司的崛起，不仅在于这些公司的技术研发优势，也得益于美国科技与市场、资本的紧密结合，实现迅速扩张。另一方面，政府通过制定计划和政策，促进新技术由实验室到市场的转化，扶持更容易产生颠覆性创新的中小企业的创新研发和成果转化活动，如美国制定中小企业创新研究计划、小企业技术转移研究计划等创新政策及科技计划等方式直接干预技术研发活动，以此来鼓励中小企业技术进行创新活动。欧盟也在第九期研发框架计划（The Ninth Framework Programme for Research，FP9）探讨通过两大机构对各类创新主体的颠覆性创新研发活动给予支持：一是欧洲创新理事会探路者，着重解决中小企业成立初期的商业模式问题；二是欧洲创新理事会加速器，关注创新型企业关键技术由实验室向市场转化的问题，推进中小企业的技术创新研发活动。

（四）重视对基础研究和交叉领域的投入

从历史上看，许多颠覆性技术的诞生与发展都源自基础研究和交叉领域的重要突破。基础研究能为颠覆性创新的孕育蓄积能量，是颠覆性创新的科学原理基石；学科交叉点往往是科学新的生长点、新的前沿，再加上当今现代科学发展的跨学科性和跨领域性日益明显，未来重大创新更多地出现在学科交叉领域。世界主要创新型国家非常重视基础研究和交叉领域，通过投入经费、设立重点发展领域及相关机构，为颠覆性技术的培育孵化提供丰厚土壤。例如，在基础研究方面，美国 2016 年基础研究总投入为 863 亿美元（我国投入总量仅占美国的四分之一左右），基础研究投入占研发总投入的 18%左右（中国只占 5.2%）[80]；在交叉领域方面，美国在 2012 年就将生物、机器人、信息、生命、清洁能源、新能源汽车等重点发展产业的交叉领域作为重点科技发展领域之一，美国、英国、德国等发达国家也相继成立了学科交叉研究中心，为前沿学科建设开辟道路。

（五）智库发挥着重要作用

首先，政策、经济、国际关系等方面的战略研究能影响国家科技政策和发展战略，以夯实基础。

其次，智库基于专业评估手段、结合技术成熟度和未来社会形态变化，提出的未来颠覆性技术预测和战略性建议，可辅助先进研究专门机构明确需求。

最后，智库从技术以外的角度对整个颠覆性技术创新体系以及颠覆性技术综合效应进行的评估，有助于优化创新管理模式、预警颠覆性技术可能引起的破坏性风险。2004～2012年，美国国防工业界组织召开了 9 届颠覆性技术年会，这些会议以识别颠覆性技术为目的，为美国遂行非对称军事任务填补能力空白。商业领域近年来包括麻省理工学院、麦肯锡、高德纳等众多知名研究机构、公司持续发布颠覆性技术研究报告。

第二节　典型机构开展颠覆性技术创新经验与启示

为了深入剖析颠覆性技术的管理方式，项目调研了 DARPA、DIUx（Defense Innovation Unit Experimental，国防创新实验单元）、日本颠覆性技术创新计划和德国网络安全与关键技术颠覆性创新局，对这些典型机构（计划）的使命定位、管理理念、组织模式和运行机制等显性特征进行研究，具体并结合环境、战略视角对其成功经验的总结，形成以下认识和启示。

（一）颠覆性技术创新最大的阻力是组织自己

历史的经验表明，几乎没有颠覆性技术的发明者（包括个人和组织）实现最终颠覆，组织内部很难成长出颠覆性技术。许多重大的颠覆性技术，都发源于大组织，兴起及成功于新兴小组织。“墙内萌芽，墙外开花”“孕育颠覆性技术却被颠覆”等现象比比皆是。如商业领域中“仙童的八叛逆”和“柯达的数码相机”；军事领域中的 GPS，发源于美国海军却被海军抛弃，在 DARPA 得到资助并走向成功。组织在以下三个方面阻碍颠覆性技术创新。

1）现有价值网络扼杀新兴颠覆性技术的萌芽。新兴颠覆性技术会重构现有模式和格局，在组织内面临资源、流程、价值观的严重冲突，几乎不可能获得成长空间。

2）利益冲突使内部无法厚植颠覆性技术创新的土壤。组织内部利益固化形成的思想之墙、利益之墙、部门之墙、团派之墙，使组织内部几乎没有接纳新兴颠覆性技术的土壤。

3）机构僵化抹杀颠覆性技术创新活力，组织机构的固化和运行模式的僵化形成了严重的路径依赖，在组织内很难激发颠覆性技术创新的活力。

（二）大问题是产生颠覆性技术的重要前提

推动颠覆性技术创新不仅需要新思想和理念的开拓、科学和技术的探索以及人才和资金的支持，而且可能会打破在创新到实施过程中由于颠覆性所带来的原有利益格局或传统的工作流程。解决国家安全大格局下的重大问题是颠覆性技术创新的重要支撑。在调研的机构中，发展颠覆性技术的基本路径是问题—思想—人才—项目（群），产生大问题、识别好思想、寻找好人才、利用好资源是培育颠覆性技术的核心。例如，DARPA 的独特定位使其超越军种、行业、领域，甚至学科学派，在国家安全战略大格局下思考重大需求问题，更易催生颠覆性技术的视野和远见，推动颠覆性技术创新所需新思想、新理念的开拓、科学和技术的探索以及人才和资金的支持，打破在创新到实施过程中由于颠覆性所触及的原有利益格局。

（三）培育颠覆性技术需要打破利益固化、思想固化和价值网络固化

颠覆性技术的实现要求组织能够打破利益固化、思想固化和价值网络固化，这需要组织具备大的格局和前瞻的战略视野，压制本位主义，才能催生颠覆性技术的视野和远见，推动颠覆性技术创新所需新思想、新理念的开拓；需要组织推倒各种阻碍思想、人才、资源汇聚之墙，包括思想之墙、利益之墙、部门之墙、学派之墙、团派之墙，才能为大问题的解决识别好思想、寻找好人才、利用好资源，促进新思想和新理念的实现；需要在组织和制度设定上“砍掉手脚”，不做实体，保持灵活性，才能避免组织陷入创新路径固化和机构固化，保持组织创新活力。DARPA 和 DIUx 的伟大之处在于始终坚守自己独特的定位，“推倒隔墙”，将包括产、学、研等各个方面的力量汇聚到一起，充分利用潜在的资源体系，将人才和创意、技术和应用紧密关联，形成强大的资源解决问题，催生颠覆性技术的实现。

（四）颠覆性技术的评价要“打破成败之墙”

颠覆性技术具有前沿性，它要求对知识或技术进行前沿研究，衡量是否前沿的方式就是你多长时间失败一次，这种“失败”往往带来更大贡献；颠覆性技术在实现过程中也存在很多不确定因素，具有突变性、不确定性和高风险性，因此发展颠覆性技术必然伴随着失败，需要不断进行尝试。若要遴选出真正的“领跑者”，对颠覆性技术的评价则需要“打破成败之墙”，不惧失败，关注鼓励探索和勇于探索，不过分聚焦一时得失以及短暂的、平庸的结果，这更符合颠覆性技术发展的规律，更能激发研究人员的创新热情和挑战欲，营造良好的创新文化氛围。例如，DARPA 尤其注重对失败的宽容和呵护，“打破成败之墙”，DARPA 有 85%～90%的项目未能达到其全部的目标，在投资上的失误率与技术研发的成功率难分上下。这样的评价方式使得 DARPA 能够在选择资助的项目以其是否包含新思想为准则，倾向于高风险高回报的项目；使得 DARPA 在科技前沿模糊地带的思想得以不断尝试，培育出多项颠覆性技术。

（五）培育颠覆性技术需要新的管理方式

发展颠覆性技术不仅面临严重的技术冲突和管理冲突，还需要当前与未来的平衡，是对组织的严重挑战。从调研情况来看，较为成功的组织，都根据颠覆性技术的这一特性，

采用了独特的管理模式——“体外”特区（如 DARPA、GoogleX 等）。这些体外特区有以下共同特征。

使命定位：以创新为使命，以调动全社会的资源为手段，把创新建立在整体生态之上。

业务定位：超越所有业务、部门，不陷入具体方向。只做萌芽段，项目得到验证便转到其他部门，不被创新链捆死。

体制机制：开辟体外特区，成立专门“机构”，运行不进入现有的价值网络（资源、流程、价值观）。机构小规模、管理扁平化、项目小且分散。

实施保障：“削去屁股”，压制本位主义，培养大格局和长距视野。“砍掉手脚”，不做大实体，保持灵活性，避免陷入机构固化。“推倒隔墙”，推倒各种阻碍思想、人才汇聚之墙，包括思想之墙、利益之墙、部门之墙、业务之墙、团派之墙。

第三节　我国颠覆性技术创新面临的形势与挑战

纵观历史，重大颠覆性技术的群体涌现会产生技术分叉、催生新兴产业，打破已有强国技术垄断、产业锁定的格局，为后发国家的崛起提供历史性机遇。每次颠覆性技术浪潮来临，都是世界格局重塑、新兴大国崛起的时机。当前，我国正处于由大变强实现民族复兴的关键时期，新一轮科技革命和产业变革同我国转变发展方式形成历史性交汇，颠覆性技术层出不穷，正在重塑世界格局，创造人类未来。牢牢抓住新一轮颠覆性技术变革的历史机遇，对完成两个一百年战略目标，实现中华民族的伟大复兴，有重大的意义。

近年来，我国也逐步开始重视颠覆性技术发展和颠覆性创新，但仍存在认识不到位、基础研究不足等问题以及竞争对手战略挤压等挑战。在中国特色社会主义进入新的发展阶段，转变发展方式促进产业转型升级的大背景下，我们必须直面颠覆性技术带来的挑战和机遇，加强创新，补齐短板，做好战略布局，力争与新的历史性交汇期产生同频共振。本章主要从科学技术、国家治理、外部形势等几个方面分析了颠覆性技术发展的现状、我国推动颠覆性技术发展方面存在的主要问题和挑战，形成以下认识。

（一）我国颠覆性技术发展面临的严峻形势

1）面临的国际竞争更为激烈。随着颠覆性技术的作用越来越大，颠覆性技术作为革命性的力量受到世界各国的重视，以美国为代表的科技强国更是着眼颠覆性技术发展的巨大“红利”，千方百计抢占颠覆性技术的发展先机，将颠覆性技术发展作为大国博弈的战略需要、提升国家科技创新能力的重要途径，我国发展颠覆性技术面临的国际竞争更为激烈。

2）面临的内在需求十分迫切。长期以来，我国立足比较优势，创造了经济增长的“中国奇迹”，然而对外源性技术的过度依赖和原始创新能力不足，形成了“跟随—移植—模仿”的技术路径依赖，造成产业核心技术严重匮乏。随着国力的崛起，中国在欧美主导的技术体系、产业体系、价值体系下的开发式创新已接近尾声，效率式创新已进入边际效益递减阶段。面对新一轮科技革命和产业变革，开展颠覆性技术创新，掌握核心技术，实现转型升级的需求强烈。同时，中国进入创新“无人区”，不仅面临颠覆性创新技术上的“无人区”，还面临人才、资金、投入方式、成果应用、利益分享等管理上的“无人区”，开展颠覆性技术创新的挑战严峻。

3）面临战略对手挤压形势严峻。当前，美国对我国的战略挤压更加激烈，中美两国正一步步坠入“修昔底德陷阱”。特别是“中美贸易战”“中兴事件”“美国对华 44 家高技术企业禁运”等事件一步一步将美国战略挤压推向高潮，显示了美国打压我国发展壮大的战略决心，也暴露出我国核心技术受制于人、科技创新整体效能不高等一些突出问题。面临严峻形势，要确保我国在日趋激烈的国际竞争中立于不败之地，就要大力发展科学技术，尤其是抓住新一轮颠覆性技术变革的机遇，大力发展能够改变游戏规则、取得非对称性优势、实施战略突袭的颠覆性技术，把创新主动权、发展主动权牢牢掌握在自己手中。

（二）我国颠覆性技术发展存在的突出问题

1）缺乏对颠覆性创新的顶层设计。颠覆性创新具有不确定性、高风险、高投入、爆发性等特点，仅仅依靠企业和研究机构，难以有效开展颠覆性创新，必须采取国家行为进行顶层设计，充分发挥各创新主体如高校、研究所、金融机构、企业的创新效应，形成“国家引导、科技发展、市场驱动”三位一体颠覆性创新体系。然而目前我国对于颠覆性创新顶层设计与产业转型升级现状的认知程度不足，还未形成完善的颠覆性创新顶层设计，对各类创新主体积极性的调动尚显不足，缺乏对创新活动的路径创造与有力支撑；对颠覆性创新过程管理与评估方法方面的认识较为匮乏，对潜在颠覆性创新“种子”的选择与培育推进缓慢。

2）基础研究薄弱的颠覆性技术原始创新能力不强。经过多年发展，我国基础科学研究取得长足进步，整体水平显著提高，国际影响力日益提升，支撑引领经济社会发展的作用不断增强。但与建设世界科技强国的要求相比，我国基础科学研究短板依然突出，数学等基础学科仍是最薄弱的环节，重大原创性成果缺乏，基础研究投入不足、结构不合理，顶尖人才和团队匮乏，评价激励制度亟待完善。基础研究的薄弱直接影响着我国颠覆性技术的创新能力的提升。增强源头创新能力、培育颠覆性创新、塑造更多具有先发优势的引领型发展，将成为今后很长一段时间的重要战略任务。

3）国家主动识别和培育颠覆性创新的机制尚未形成。对于未来可能产生重大颠覆性效果的技术，需由国家主动识别和培育，采取国家行为进行战略引导，加大国家资金投入，进行特殊的组织和管理。我国已经意识到颠覆性创新选择和培育的重要性，科技部（基金委）、军委科技委已作出相关部署，军委科技委成立了“创新特区”和新型研究机构“国防科技创新快速响应小组”，科技部发布了国家重点研发计划变革性技术关键科学问题重点专项，这些机构、计划和项目在颠覆性创新的技术选择和培育方面进行了尝试，但仍存在以下问题：一是缺乏颠覆性创新的科学评估标准；二是缺乏与颠覆性创新特点相适应的管理机制。

4）对颠覆性技术管理研究严重滞后。新思想、新概念创新跟不上发展需求。一方面，新概念、新思想创造长期跟随西方，缺乏概念创新，影响我国创新走向世界前沿，引领世界发展。另一方面，颠覆性技术的系统研究缺乏，认识不到位，在理念上存在诸多误区，如强调技术忽视应用。技术本身不能产生颠覆性的影响，必须物化为产品并合理运用后才会产生颠覆性影响。技术创新是一个具有生命周期的链条，从技术发明到产品设计到市场转化再到应用效果，每一个环节都有风险。目前，我国无论是政府层面还是学术界，关注点更多的都在技术本身如何颠覆，而忽视技术物化、市场转化及应用实践的过程研究，对管理创新和制度完善带来的挑战认识还不到位，对颠覆性技术带来的对传统管理模式及旧有制度提出的挑战认识还不够，还未引起足够的重视，亟须加强前瞻研究和部署。

5）缺乏开放、自由、宽松的环境和鼓励探索的文化氛围。长期以来，我国科研管理体制对科研人员的智力投入缺乏重视与合理激励，简单僵化的量化管理导致科研工作本身的异化，使得很难有科技人员甘愿潜下心来，从事短期内看不到经济利益的基础性研究和原始创新研究。如何制定多元化人才评价标准为科研人员“松绑”、如何给予科研人员充分的自主权，充分调度创新人物对颠覆性创新的作用，成为我国培育颠覆性创新的重要前提。另外，我国教育重传承轻创新、重标准化轻个性化、重知识吸收轻价值塑造和创新创业；我国创新人才教育模式多样化不足、科技人才队伍“大而不强”、领军人才后继乏人、创造性人才短缺等；我国没有深层次贯彻勇于探索、宽容失败的科学精神，都制约着颠覆性创新的发展。

（三）我国颠覆性技术发展拥有的优势明显

1）规模优势突出。主要体现在以下三个方面。第一，基础能力优势。改革开放 40 年来，中国科技实力有了长足的发展，科技发展实现了由原来的全面跟跑向跟跑、并跑甚至在一些领域领跑的重大转变，形成了基础研究、前沿技术、应用开发、重大科研基础设施、重点创新基地等全方位、系统化的科研布局。第二，人才规模优势。我国是世界公认的人力资源大国，我国科技人力资源超过 8000 万人，全时研发人员总量 380 万人，居世界首位，工程师数量占全世界的四分之一，每年培养的工程师相当于美国、欧洲、日本和印度的总和。这是我国难得的战略资源。第三，市场空间优势。我国的市场潜力巨大，仅移动互联网用户就达 10.3 亿人，任何一个细分市场都能支撑成千上万个企业的发展，即使相对小众的市场也可以提供大量的创新创业机会和需求。

2）具备完备的产业体系。中国是世界上唯一具有联合国产业分类中所有工业门类的国家，产业体系完备，集群优势明显，经济互补性强，形成了规模巨大富有弹性的供应链网络。完备的产业体系为培育发展新产业、新业态、新模式，支持传统产业改造升级提供良好的基础。任何创新活动都可以在中国找到“用武之地”。同时制造业长期积累的技术基础，为互联网时代制造业的智能化、数字化发展提供了巨大空间。面对颠覆性技术创新，我国灵活高效的产业网络，在响应和承接新的技术扩散、转移以及加强颠覆性技术创新方面有独特的优势。

3）体制动员优势。中国社会主义制度具有“集中力量办大事”的政治优势和制度优势。中华人民共和国成立以来，在科研和体育等领域充分利用这一优势，形成了独具特色的“举国体制”，充分发挥了政府的政策引导作用，取得了辉煌的成就。历史经验表明，大量的颠覆性技术由未来需求引导，大格局、大问题是颠覆性技术创新的重要支撑。在国家发展大格局下思考重大需求问题，更易催生颠覆性技术的视野和远见。在推动颠覆性技术创新方面，中国体制动员优势依旧明显。现在仍然要发挥制度优势，积极探索社会主义市场经济条件下的新型举国体制，把各方力量充分调动起来。

第四节　加快我国颠覆性技术发展的建议

作为世界最大的新兴经济体，中国拥有广阔的市场需求、完备的产业体系和巨大的科技基础，开展颠覆性技术创新有独特的优势。面对新一轮的颠覆性技术浪潮，我们比历史上任何时期都更有信心、更有能力抓住机遇。中国需要正确认识和适应新一轮颠覆性技术浪潮的历史机遇，推动经济的战略转型；尽快形成孕育颠覆性技术能力，抢占全球创新高地，掌握发展的战略主动权。

（1）发展颠覆性技术要注重前沿与实用相结合

我国尚处于高质量发展转型期，中美贸易战进一步突显了科技经济短板，创新引领发展尤为急迫。对于颠覆性技术的理解，我国既要考虑在全球视野下注重前沿探索力求创造领先的可能，同时也需在问题驱动目标导向下大力消除我国发展的不平衡、不充分，在关键核心技术领域取得突破。因此，现阶段我国发展颠覆性技术的出发点是前沿与实用相结合，重点关注以下问题。

1）颠覆性技术要引领我国科技经济整体突破。

2）颠覆性技术的应用需求事关全局的行业及社会公共消费（问题或需求的导向性）。

3）颠覆性范围是国家全局性或区域性的产业体系、社会技术经济范式变革。

4）颠覆性技术的根本动力产生于前沿探索和基础科学领域的率先突破。

（2）发展颠覆性技术要保持战略定力

颠覆性技术的发展历程充满曲折艰辛和不确定，在这个过程中，国家选择颠覆性技术的战略眼光和发展决心起到了非常重要的作用，决定了该项颠覆性技术在一个国家的命运。新原理的发现与传播（科学突破）、新技术的发明与分叉（技术分叉）、新产业的产生与锁定（产业锁定）等转折点的识别和把握，对于国家来说都是制定和调整政策的时间窗口，根据不同阶段技术与市场的发展状态给予不同程度的政策，将有助于推动颠覆性技术完成从小众到主流的颠覆。而颠覆性技术创新过程遭遇“死亡之谷”“亚历山大困境”的双重瓶颈，使其开发转化的难度和风险极大，考验战略信心，影响战略定力。国家对于颠覆性技术的选择与培育，要充分认识颠覆性技术的演化规律，保持战略定力。

（3）发展颠覆性技术要注重现实与未来平衡

1）发展颠覆性技术储备潜能需要牺牲现实利益。颠覆性技术的孕育和形成，一般通过竞争来处理与现有主流体系在技术和管理上的冲突，国家必要时通过强有力的科技投资或政府干预，加快传统力量的退出，以便为培育和发展颠覆性技术创造化解冲突的空间，这是现实为未来做出的牺牲。

2）孕育颠覆性技术需要具备现实基础条件。颠覆性技术为国家提供了现实与未来沟通的重要途径。发展颠覆性技术需要辩证地处理技术和管理的冲突性，力求现实与未来的平衡。从空间布局上做好资源、政策、力量的分布，从战略时机上掌握进入与退出的最佳窗口期。无论是被动“认识、适应颠覆性技术发展”或者是主动“识别、创造、引领颠覆性技术发展”，都将提升国家应对未来的能力，在未来竞争中占据有利位置。发展颠覆性技术，需要平衡现在与未来的资源投入，在当前与未来的平衡中，使组织步履更稳健，走得更长远。

基于上述认识，本书从“认识、适应和引领”三个层次对我国颠覆性技术提出如下建议。

（一）建立国家颠覆性技术的识别、预警能力，抢抓颠覆性技术变革的发展机遇

我国颠覆性技术战略研究刚刚起步，对颠覆性技术内涵、特征认识不深，对颠覆性技术发展趋势、方向研判不准，对颠覆性技术变革发展机遇把握不力，又缺乏颠覆性技术风险预警、防控、应急机制，对颠覆性技术带来的冲击应对不足，因此应尽快建立国家颠覆性技术的识别、预警能力。

1. 构建颠覆性技术战略预警体系

依托现有军/民口科技情报机构、科技智库、科研院校，通过赋予现有主体相应的使命、责任，以及稳定支持与市场选择相结合的支持方式，构建协调布局、多元参与、军民融合的颠覆性技术战略预警体系。建立决策需求生成与问题沟通机制，实现上下信息的流通反馈，引导和推动预警需求与问题生成的对接响应，加强与国家管理体系有机衔接和良性互动。开展全域和重点动态相结合的颠覆性技术扫描收集、识别评价、预警反馈，识别重大颠覆性技术方向，把握发展机遇、防范技术突袭、回应科技伦理热点。

2. 加强颠覆性技术的战略研究

由中国科学院与工程院牵头，以高端智库和行业智库为主体，联合政府部门、科研院校、咨询机构、企业和社会组织等多方力量形成稳定的研究团队，固化研究机制，滚动开展颠覆性技术的战略研究。深化对颠覆性技术的认识，把控世界颠覆性技术发展态势，研判颠覆性技术发展方向与重点，持续对热点颠覆性技术进行识别、评价，定期或不定期发布相关研究成果，向国家提出相关政策、措施与建议；向社会和公众传递准确权威的颠覆性技术信息，并为战略预警体系提供有力支撑。

（二）设立中国颠覆性技术创新计划，抢占全球科技制高点

针对科技强国日益重视颠覆性技术创新，并依照颠覆性技术的特点争相设立专门的计

划或机构大力发展颠覆性技术的形势（如 DARPA、日本颠覆性技术创新计划、德国网络安全与关键技术颠覆性创新局等），建议针对颠覆性技术带来的技术冲突和管理冲突，依照颠覆性技术的特点，设立中国的颠覆性技术创新计划，支持具有挑战性、探索性、高风险的创新活动，发掘能为未来产业孕育、经济增长和社会发展带来根本性转变的技术，抢占全球科技制高点，推动经济发展的战略转型。

1）建议以军民融合的方式设立中国颠覆性技术创新计划。为计划提供超越军民、行业、领域和部门的大格局与长距视野及大问题。积极响应军民需要，对接国家重大战略需求，为计划提供长期稳定的支持，为研究项目的长期探索、试错提供资源保障。打破部门、行业和学派的屏障，寻找好思想、汇聚好人才、调动好资源。

2）针对颠覆性技术特点创新管理方式。针对颠覆性技术带来的管理冲突和技术冲突，加强管理创新、多行多试，不断探索优化颠覆性技术需求产生、项目立项、资源配置、组织管理、评估评价的组织方式。要点如下：第一，计划要立足问题（需求）导向，其核心使命是提出好问题、识别好思想、寻找好人才、遴选好项目、产出好成果；第二，计划定位于最具挑战性和创造性阶段的工作，技术路线或解决方案得到验证后转由其他部门实施，避免被创新链捆死；第三，机构要扁平化、管理要灵活，建议采用项目经理人制；第四，评价要“打破成败之墙”。

3）实施中打破利益固化、思想固化和价值网络固化。在实施中要“削去屁股”，压制本位主义，不把位置坐在具体业务方向和部门上；“砍掉手脚”，不做实体，保持灵活性，避免陷入机构固化；“推倒隔墙”，推倒各种阻碍思想、人才汇聚之墙，包括思想之墙、利益之墙、部门之墙、业务之墙、团派之墙，汇聚好思想、好人才。

（三）利用颠覆性技术分叉扩散转移的浪潮，推动我国经济的战略转型

颠覆性技术浪潮，技术扩散、转移、分叉，几乎没有技术发明者实现了最终颠覆。打破在位者技术垄断和产业锁定的格局，是后发国家的历史性机遇。

1. 扶持和培育企业的创新活力

一是加强对前沿颠覆性技术方向科技突破、技术分叉、产业锁定的评价，避免进入陷阱。二是以生态文明建设、“一带一路”倡议等为牵引，通过大工程和超大工程的营建，以建设世界级创新型企业为重点，组建创新群和创新载体。三是尽快出台中国版的“小企业创新研究计划”和“小企业技术转移计划”，支持中小企业参与国家创新活动，同时着力解决中小微企业技术“钱难借、才难招、政策难享受、市场难开拓、产权难保护”等问题。

2. 构建自由无边界的技术创新环境

选择北京、深圳、雄安新区等科技创新条件较好的地区，划出若干区域打造“创新者自治的飞地”，减少政府干预，在确保安全和伦理的基础上，形成自由无边界的创新热土。

提倡探索未知和冒险精神，为新想法、新思路提供实践空间，成为新技术、新产品、新商业模式的试验田；为科技资源、创新要素的汇聚融合创造条件；为资本的进入提供便利，吸引全世界“疯狂科学家”汇聚。

3. 坚定不移加强开放创新

面对全球性保护主义抬头和中美贸易战，更需要坚定不移地加强开放创新，加大开放，布局全球，以更大的胸襟汇聚全球资源。大力实施创新全球化战略，积极融入和主动布局全球创新网络，进一步推动北京、上海两个全球科创中心协同发展；在中部、西部创新基础较好的区域布局若干国际创新中心，促进均衡发展，大力构建中国主导的科技创新体系。

（四）厚植颠覆性技术创新的土壤，奠定长远发展的根基

面对即将来临的颠覆性技术浪潮，建议国家一方面加强基础教育改革更好地适应未来发展需求，另一方面加强道德和伦理建设约束发展道路。

1. 加强教育改革，夯实发展根基

持续加大基础教育投入，改善教育条件，“让优秀的人培养更优秀的人”。进一步深化教育改革，使教育内容更加适合未来科技发展和社会变革的要求。加强创新教育，让创新深入人心，形成全民认同创新、尊重创新、保护创新的文化氛围，进一步解放全社会的创新活力。强化道德伦理和科技安全教育，将未来科技伦理风险尽可能化解在课堂上，将科技发展道路稳定在人民需要的轨道上。

2. 加强科技伦理建设，倡导有责任的创新

尽快成立国家科技伦理委员会，加强对颠覆性技术创新的风险评估，在保障创新的前瞻性的同时，更关注创新的规范性、伦理性，使颠覆性技术创新更符合国家意志和民生需求。针对颠覆性技术可能引起国家安全、就业失衡、伦理道德、个人隐私等方面的风险，进行前瞻预防与约束引导，在保障安全的前提下实现有责任的创新。

参考文献

[1] 克里斯坦森. 创新者的窘境[M]. 胡建桥译. 北京：中信出版社，2014.

[2] 刘则渊，陈悦. 现代科学技术与发展导论[M]. 2 版. 大连：大连理工大学出版社，2011.

[3] 梁正，邓兴华，洪一晨. 从变革性研究到变革性创新：概念演变与政策启示[J]. 科学与社会，2017，7(3)：94-106.

[4] 陈劲，戴凌燕，李良德. 突破性创新及其识别[J]. 科技管理研究，2002，22(5)：22-28.

[5] 付玉秀，张洪石. 突破性创新：概念界定与比较[J]. 数量经济技术经济研究，2004，21(3)：73-83.

[6] 孙启贵，邓欣，徐飞. 破坏性创新的概念界定与模型构建[J]. 科技管理研究，2006，26(8)：175-178.

[7] Christensen C M. The Innovator's Dilemma[M]. New York：Harvard Business Press，1997.

[8] Christensen C M，Raynor M E. The Innovator's Solution：Creating and Sustaining Successful Growth[M]. New York：Harvard Business Press，2003.

[9] Neto A H C，Guinea F，Peres N M R，et al. The electronic properties of graphene[J]. Reviews of Modern Physics，2009，81(1)：109.

[10] Dreyer D R，Park S，Bielawski C W，et al. The chemistry of graphene oxide[J]. Chemical Society Reviews，2010，39(1)：228-240.

[11] Novoselov K S，Fal V I，Colombo L，et al. A roadmap for graphene[J]. Nature，2012，490(7419)：192.

[12] Li D，Kaner R B. Graphene-based materials[J]. Science，2008，320(5880)：1170-1171.

[13] Schwierz F. Graphene transistors[J]. Nature Nanotechnology，2010，5(7)：487.

[14] Raccichini R，Varzi A，Passerini S，et al. The role of graphene for electrochemical energy storage[J]. Nature Materials，2015，14(3)：271.

[15] Bonaccorso F，Colombo L，Yu G，et al. Graphene，related two-dimensional crystals，and hybrid systems for energy conversion and storage[J]. Science，2015，347(6217)：1246501.

[16] 屠海令，赵鸿滨，魏峰，等. 二维原子晶体材料及其范德华异质结构研究进展[J]. 稀有金属，2017，41(5)：449-465.

[17] Pendry J B，Schurig D，Smith D R. Controlling electromagnetic fields[J]. Science，2006，312(5781)：1780-1782.

[18] Ziolkowski R W. Metamaterial-based antennas：Research and developments[J]. IEICE Transactions on Electronics，2006，89(9)：1267-1275.

[19] Yu X，Zhou J，Liang H，et al. Mechanical Metamaterials Associated with stiffness，rigidity and compressibility：A brief review[J]. Progress in Materials Science，2018，94：114-173.

[20] Pendry J B. Negative refraction makes a perfect lens[J]. Physical Review Letters，2000，85(18)：3966.

[21] Liu X，Zhou J，Litchinitser N，et al. Metamaterial all-optical switching based on resonance mode coupling in dielectric meta-atoms[R]. ArXiv Preprint ArXiv，2014，1412. 3338.

[22] Sun J，Shalaev M I，Litchinitser N M. Experimental demonstration of a non-resonant hyperlens in the visible spectral range[J]. Nature Communications，2015，6：7201.

[23] Arbabi E，Arbabi A，Kamali S M，et al. MEMS-tunable dielectric metasurface lens[J]. Nature Communications，2018，9(1)：812.

[24] 周济. 广义超材料：超材料与常规材料的融合[J]. 中国材料进展，2018，37(7)：21-25.

[25] 王同军. 智能铁路总体架构与发展展望[J]. 铁路计算机应用，2018，27(7)：1-8.
[26] 潘永杰，赵欣欣，刘晓光，等. 桥梁BIM技术应用现状分析与思考[J]. 中国铁路，2017(12)：72-77.
[27] 严登华，王浩，张建云，等. 生态海绵智慧流域建设——从状态改变到能力提升[J]. 水科学进展，2017，28(2)：302-310.
[28] 王浩，贾仰文. 变化中的流域“自然-社会”二元水循环理论与研究方法[J]. 水利学报，2016，47(10)：1219-1226.
[29] 李析男. 变化环境下非一致性水资源与洪旱问题研究[D]. 武汉：武汉大学，2014.
[30] 梁忠民，胡义明，王军. 非一致性水文频率分析的研究进展[J]. 水科学进展，2011，22(6)：864-871.
[31] 蓝颖春. 海绵城市核心是“一片天对一片地”访中国水利水电科学研究院水资源研究所所长、中国工程院院士王浩[J]. 地球，2016，(4)：10-12.
[32] 薛万功，刘开清. 打造智慧流域的思路及构想——以讨赖河流域为例[J]. 水利规划与设计，2018，(1)：1-2.
[33] 蒋云钟，冶运涛，王浩. 智慧流域及其应用前景[J]. 系统工程理论与实践，2011，31(6)：1174-1181.
[34] 蒋云钟，冶运涛，王浩. 基于物联网理念的流域智能调度技术体系刍议[J]. 水利信息化，2010，(5)：1-5.
[35] 曹宝，罗宏，吕连宏. 生态流域建设理念与发展模式探讨[J]. 水资源与水工程学报，2011，22(1)：31-35.
[36] 李伟坡. 湖南浏阳小溪河小流域景观特征及清洁流域构建研究[D]. 长沙：中南林业科技大学，2016.
[37] 田增刚，孟凡荣，李国会. 新时期生态清洁流域建设的机遇和挑战[J]. 南昌工程学院学报，2014，33(4)：111-114.
[38] 王浩，王旭，雷晓辉，等. 梯级水库群联合调度关键技术发展历程与展望[J]. 水利学报，2019，50(1)：25-37.
[39] 郭旭宁，秦韬，雷晓辉，等. 水库群联合调度规则提取方法研究进展[J]. 水力发电学报，2016，35(1)：19-27.
[40] 严子奇，王浩，桑学锋，等. 基于模糊聚类预报与序贯决策的水资源开发利用总量动态管理模式[J]. 中国水利水电科学研究院学报，2017，15(3)：161-169.
[41] 雷晓辉，王浩，廖卫红，等. 变化环境下气象水文预报研究进展[J]. 水利学报，2018，49(1)：9-18.
[42] 吕巍，王浩，殷峻暹，等. 贵州境内乌江水电梯级开发联合生态调度[J]. 水科学进展，2016，27(6)：918-927.
[43] 金鑫，王凌河，赵志轩，等. 水库生态调度研究的若干思考[J]. 南水北调与水利科技，2011，9(2)：22-26.
[44] 钱梓锋，李庚银，安源，等. 龙羊峡水光互补的日优化调度研究[J]. 电网与清洁能源，2016，32(4)：69-74.
[45] 安源，黄强，丁航，等. 水电-风电联合运行优化调度研究[J]. 西安理工大学学报，2016，32(3)：333-337.
[46] 丁航，安源，王颂凯，等. 水光互补的短期优化调度：2016第二届能源，环境与地球科学国际会议[C]. 中国上海，2016.
[47] 陈进. 长江流域水资源调控与水库群调度[J]. 水利学报，2018，49(1)：2-8.
[48] 金兴平. 长江上游水库群2016年洪水联合防洪调度研究[J]. 人民长江，2017，48(4)：22-27.
[49] 王昭亮. 沙颍河闸坝群水质水量联合调度研究[J]. 西北水电，2014，(1)：1-6.
[50] 张慧云，高仕春. 闸坝群水质水量联合调度规律研究：全国水资源合理配置与优化调度及水环境污染防治技术交流研讨会[C]. 中国青海西宁，2011.
[51] 任文坡，李振宇. 渣油深度加氢裂化技术应用现状及新进展[J]. 化工进展，2016，35(8)：2309-2316.

[52] 吴青. 悬浮床加氢裂化[J]. 炼油技术与工程，2014，44(2)：1-9.
[53] 边文越，李泽霞，冷伏海. 构建包含知识元分析的科技前沿情报分析框架——以研究甲烷直接制乙烯为例[J]. 图书情报工作，2016，(10)：87-94.
[54] 边文越，李泽霞，冷伏海. 甲烷直接制乙烯国际发展态势分析[J]. 科学观察，2015，(3)：1-11.
[55] 殷瑞钰. 钢铁制造流程结构解析及其若干工程效应问题[J]. 钢铁，2000，35(10)：1-7.
[56] 王新华. 钢铁冶金：炼钢学[M]. 北京：高等教育出版社，2007.
[57] 《中国钢铁工业年鉴》编辑委员会. 中国钢铁工业年鉴[M]. 北京：《中国钢铁工业年鉴》编辑部，2017.
[58] 殷瑞钰. 冶金流程工程学(第 2 版)[M]. 北京：冶金工业出版社，2009.
[59] 王辉，周海涛，王顺成，等. 连续铸挤技术研究现状及发展[J]. 铸造技术，2014，35(4)：723-727.
[60] 曹富荣，温景林. 金属连续铸挤技术研究进展与发展趋势[J]. 中国材料进展，2013，32(5)：283-290.
[61] Hickey J M，Chiurugwi T，Mackay I，et al. Genomic prediction unifies animal and plant breeding programs to form platforms for biological discovery[J]. Nature Genetics，2017，49：1297-1303.
[62] Bogliotti Y S，Wu J，Vilarino M，et al. Efficient derivation of stable primed pluripotent embryonic stem cells from bovine blastocysts[J]. Proceedings of the National Academy of Sciences of the United States of America，2018，115(9)：2090-2095.
[63] 李宏伟，王瑞军，王志英，等. 家畜基因组选择研究进展[J]. 遗传，2017，39(5)：377-387.
[64] 李家洋. "跨越 2030" 农业科技发展战略[M]. 北京：中国农业科学技术出版社，2016.
[65] 高宁，华晨，朱胜萱，等. 农业城市主义策略体系初探——浅析荷兰《鹿特丹城市农业空间》研究[J]. 国际城市规划，2013，28(1)：74-79.
[66] Hu L，Ren W，Tang J，et al. The productivity of traditional rice-fish co-culture can be increased without increasing nitrogen loss to the environment[J]. Agriculture Ecosystems & Environment，2013，177(2)：28-34.
[67] Ray A J，Wood M E，Lotz J M. Comparing salinities of 10，20，and 30‰ in minimal-exchange，intensive shrimp (litopenaeus vannamei) cultrue systems[J]. Aquaculture，2017，476：29-36.
[68] Yan B，Wang X，Cao M. Effects of salinity and temperature on survival，growth，and energy budget of juvenile Litopenaeus vannamei[J]. Journal of Shellfish Research，2007，26：141-146.
[69] 李云贵，邱奎宁，刘金樱. 我国 BIM 发展现状与问题探讨[J]. 江苏建筑，2018(4)：6-9.
[70] 肖绪文. 装配化是建筑业的战略性选择[J]. 建筑，2016，(20)：8-11.
[71] 肖绪文，冯大阔. 基于绿色建造的施工现场装配化思考[J]. 施工技术，2016，45(4)：1-4
[72] 肖绪文，马荣全，田伟. 3D 打印建造研发现状及发展战略[J]. 施工技术，2017，46(1)：5-7.
[73] 田伟，肖绪文，苗冬梅. 建筑 3D 打印发展现状及展望[J]. 施工技术，2015，44(17)：79-83.
[74] 肖绪文，田伟，苗冬梅. 3D 打印技术在建筑领域的应用[J]. 施工技术，2015，44(10)：79-83.
[75] Si L，Xu H，Zhou X，et al. Generation of influenza a viruses as live but replication-incompetent virus vaccines[J]. Science，2016，354(6316)：1170-1173.
[76] Mitter N，Worral E A，Robinson K E，et al. Clay nanosheets for topical delivery of RNAi for sustained protection against plant viruses[J]. Nature Plants，2017，3(2)：16207.
[77] Baum J A，Bogaert T，Clinton W，et al. Control of coleopteran insect pests through RNA interference[J]. Nature Biotechnology，2007，25(11)：1322-1326.
[78] 石元春. 决胜生物质(第 2 版)[M]. 北京：中国农业大学出版社，2013.
[79] 彭春燕. 日本设立颠覆性技术创新计划探索科技计划管理改革[J]. 中国科技论坛，2015，(4)：141-147.
[80] 财政收支分类改革后科技投入政策研究课题组，朱云鹊，李银安. 我国与主要创新型国家科技投入的比较分析[J]. 安徽科技，2008，(12)：55-56.

量子技术若干前沿方向现状与展望

中共十九大报告指出，“创新是引领发展的第一动力”，实施创新驱动发展战略将会给我国经济发展和国家安全带来全局性的、根本性的、突破性的甚至是颠覆性的影响。当前，新一轮科技革命、产业革命、军事革命正加速推进，颠覆性技术已成为经济社会发展和军事变革的重要推动力量，政策制定者和决策者需要用有限的资源来支持与推进科学进步。因此，能够准确、及时地判断出引发科技革命的颠覆性技术显得尤为重要，而基础科学研究则是产生这些颠覆性技术的基础和摇篮，是催生未来颠覆性技术的培养皿。

量子技术在保障国家安全、社会发展等方面发挥着极其重要的作用，未来有望在支撑国民经济可持续发展和保障国家战略安全等重大需求方面做出实质性的贡献。世界很多国家和学术机构已经把量子科技确立为优先发展的战略性领域。近年来，我国在量子技术领域也迈出了重要的步伐，取得了一系列成就。

量子科学与技术是当今基础科学的前沿研究方向。其前沿性具体体现在与其他传统研究领域的不同特点上。

第一，量子原理预言的未来应用具有巨大的潜力。正如量子力学的发展颠覆了人们对于经典物理学的整体认识，基于量子理论的技术比传统物理学框架下的技术存在本质的飞跃。基于量子力学原理，人们可以在原子、分子、光子等微观层面更精确地对客观世界进行操纵，大大拓展了实现各种应用目标的“用武之地”。同时，量子力学原理提供了不同的“资源”，打开了传统经典物理之外的维度。利用量子资源，理论上可以实现某些计算任务的指数级加速、对特定物理量测量灵敏度的数量级的提升等。这些理论方案一旦能够在现实中全面实现，必将引发颠覆性技术和产品。

第二，尽管存在可能的巨大潜在优势，但从基本原理上，量子理论的基础核心问题并未完整、彻底地解决。量子力学重要的核心基础理论，诠释的问题并没有被理论物理学术界广泛接受。这一不确定性，给构建于量子力学基本假设之上的若干重大应用带来了潜在隐患。不少量子技术，特别是量子信息技术，依赖于目前并无共识的量子力学诠释——哥本哈根诠释。未来保证国家安全的量子技术（特别是网络上的量子密码学），如果依赖于没有达成共识的哥本哈根诠释，其安全性在基础层面上能否得以保证仍有待进一步探究。

此外，量子力学底层的基本问题的开放性，导致一些模糊甚至错误概念的基本概念广泛流行。从这些错误概念出发，会得到一些看似重要的“新突破”和“新进展”。例如，最近量子物理和量子信息领域的一些“新发现”都是不严格地使用“量子测量”，导致该领域“定义出来”“量子泡沫”。因此，在大力发展量子技术的同时，急需加强底层理论的研究，用以甄别层出不穷的“创新”方案，避免被错误的、局部的、短期的“创新成果”误导。

第三，基于量子原理的新技术开发具有巨大的风险和不确定性。除了上述量子理论底层诠释方面存在的核心问题，基于量子原理的技术发展也存在巨大挑战。量子技术往往需要对原子和分子等微观客体进行精确操纵，因此在实验手段、实验设备和实验创新技术方面有极高的要求。虽然近年来人们在激光技术、微波技术、光电探测和转换技术、真空技术、极低温技术等众多技术领域取得了长足发展，但要满足前沿量子技术研究的需求仍需不断的投入和持续的努力。同时，量子资源在本质上是非常脆弱的，十分容易受到环境因素影响和其他不完美技术因素制约。能否持续稳定地获得、充分利用量子资源，在可见的未来实现理论上预言的量子优势，并没有彻底的原理证明和确实的技术保证。

综上所述，量子物理给出了技术方面的若干极具应用前景的美好蓝图，但对其未来发展仍然存在基础理论与技术实现等多方面的风险和不确定性。本书选择几个可能引发科技革命的量子前沿技术的研究方向，以热点研究量子信息网络为重点案例，从基础科学角度和技术实现层面进行战略性调研，梳理、评价量子前沿科学研究中的若干关键基础科学问题，分析评估其中可能产生颠覆性技术的研究方向，提出国家在量子科学技术领域的发展设想与措施建议，以期为我国量子前沿技术提供整体布局决策咨询支撑。

第一节　量子科技领域发展态势

世界很多国家认识到量子技术在保障国家安全、社会发展等方面将发挥极其重要的作用，并且已经把量子科技确立为优先发展的战略性领域。欧盟于 2018 年推出量子科技旗舰项目，首批 20 个旗舰项目是在“地平线 2020 计划”框架内，总金额达 1.32 亿欧元，主要聚焦于正在进行的第一台功能性量子计算机上，项目总预算为 10 亿欧元，将为从基础研究到工业化，将研究人员和量子技术产业相结合的整个欧洲量子价值链提供资助。英国政府 2014 年 1 月正式通过了 5 年资助总金额达 2.7 亿英镑（约合 28 亿人民币）的量子技术研究专项，并已经在量子罗盘方面取得实质性的进展。此后，英国政府于 2016 年 11 月发布量子技术报告《量子时代：技术机会》，提出了英国量子技术应用的五大领域，分别是原子钟、量子成像、量子传感和测量、量子计算和模拟以及量子通信。美国在量子科技方面的总体投入位列世界第一（根据欧盟战略报告），投入主要分为七大类，即量子传感、量子计算、量子网络、量子器件方向类基础科学研究和理论进步带来的科学进步，支持技术、未来应用及其风险控制等技术开发。其各种项目和计划的资助方不乏 DARPA、美国国家航空航天局（National Aeronautics and Space Administration，NASA），核心的研究机构包含三大战略武器的国家实验室（如森迪亚、利弗莫尔和洛斯阿拉莫斯）等，这充分显示了量子科技与国家安全的紧密联系。2018 年 9 月 24 日，即《量子信息科学国家战略概述》发布的同一天，美国能源部宣布投资 2.18 亿美元，用于奖励在量子信息科学这一重要新兴领域的研究。量子信息潜在的商业价值也吸引了来自谷歌、Intel、AT&T、Bell 实验室、IBM、微软、惠普、西门子、日立、东芝等世界著名公司的大量资本投入。

2016 年 8 月，国务院规划部署了面向 2030 年的 15 个体现国家战略意图的科技创新重大项目，这其中就包括了量子通信和量子计算机、国家网络空间安全和天地一体化信息系统等。2015 年阿里巴巴联合中国科学院建立了中国科学院-阿里巴巴量子计算实验室，首次由民间资本全资资助基础科学研究，重点开发新一代量子计算机。2017 年 10 月，阿里巴巴前沿与基础科学研究机构达摩院成立，量子计算成为其核心研究方向之一。目前，百度、阿里、腾讯、华为等企业纷纷进军量子计算领域。

20 年来量子科学与量子技术研究在全世界范围内取得了突飞猛进的发展，特别是我国在量子信息研究方面及时布局，借经济腾飞之势，充分展现后发优势，在较短的时间内在多个维度上进入世界领先行列，取得了一系列标志性成果，如“墨子号”量子通信卫星等。由于国家有关部门的部署投入以及企业投资的多方介入，量子信息研究掀起超乎国际发展态势的研究热潮，已渗透到国家发展的各个层面，包括国防、军事、外交、经济、信息、社会等不同领域的内容。但是，在快速发展的同时，大量以量子为噱头的产品泥沙俱下，借量子名义，各种不严谨的观念纷纷出笼，这将在一定程度上引发一些专业发展方面的问题。此外，我国在单一技术指标上实现世界领先已有不少事例，然而，作为以实现实用颠覆性技术为目标的量子信息研究，还需要综合性全链条地从基础研究到精密测量技术多方面的原始创新和全面发展，否则会受制于他国，甚至不时遭遇包括美国在内的从科学到技术的全链条封锁。

第二节　量子前沿科技发展的科学评估研究

一、量子密码技术

（一）量子密码技术研究背景与战略需求

密码在军事领域广泛应用，是保密通信和身份认证的基础，对武器的指挥、控制与通信的安全具有重要意义。此外，密码技术在金融、网络经济等领域也极具价值。

量子密码技术是一类全新的密钥分发技术。发展量子密码技术的重要目的是在量子计算机攻击背景下实现安全的保密通信。1994 年，美国麻省理工学院的 Shor 提出了大数因子分解的量子算法，一旦拥有一台量子计算机，便能够在有效时间内完成大数因子分解，从而有效破解 RSA 公钥密码。随后，科学家进一步证明，量子计算机不仅可以完成大数因子分解，还可以有效解决离散对数以及椭圆曲线离散对数数学难题，这表明一旦量子计算机研制成功，目前广为使用的 RSA 公钥密码、离散对数公钥密码以及椭圆曲线离散对数公钥密码都会遭到破坏。尽管目前还没有确凿的证据表明量子计算机可以破解所有的公钥密码，但如何确保公钥密码在量子算法攻击下的安全性，目前还不得而知，而国际上有许多科学家正在努力寻找新的量子算法，以期实现量子计算机对所有公钥密码的破解。一旦其他国家实现了能够破解经典密码的量子计算机，如果没有成熟的量子密码技术，我们将在密码安全领域处于被动地位。需要说明的是，即使在没有量子计算机攻击的条件下，实现可证明安全的量子密钥分发在应对传统计算机攻击方面也具有重要意义。

量子密钥分发基于量子物理的基本假设，理论上可以实现计算机无法破解的密钥分发。与传统密码安全性依赖于数学难题不同，量子密码安全性由物理原理所保证。量子密码是指，通信双方通过密钥分发装置，分发携带密钥信息的量子态。根据量子理论的基本假设，在理想条件下，对密钥信息的窃听会不可避免地导致量子态发生可观测的改变。因此，如果没有检测到量子态的变化，密钥信息可以被认为是安全的。在密钥分发完成以后，可以通过经典的一次一密方案，实现安全的保密通信。截止到目前，量子密码是唯一安全性可证明的密码方案。一旦量子密码研究突破技术障碍，实现大规模应用，可以极大地推进国家的信息、经济、金融以及国防领域的安全建设，成为确保信息安全的颠覆性技术。

（二）量子密码技术发展现状

量子密码的概念最初由美国科学家 Bennett 和加拿大科学家 Brassard 于 1984 年提出（简称 BB84 协议），科学家随后开始了实验上的研究。1989 年，IBM 公司和加拿大蒙特利尔大学合作完成了第一个量子密钥分发实验（桌面实验，发送方和接收方相距 30cm）；1995 年，瑞士日内瓦大学利用日内瓦湖底早已铺设的民用光纤，成功实现了 23 的密钥分发；2002 年，德国慕尼黑大学在德国和奥地利边境相距 23.4km 的两个山峰之间实现了密钥分发；2017 年 9 月，我国潘建伟小组利用“墨子”号卫星实现了北京—奥地利洲际量子保密通信。与此同时，量子密码的理论研究工作也一直在向前推进，主要的理论问题是如何在现有的技术条件下尽量减少量子密码可能存在的安全性漏洞，为此科学家提出了不同的量子密码协议。在此过程中，国际上出现了多家量子密码商业公司，如瑞士日内瓦的 id Quantique 以及美国纽约的 MagiQ 等。因此，量子密码发展主要经历了理论走向实验，并由实验研究走向商用的阶段。

近期，量子密码领域科学研究理论方面的进展主要是证明了通过破坏无漏洞贝尔不等式可以实现设备无关的量子密钥分发，即密钥的安全性在一定程度上不依赖设备的可靠性；实验进展主要是多家实验室演示了部分设备无关的量子密钥分发协议，实现了实验室条件下最远通信距离 404km；商业化的进展主要是已经有多家量子密码商业公司，提供量子密码的产品与服务。

（三）量子密码技术发展评估与展望

量子密码理论于 20 世纪 80 年代中期提出，90 年代起逐渐走向了试验阶段。目前，虽然有众多的商业公司（包括上市公司），并且有产品出售，但是这些产品都无法达到量子密码的理论要求，即最终密码是可证明安全的。不仅如此，越来越多的实验研究表明，目前广泛使用的量子密码实验方案，几乎都采用了 BB84 协议。该协议虽然在理论上是安全的，但是在实际应用中，实验器件的各种非完美性会给密码的安全性带来众多隐患。国际上已经有多个实验小组演示了可以在现有技术基础上，完全攻破商业化的量子密码系统。鉴于此，我们可以准确判断，目前量子密码技术发展并不成熟，不具有进行大规模应用和商业化的基础。

实现安全的量子密码系统，需要实验技术方面的进一步发展。只有实用化的量子信息处理器（量子中继器）取得技术突破后，才可以从根本上保障量子密码的安全性，并在此基础上实现长距离、可扩展的量子保密通信网络。由于量子中继器的研制十分困难，目前很难预测何时能够取得突破。一般的看法是，至少在未来 5 年内，实现突破的概率比较小。

通过对国内外现有量子密码技术研究进行广泛的调研，我们对已有技术进行评估，分析目前制约量子密码安全应用的技术瓶颈，归纳总结关键技术，主要包含以下几点。

1）量子密钥分发安全性的前提假设。所有量子密钥分发的证明都基于一系列的假设，包括量子力学基本原理的有效性、理想的随机数发生器、可信的经典信道等。此外，量子密钥分发还需要假设实验装置满足特定的条件。这些条件随着量子密钥分发具体方案的不同而不同。

2）现有实验技术与安全性充分条件的差距。技术水平不能满足充分条件导致量子密钥分发存在被破解的可能性。主要包括经典信道可靠性、量子信道损耗与传输距离、非理想单光子光源、单光子探测器等问题。

3）量子中继器技术的发展。与经典信息相同，我们可以利用光子传输量子信息。然而，由于量子不可复制定理，量子信息在传输过程中的损耗无法通过传统的中继器弥补。因此，为了实现远距离、高效、网络化的量子信息传输，需要使用量子中继器。量子中继器也是实现远距离设备无关量子密钥分发的重要途径。

4）后量子密码技术的发展。后量子密码是在量子计算背景下发展起来的经典密码技术，欧盟近年来已开展了后量子加密技术项目。目前，我们还没有已知的算法可以在量子计算机上破解后量子密码。同时，我们也不能证明后量子密码是量子计算机无法破解的。因此，后量子密码可以作为量子计算背景下信息加密的另一个选项。

5）量子身份认证的可行性。身份认证是密码技术在密钥分发以外的另一项重要应用。量子身份认证方案主要基于单光子和量子纠缠态的有效探测。构建基于量子效应的单向函数可以提供安全的身份认证。

（四）量子密码技术发展建议

目前量子密码的关键问题在于理论和实际相差太远，实验条件远远无法满足理论上可证明安全的要求。因此，若发展大规模量子保密通信工程，核心问题是如何确保系统的安全性。

解决思路和策略：发展实用化的量子中继技术，研制量子寄存器。只有发展出实用化的量子中继技术，才可能从根本上解决长距离量子保密通信信道衰减的难题，一并解决量子保密通信网络的可扩展性问题。另外，只有研制出实用化的量子寄存器，才能够实现量子纠缠提纯，进而确保量子密码的安全性。

相关建议：我国目前量子密码应用路线图并不明确，因此建议由国家相关部门（如中国工程院或者中国工程物理研究院）组织相关专家深入调研，给出量子密码实用化的技术路线图以及大规模应用的路线图。

量子密码已经有明确的应用前景，最终目的是大规模应用，极大地增进国家的信息安全，自证安全甚至自称安全是十分不可取的，建议国家有关部门组织第二方（甚至匿名的第三方）队伍，对已有量子（通信）密码方案进行严格的安全性检验和理论证明。

二、量子传感技术

（一）量子传感技术研究背景与战略需求

量子传感的基础研究是精密测量量子技术的早期探索研究，对武器装备发展具有基础性支撑、前瞻性引领和颠覆性创新的作用。量子陀螺的研究是量子传感研究的核心任务之一，主要是不针对具体型号产品的基础技术研究，包括围绕军事强国战略发展需求开展的前沿探索性基础研究、解决新概念实用可能性的前瞻性应用研究，以及提供初步实用技术方案的先期技术研究。

从信息化战争条件下武器装备的技术需求来看，惯性导航技术是重要信息源和核心技术之一。发展高精度、小型化、低成本的惯导器件对于提高武器装备的信息化作战能力、精确打击能力以及战场生存能力具有重要作用。量子陀螺在满足未来信息化战争需求方面已经显现出潜在的技术优势，只有尽早规划、提前部署，才能在未来的战场上赢得主动。

我军现役武器装备的信息化水平相比美、欧等军事先进国家和地区还有较大的差距，已投入使用的制导与导航系统大多是在高技术战争中易受敌方硬杀伤或电子干扰的卫星导航器件。限于技术水平与制造成本等因素，静电、液浮以及光纤陀螺等惯性导航系统只用于战略战术导弹、战略核潜艇等高价值的尖端武器装备，还有其他类型众多、规模庞大的现役武器装备，如主战坦克、步战车等地面战斗车辆都还没有配备惯性导航系统，其需求数量将是巨大的。

（二）量子传感技术发展现状

传统传感技术的物理基础是宏观物体的机械运动规律（如牛顿定律）、电路和电子学原理（如欧姆定律）和经典光学原理（如惠更斯原理）。这些原理分别基于宏观物体的位置、速度、加速度，电路中电流、电压等宏观物理量，以及光线反射折射、经典电磁波的衍射等经典物理概念。与此相对，为了解决量子控制中的检测问题，量子传感技术应运而生。量子传感技术的核心工作物质通常是原子、分子、光子等微观客体。这些微观客体的运动规律往往需要由量子力学进行精确描述。近年来，随着激光器、半导体、微纳加工制造技术的提升，人们对原子、分子等微观客体的控制手段逐渐丰富，操纵精度不断提高，因此利用原子、分子进行传感和精密测量成为可能。同时，随着量子控制研究的深入，对敏感元件的要求将越来越高，传感器自身的发展也有向微型化、量子型发展的趋势，量子效应将不可避免地在传感器中扮演重要角色，各种量子传感器将在量子控制、状态检测等方面得到广泛应用。

从整体思路上看，量子传感可以分为两种类型。第一种，利用原子、分子或光子自身运动量子规律及其对外部参量的敏感性，对特定未知物理量进行探测；第二种，充分利用量子力学特有的量子纠缠、量子压缩等独特资源，将原子、分子或光子制备到无法天然获得的特殊量子态，从而大幅度提高传感灵敏度。从本质上讲，第一种类型的量子传感技术是传统（经典）传感技术的基础上的自然拓展。除了敏感物质（原子、分子等）的运动规律需要用量子力学来描述，其他传感原理、灵敏度提升（如中心极限定理在测量次数与测量噪声方面的决定性作用）等问题并没有本质改变；而第二种量子传感技术与传统传感有本质不同。利用量子纠缠、量子压缩等独特的量子资源，从原理上有可能本质地改变信号产生和噪声抑制的物理规律（如突破中心极限定理对于测量结果统计涨落的限制），从而大幅提升传感的灵敏度。

上述两种类型的量子传感研究在学术界均有不同程度的开展。如上所述，作为传统传感技术的自然扩展，第一种类型的量子传感研发思路和基本概念比较直接清晰，理论和技术门槛比较低，应用针对性强。因此，这种量子传感技术发展较快，科研投入较大（特别是国内），有的方向（如原子磁强计、原子陀螺仪等）已经有了初步的研发成果，有的甚至已经走出实验室，开始产品阶段的研发。这种类型的量子传感技术的发展存在的主要问题是，理论上并没有原理保证这类量子传感相对于传统传感在整体性能上能够产生本质的提升。因此，在大规模研发投入之前，急需加强基础理论研究，首先从理论上对此类量子传感的性能潜力做出客观公正的评价。特别是，对基于新原理的量子传感方案的潜力评价应该对标现有传感技术的整体性能，不能片面强调某一两个指标。否则，可能在大量科研投入之后，换来的只是不顾整体性能条件下的单一指标提升，使得科研成果只停留在实验室演示或者科研论文阶段，无法真正转化成可实用成果，无法形成对传统传感技术的颠覆。

第二种类型的量子传感具有很强的前沿性。量子资源的引入，从理论上可以突破一些经典物理学给传感过程带来的原理性限制，从而在传感灵敏度等方面产生本质性的改变。这类量子传感技术大多处于发展的初级阶段。由于量子纠缠、量子压缩等关键量子资源自身的制备、长时间保存和控制在技术上有很大挑战，这类量子技术的发展大多处于理论方案、初步实验探索阶段，基本原理所保证的性能提升是否真正能够在当前（或中短期内）技术条件下实现尚存疑问。同时，与第一种类型的量子传感相比，应用场景尚不十分明确。因此，此类量子传感仍然需要较长时间的积累。在此过程中，特别需要注意基础研究与实际应用的结合，以具体的应用场景牵引基础研究方向，从而避免纯粹自由探索的盲目性。

从应用领域上讲，量子传感不再需要 GPS 信号，使其涉及的应用方向广泛，如原子磁强计、原子陀螺、光力学陀螺、基于原子的重力（引力）探测等。以下选取陀螺系统为具体案例，讨论量子传感的发展趋势和规律。

惯性技术是各类运动载体（如潜艇、导弹、深空探测器等）导航、制导定位、姿态控制等核心技术之一，而陀螺仪作为惯性系统的核心传感部件，用于测量运动载体的角向运动（如角坐标或角速度）。依靠陀螺系统的惯性导航，无须对外部自由度进行观测，从而具有抗干扰性好、隐蔽性强等优势，这是卫星与无线电等其他导航技术无可比拟的。其在国防军事领域巨大的应用潜力，被美国视为科技必争领域，将其纳入国家科研计划，并投入了大量资源开展研究。

回顾陀螺和惯性导航发展的历史，人们不断地将物理学原理和各种机械、光电技术应用于陀螺的研发，从而形成了若干鲜明的发展阶段。早期的机械陀螺完全依靠牛顿定律和精密机械加工技术。机械陀螺的各项性能指标受限于机械加工的精密程度、金属材料的强度、机械运动（如壳体振动、转子转动等）的测量精度等传统因素；从 20 世纪 70 年代开始，人们利用物理学中光的波动性和激光、光纤技术的突破，发展了激光陀螺和光纤陀螺（以下简称两光陀螺）。两光陀螺不仅降低机械加工精密度的要求，还在测量精度、稳定性等关键性指标上逐渐赶上甚至超过了部分传统机械陀螺，从而在民用航空、军用武器制导等多种陀螺应用场景中获得了很大的份额，实现了陀螺领域的第一次颠覆式创新；90 年代前后，在材料物理学发展和半导体工业、微电子技术的推动下，基于微机械振动的 MEMS 陀螺不断成熟。虽然 MEMS 陀螺在测量精度等性能上比机械陀螺和传统机械陀螺、两光陀螺有显著的不足，但是 MEMS 陀螺以其小型化、低价格等其他类型陀螺无法比拟的先天性优势，迅速占领了消费电子市场。MEMS 陀螺从“低端市场”迅速切入的发展特点，十分符合克里斯坦森定义的颠覆式创新的标志性特征。近年来，在量子信息科学的启发下，量子传感理论和技术有了迅猛发展，在此背景下，量子陀螺的研究受到越来越多的关注，有关量子陀螺的研究有可能带来针对各种现有经典力学陀螺的新发展和突破，从而形成又一次颠覆式创新。

（三）量子传感技术发展评估与展望

1. 发达国家量子传感技术发展情况

量子陀螺具有高精度、强抗干扰能力等优点，并且在军事领域巨大的应用潜力，因此被美、英、法等技术先进国家视为科技必争领域，纳入国家科研计划并投入了大量资源开展研究。DARPA 于 2003 年制定了高精度惯性导航系统（Precision Inertial Navigation System，PINS）计划，旨在研究以冷原子干涉技术为核心的原子惯性传感器，并追求实现定位精度在 5 m/h 的不依靠 GPS 的高精度军用惯性导航系统。2011 年 DARPA 提出了高动态范围原子传感器（High Dynamic Range Atomic Sensors，HiDRA）计划，其目标是提高冷原子惯性测量单元（inertial measurement unit，IMU）动态范围，并将其应用到各类军事装备平台。2012 年，DAPRA 又启动了芯片级组合原子导航仪计划（C-SCAN）。2015 年，DARPA 启动了冷原子微系统（CAMS）计划，着重冷原子量子惯性传感器关键部件的微系统小型化。欧洲航天局（European Space Agency，ESA）于2003年制定了空间中的高精度原子干涉测量技术（Hyper Precision Cold Atom Interferometry in Space，HYPER）计划和空间原子干涉（SAI）计划，利用原子惯性技术进行结构拖曳效应和精细结构常数的测量以验证爱因斯坦的广义相对论，同时也利用原子惯导技术进行空间飞行器姿态的控制和导航，计划将小型化量子传感器应用于太空探测。此外，欧洲的ATOPIS研究计划利用量子陀螺具备超高精度这一优势来验证广义相对论。欧盟于2016年宣布启动总额为10亿欧元的Quantum Manifesto（量子宣言）项目，其中部署的重点之一就是量子惯性传感。2013年，英国国防部拨款2.7亿英镑用于未来五年研究不依赖卫星导航的量子授时、导航与传感（Q-TNS）技术。

2. 我国量子传感技术发展评估

近年来，我国对于量子陀螺的研究已经取得了较大进展，但由于起步较晚、研究基础相对薄弱，同国外先进水平相比仍有很大差距，仍然有许多关键技术亟须攻关和加以完善。

除核磁共振量子陀螺以外，其他量子陀螺系统也具有相当大的应用前景，但现有研究大多处于初级阶段，大多只是展示了这些系统中可能存在的陀螺效应。例如，基于原子干涉仪的量子陀螺系统，理论和初步试验展示了这类系统可以达到很高的陀螺测量精度，但同时该系统对环境因素的变化十分灵敏，有可能给后续技术实现带来困难，而这些技术难题大多尚未被系统研究，能否通过技术攻关最终克服，进而形成产品尚不得而知。因此，整体而言，对于以原子干涉仪为代表的其他类型的量子陀螺候选体系，目前最重要的任务是开展针对具体应用场景的独立、客观的理论探索。

从研发角度看，缺乏物理原理和技术实现的紧密结合。国内现有量子陀螺的研究以工科背景（如仪器专业）团队居多。虽然工科背景团队在工程技术实现方面具备优势，但量子物理基础有待提高；另外，物理专业的研究人员虽然熟悉量子力学的基本原理，但通常难以迅速形成针对具体陀螺应用的研究能力。因此理工科背景研究人员间的有机紧密结合是改善现有局面的关键。

从应用层面看，缺乏更加具体的应用场景和确定的性能指标需求。新型陀螺的发展离不开产品用户层面的直接参与。只有用户深入了解研发过程，有针对性地提出明确的应用场景、定量地确定技术指标需求、清晰界定阶段性技术边界，才能使量子陀螺研发在不断迭代的过程中形成阶段性成果，最终形成对传统陀螺行业的颠覆。如果这些问题不能从根本上解决，量子陀螺的进一步提升将会受到制约。

（四）量子传感技术发展建议

当今世界，军事能力乃至综合国力的竞争已经前移到基础技术研究领域，基础技术研究的广度和深度决定了创新的活力。国防科技的重大发展和高技术武器装备的革命性进步都源自相关基础技术研究的重大突破及其研究成果的应用。

未来国防安全的发展方向应该是一些精确、安全、高效的“国之重器”，量子传感也正朝着精确化、量子化、微型化的方向发展，符合国防安全的发展需求。且只有令基础科研落地生根，才能将科研成果转换为实实在在的战斗力。只有扎实地做好基础科学研究，才能实现“深蹲助跑”到“起跳跨越”，从而跑出科技创新“加速度”。

为适应量子信息学的发展需求，结合量子系统的特点，具体到两大类量子传感的发展应做以下考虑。

1）对于第一类型的量子传感技术，由于其发展成熟度较高，现阶段急需明确基于量子传感技术对实用器件综合性能提升的贡献。不能停留在单一指标的比拼和实验室阶段的展示性工作。必须针对实际应用场景，加强量子传感灵敏度、传感器尺寸、重量、功耗、可靠性、可维护性及成本等指标的综合评价，充分研究各个关键指标之间相互约束、制约的条件，从而保证新的量子传感技术能够具有切实有用的产品产出。

2）对于第二类型的量子传感技术，现阶段主要任务应通过实验室研究，对量子资源应用的关键性技术进行探索，给出量子资源产生、保存等关键技术在中短期内实现的可行性分析。如果可行，再进一步结合具体应用场景加大投入，进一步深入研究。切忌在技术路径可行性尚不明确的条件下，过早相信基本原理给出的应用潜力，特别是不要过于乐观地相信所谓“国际权威”对未来发展的不负责任的判断，防止在战略方向上受到误导。

三、压缩感知技术

（一）压缩感知技术研究背景与战略需求

量子精密测量是量子物理领域的研究前沿与热点，现有的精密测量理论与技术侧重于在物理层面本身寻找突破点，而通过在量子精密测量中引入压缩感知技术，可以在保证测量精度的基础上，节约大量的测量时间或空间成本，进而在有限的退相干时间内，提高量子系统中信息的提取能力，降低测量本身对量子系统的干扰，实现对信息的快速读取。压缩感知具有优秀的抗噪性，在存在环境噪声的情况下可以对量子通信中所传递的信息进行有效恢复。压缩测量矩阵在物理实现上需要借助量子控制中所发展出的理论与技术。压缩感知技术由于极大地增强了量子精密测量的可靠性和稳定性，又可以反过来提高量子计算的计算能力与精度。美国 Ligo 引力波探测实验的成功，就证明了量子物理与信号处理是进行未来精密测量的两个决定性因素。特别是在被测信号非常微弱，乃至在极端战场条件下，传统量子精密测量所需的大量观测数据、长观测时间、稳定的观测环境等条件不能够得到满足时，压缩感知就可以发挥其自身优势，提高精密测量的灵敏度和测量仪器的鲁棒性。压缩感知作为一项通用技术，可以在量子精密测量的各个方面发挥重要作用，压缩感知与量子精密测量的结合对于实现量子通信以及量子计算中量子态信息的高效检测和提取有着重要意义，对位置、磁场等物理量的精确测在国防、医学检测等领域也有巨大的应用价值。

（二）压缩感知技术发展现状

根据传统奈奎斯特定理，对信号进行测量所需要的采样数 N 通常很大。著名数学家Donoho、Candes和陶哲轩于2006年提出的压缩感知理论证明了对经典稀疏信号，随机采样 $\log N$ 次就可以唯一地重构原始信号，使得采样效率得到极大提高。自2006年在国际上形成研究热潮以后，压缩感知在理论和实际应用方面都取得了巨大进展，被认为是一场信息理论的颠覆性革命。目前，压缩感知理论及其衍生的技术已广泛用于生物分子密度矩阵、压缩成像、核磁共振、计算机断层扫描（CT）等领域。未来将有希望进一步应用于太赫兹成像、无人机侦察、深空探测、时间分辨三维成像、量子精密测量等领域中的信号采集过程。

近十年来，压缩感知在理论与技术层面都有了深入的发展与成功的应用。特别是压缩感知在核磁共振成像中的成功应用，使得成像时间大大缩短，成像精度明显提高，同时又避免了传统傅里叶采样中可能遇到的鬼影问题。对传统心脏核磁、婴幼儿核磁等医疗难题给出了“颠覆式”的解决方案。现在压缩感知已成为商用核磁共振成像仪中的标准采样方案，被通用电气、西门子等国际大型医疗器械公司广泛采用。在遥感以及3D激光雷达成像领域，应用单像素相机的压缩采样技术，可以在红外波段利用低像素的感光阵列实现高清晰度的成像，颠覆性地解决了红外波段感光元件昂贵又不易大规模集成的难题。

目前，人们开始认识到应用压缩感知理论处理量子物理问题的重要性，在国际上这方面的研究工作刚刚起步。汉诺威大学的Gross等将压缩传感方法成功地应用于量子态断层扫描中，使得处理大型量子系统问题得到了简化。通过更少的测量便可以重构出稀疏密度矩阵，且对噪声的干扰表现出很好的鲁棒性，此方法在量子动力学测量和估计近稀疏多体量子哈密顿量方面也得到了有效应用。美国的Howell小组和Leach小组分别应用压缩感知对自发参量下转换产生的光源进行高维纠缠性质的压缩测量，结果表明，仅通过3%的测量即可恢复全部变量值。美国Boyd小组利用纠缠光源和压缩感知实现了基于纠缠光的压缩鬼成像与物体追踪成像。美国罗切斯特大学的Howland和Howell等也在压缩感知量子测量领域取得了大量研究成果，利用压缩感知和弱测量实现了波前的高分辨率测量。

（三）压缩感知技术发展评估与展望

1. 压缩感知技术发展评估

现阶段压缩感知的应用还比较有限，除了核磁共振成像，大部分的应用场景还尚未成熟，尚停留在实验室研究阶段。特别是在量子精密测量领域，目前仍以理论研究为主，辅助以验证性的实验，技术成熟走向实用仍需要一段时间。

整体来看，我国在压缩感知领域起步相对较晚，错过了国际上第一次的发展热潮，与国外先进水平有一定差距。近年来国内有一些单位开始重视这一新的领域，发展较快，如中国科学院上海光学精密机械研究所、中国科学院物理研究所、北京理工大学等，已经将压缩感知理论应用于强度关联成像、非凸问题求解重建神经电活动等方面的研究。当前，中国科学院上海光学精密机械研究所在以电磁场的经典及量子相干性理论为物理基础、以压缩感知等现代信息理论为基础的强度关联成像技术及其在遥感成像等研究方面取得了一些进展。但是现有研究仍主要局限于实验室条件下，在长距离、复杂环境噪声、多波段的实际条件下的应用上不是十分成熟。

在量子精密测量领域，由于同时具有量子物理和压缩感知技术知识背景的复合型人才较少，这方面的研究在国内还非常初步。从物理层面上来看，量子精密测量本身就具有原理复杂、技术难度大、成本昂贵等特点，而压缩测量矩阵在物理实现上又需要借助量子控制中所发展出的理论与技术。这些特点都使得作为新兴技术的压缩感知很难快速应用到量子精密测量中。

2. 压缩感知技术发展展望

将压缩感知理论引入量子测量领域，利用其采样能力可有效简化复杂量子体系以及高维量子态的测量问题，同时压缩感知思想与量子物理相结合，可带来突破传统测量方式局限性的独特优势。实现压缩感知与量子测量相结合需解决测量矩阵构造及实现、量子态压缩测量方法设计、量子态稀疏基选择等问题。具体来说，本领域正在开展的研究如下。

1）压缩感知技术在量子参数估计中的应用：通过在量子态演化过程中引入压缩测量所要求的控制操作，研究对量子系统的动态参数（如时变的磁场强度、电场强度）进行实时测量的方法。

2）光子的压缩感知量子测量技术：通过压缩感知亚采样能力和随机传感矩阵设计，研究高效测量重建高维纠缠光子对态密度矩阵的方法；研究极弱光下的光子成像，研究压缩感知理论在光子计数成像和纠缠光源成像中对图像重构质量的影响。

未来技术预测如下。

1）在量子参数估计方面，提高压缩感知技术在不同物理系统、不同测量条件下的适用范围。建立完整的动态参数的压缩量子测量的实验体系，实现压缩感知对多种物理量，乃至量子态本身的精密测量。在对磁场、压强、电流等物理量的测量方面，实现测量精确度达到并超越现有实验技术水平。提高测量方案的稳定性、实用性。

2）在光子的压缩感知量子测量方面，搭建高维纠缠光子对态密度矩阵测量恢复实验装置，进行高维纠缠光子对态密度矩阵亚采样重建恢复实验；获得压缩感知理论在光子计数成像和纠缠光源成像中对图像重构质量的影响模型；实现压缩感知的光子计数高质量成像以及纠缠光高质量成像；实现基于压缩感知弱测量技术的多波前物理量获取。

（四）压缩感知技术发展建议

压缩感知理论在稀疏信号的采样上展示出了强大的能力，但由于受到对信号先验信息了解程度、压缩测量矩阵的硬件实现手段、恢复算法的运行速度等因素的限制，其应用场合，尤其是在量子精密测量中的应用还非常有限。基于以上原因，我们对压缩感知理论的进一步发展与应用进行以下考虑。

1）将压缩感知与量子力学在理论上的结合进行探索性的研究。突破现有研究中只在实验最后的成像或者读数过程中简单应用压缩感知提高测量效率的固定模式，考察压缩感知线性测量方案与量子力学线性叠加原理的进一步结合的可能性，针对量子精密测量中的具体物理系统设计压缩测量方案，以及寻找量子态稀疏表象的一般理论。

2）发展压缩感知理论的同时，要明确其适用范围。压缩感知理论并不适用于所有信号的采样，或者能展现出更优的测量结果。在量子精密测量的具体实验中，需考虑多方面的因素的限制，研究应用压缩感知理论的必要性与可能性。

3）关注大数据科学与人工智能等新技术的发展，不限制在压缩感知的理论范围内思考问题，积极探索多种稀疏信号处理手段的互补与结合的可能性。另外注重培养既懂物理又了解现代计算机科学与数据科学发展的复合型人才。

四、量子生物学

（一）量子生物学研究背景与需求

量子力学是现代科学中最具影响力的重要理论之一，极大地提升了我们对自然世界的认知，让我们得以理解世界是如何运转的。量子力学在很早以前就被引入生命系统，薛定谔 1944 年的著作《生命是什么？》（*What Is Life*？）至今仍然影响深远。用量子理论来研究生物学，用量子力学的思想和概念来推演生命的复杂系统，试图从更微观基础的层面来理解宏观的生物学现象，以全新的视角来揭示一些长久困扰我们的谜题，量子生物学应运而生并在质疑中蓬勃发展。

量子生物学现阶段发展的重要方向包括光合作用中的量子现象及相关应用，生物磁导航体系中的量子效应，以及生物变色隐形的物理机制研究。三个方向涵盖了新型能源研究和军事技术研究的主要发展方向。

光合作用直接或者间接地为人类的活动提供了重要的能源，直接关系到人类活动的各个方面，但是人们对光合作用的过程的研究依然停留在宏观的尺度。而光合作用体系中量子效应的相关研究着眼于从微观尺度理解其物理过程，着重解决两个问题：在自然层面理解自然界光合作用的工作原理和在应用层面设计新型能源。对自然界光合作用体系的原理的研究将加强人们关于自然光合作用过程的理解，同时阐明自然界光合作用过程的基本原理，更重要的是以此为基础对不同光合作用过程进行优化改造。在应用层面，光合作用中结构与功能之间的联系可以提升人们设计新型太阳能利用原件的能力。利用发现光合作用体系的特点设计有结构的人工体系可以更有效地利用太阳能。同时也可以结合光合作用，设计辅助结构提升自然光合作用的效能。近来，结合光合作用和人工结构的新型太阳能元件的研究已经逐渐浮现。因此，关于光合作用量子效应的研究是未来新型能源研究的重要方面，将为新能源的设计提供可用的素材和相应的原理支持。

在亿万年的进化中，动物逐渐演化出对磁场的感知能力，并通过对地球磁场信息的解读和利用，实现令人类惊叹的长距离迁徙、精准定位的导航功能。生物磁导航的基础研究不仅是量子力学在生物学领域的应用和延伸，也是生命科学中最引人注目的未解之谜和自然科学领域尚未摘取的一颗明珠。然而，磁感应和生物磁导航不只是在基础研究上有着显著的意义，在军事和国防应用上也一直是一个热点。磁导航的研究将直接催生新一代的导航设备的出现，在军事和国防领域具有不可估量的价值，尤其是当未来战争中电磁干扰使得目前的导航设备失效之后，唯有生物磁导航设备能继续发挥作用。

与磁导航类似，生物变色隐形也具有显而易见的军事和国防应用前景。现代战争中军事伪装和隐形尤为重要，Reflectin 作为头足类动物结构色变化和生物隐形微观结构的物质基础，是潜在的可开发的隐形应用材料，对其机理在分子、原子和量子水平上的基础研究，不仅能够更好地理解头足动物的变色隐形原理，还将为军事伪装和隐形材料开发提供思路。

（二）量子生物学及相关技术的发展现状

光合作用中的量子现象研究已经取得了一定的进展，以美国能源部项目为支撑的研究首先在光合作用细菌的体内发现在能量转换过程中有长时间的相干性。此方面研究迅速在诸多领域带动了相关研究，如量子领域关于光合作用体系动力学的研究，有机光伏系统中相干性的研究。值得指出的是光合作用体系中量子效应研究旨在解决未来能源问题，因此能源相关的研究也得到了巨大的推动。美国能源部的能源项目大力支持了相关研究，并委托加利福尼亚大学伯克利分校和西北大学的科学家组成能源联合小组发布了能源研究中的基础问题指导，并依托劳伦斯伯克利国家实验室建立了 Helios 项目推动光合作用以及相关仿生能源的研究。

生物导航主要依赖于生物体对地球磁场灵敏感应。基于实验的研究证实磁场影响鸟类的迁飞，但是生物体如何感知极弱的磁场变化的物理或者化学机制仍然不清楚。首先在理论方面可能孕育着重要的科学发现。在生物体中找到磁感应的相关单元是现在研究的重点。阐明这些单元的工作原理不仅会提高对生物体的认识，也将提供新型导航机制。该领域的研究仍然处在原始探索阶段，如早期发现的对蓝光敏感的感光蛋白和最近发现的对磁场感知的磁受体基因。基于这些结构的物理机理的研究也在探索阶段。值得肯定的是我国科学家近些年在生物体相关结构的发现和物理机理的研究方面已经取得了重要的进展。

生物变色隐形的研究着重于爬行动物变色龙的变色机理研究。其研究成果对未来隐形技术的发展有着重要的指导意义。目前我们已知其变色机理相对简单，且未能达到真正意义上的“生物隐形”的效果。在自然界中以变色和隐形著称的生物是头足类动物（包括章鱼、墨鱼、鱿鱼），它们在海洋中能瞬时改变自己的体色以与周围环境吻合，能快速改变自己的外形以模拟周围的物体，从而融入周围的环境中达到生物隐形的效果。相关的研究已经在生物领域有极大的进展，如相关蛋白质结构的发现，但是其中物理机理的研究仍然有待提高。例如，头足类动物在基本上是色盲的情况下如何精确识别外界环境的颜色并通过动态变色模拟环境的颜色和模式呢？这类研究不仅会在基础理论的研究方面带来大量原创性成果，也会有大量的军事等应用价值。

（三）量子生物学发展评估与展望

光合作用量子过程研究可能催生从探测手段到设计原理等一系列学科的发展。探测能量转换的超快过程已经促进一系列新型探测手段的发展，如超快二维光谱技术；围绕光合作用基础单元的研究将催生相关化学分离技术的研究；对基础单元的结构和功能之间的关联关系的研究将推动相关物理过程的模型建立；相关过程的研究将为太阳能利用带来新的研究方向。

生物磁导航的基础研究将在理论研究和应用研究中成为颠覆性发现和颠覆性技术的摇篮。从理论研究上来说，可以归结为以下几个方面：①MagR 蛋白质磁性的物理本质的阐明或将引发物理学的新模型的出现，并引起物理学的革新；②对光磁耦合机理的研究，可能最终导致“量子罗盘”假说和生物指南针假说的融合与统一；③人的方向感之谜、鸽子归巢之谜、迁徙中磁导航之谜可能都将因此而得到解答。

基础研究是技术创新的核心。从应用上来看，生物磁导航的潜在应用可能可以归为三个方面：①随着生物导航机理的最终诠释，可能会催生新一代生物量子导航仪和定位仪；②作为磁生物学的应用，通过磁场控制微观的分子运动和分子活性，宏观上控制人或者动物的行为，可能会出现各种科幻中的场景；③作为生物材料，除了各种传感器器件等，应该还有更广泛的应用。

生物变色隐形的基础研究将引发理论研究的颠覆性发现和应用研究的颠覆性技术。其中最具吸引力的方向是：①诠释作为色盲的头足类动物如何精确识别外界环境的颜色并通过动态变色模拟环境的颜色；②从量子生物学的角度理解头足类动物通过微观的结构调整实现变色隐形的机理；③体外重建 Reflectin 介导的变色和隐形机器，探索 Reflectin 的潜在的应用前景。

（四）量子生物学发展建议

1）对光合作用的研究，结合国内目前的发展状况，建议以发展国内相对较弱的新探测手段为导引，以关系国计民生的光合作用体系（如农作物）为重点。新型探测手段的发展将带来原始技术积累，定位明确的研究对象对解决一系列民生问题有重要意义。

2）对于生物磁导航来说，是一个真正的面向未来的计划。它的重要性体现在基础研究的过程中，它可能催生新的理论、新的领域、新的应用。

3）对于生物变色隐形来说，目前还在萌芽阶段，具有较多的不确定性。

因为这三个领域本身的特点，我们建议在领域鼓励自由探索，为这三个领域的发展提供持续稳定的支持。而这三个领域的基础研究都将在未来引发量子生物学的变革，催生颠覆性理论的发现和颠覆性技术的开发。

第三节 量子科学技术发展建议

一、我国量子科学技术发展现状总结

量子技术是应用量子物理成就的科学技术。20 世纪中叶基于量子结构的量子技术（如激光、半导体和核能）已经大大推动了经济产业发展和社会进步。自 20 世纪末以来，量子物理从观测阶段整体进入了调控的新时代，基于量子态构筑和调控、应用相干效应的新一代量子技术（如量子计算、量子密码和量子精密测量）应运而生，有的已开始走向实用化。我国借经济发展之势及时布局，在新一代量子技术研发上展现了一定的“后发优势”，在某些维度上进入世界领先的行列，取得了标志性成果（如“墨子号”量子科学实验卫星）。

然而，在过去的两三年，有关部门的过度关注、商业广告性投资以及媒体的推波助澜使得量子技术研究掀起了超乎国际态势的热潮，有些方向在技术成熟度尚低的情况下过早地进入工程化。例如，安全性没有被严格证明的量子保密通信是“绝对安全”的，并开始了工程化“干线”建设；多光子纠缠体系称为“世界上第一台光量子计算机”。这些已经严重影响了我国量子科技发展决策及其实用化的着力方向（仅根据媒体热度和利益相关方的意见进行决策将会贻害无穷）。

二、开展量子科学技术实用化研究的若干建议

（一）量子保密通信

在量子通信和量子密码实用化研究方面要关注安全性证明、实用化必要性和经济代价三个问题。

1）量子密码发展的初衷是从原理上克服量子计算对经典密码系统的致命攻击，但此类攻击只能破解以 RSA 公共密钥为代表的非对称密码。其实，正在使用的更高层级的安全加密系统，可以抵御目前所知道的量子计算机。因此，重点部署后量子密码技术的研究，可以应对目前和未来量子计算机的双重挑战。

“无条件（绝对）安全”的需求是量子密码的最后生命力所在，而声称的“无条件安全”是指在准理想实验条件下做到的“可证明安全”。然而，目前无论是实验室还是商用量子密码设备，都无法达到“准理想”要求；特别是在量子网络方面，在可预期时间内（未来十年之内），难以跨越实际设备和“准理想”要求之间的鸿沟。

2）商业化需求（如有的金融部门需要快速更新密码）可能只是为了突破量子密码系统严密行政行规，因为没有量子中继的量子网络，安全程度不得而知。即使有了量子中继，也要充分考虑国家的整体经济代价。如果把现有经典密码体系完全转换为量子体系，替代成本巨大。从经济角度讲，没有必要对密码这个目前功能单一的产品付出代价，

昂贵的“量子密码通信飞入千万家”完全没有意义。推进量子保密通信实用化的重点是研究量子中继。

3）量子密码学的研究关乎国家安全，重要的、短期可实用化的结果不可以在国内外任何期刊上发表，应进一步联合攻关达到实用化，铸成保证国家安全的杀手锏！实用化中如果应用国外期刊已发表的结果，我们必须逐一重新验证。斯诺登揭发出来的美国国家安全局（National Security Agency，NSA）和美国国家标准与技术研究院（National Institute of Standards and Technology，NIST）合谋发布随机数理论后门问题就是这方面的典型例证。

4）量子密码通信实用化必须坚持国家安全领域的技术标准和行业规范，绝不能借量子之名突破安全保密底线。因此，对已有量子（通信）密码方案，建议国家有关部门组织第二方科研团队（必要时考虑匿名），针对安全性进行严格的理论证明和攻防检验。

（二）量子精密测量

量子精密测量旨在利用量子效应超越经典测量精度。以量子系统为对象或由包含量子元件的仪器所完成的测量过程，不一定都是量子精密测量。

1）针对惯性系统的精密测量方面，要在原理上弄清楚量子陀螺系统在国家战略需求中是否具有不可替代作用。只是为了用新系统替代现有的十分成熟的惯性系统，没有必要，也没有意义。因此，一定要弄清楚科学技术进步的基本点，从基本原理中找到传统惯性系统的物理极限，并证明只有量子效应能够帮助我们突破传统极限。

2）量子精密测量实用化特别要关注极端条件下、强约束下的量子传感和惯性系统实用化的关键科学技术问题，不能只是追求单一的指标。放弃了整体功能稳定性和可靠性要求，就不能达到应用中的实用化。这方面强烈建议开展利用量子效应突破多指标约束的研究。例如，经常被有意无意误用的“量子弱测量”本质上是一种态制备而不是真实的物理测量，由此突破不了多个指标严格定义的海森堡极限。

3）在量子成像方面和稀疏信号采集处理方面，要探索它对传统经典方法的替代和补充作用，要弄清定义的内涵和边界，要避免一窝蜂地走向低端技术的重复演示。例如，使用了效率不高的单光子探测的激光雷达器，不是量子雷达。在量子精密测量的实用化研究中，实质的进步不是通过新名词定义包装出来的。在实验技术尚不完备的情况下进行内涵不清楚的应用设备的研发，会给国防安全领域带来严重的问题。